用 Verilog HDL 语言设计计算机系统

FPGA 入门指南

■ 张文挺　著

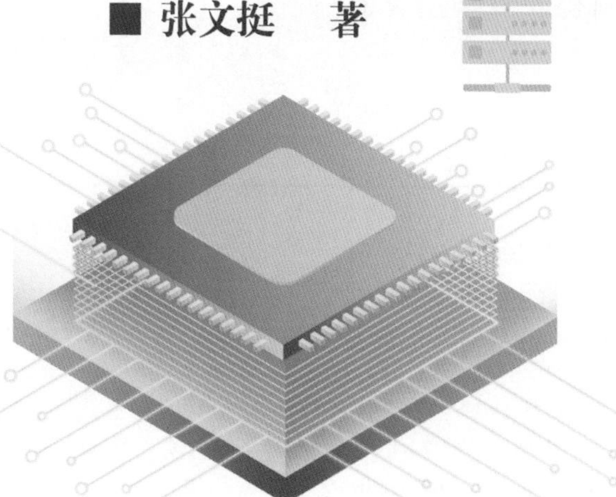

人民邮电出版社
北京

图书在版编目（CIP）数据

FPGA入门指南 : 用Verilog HDL语言设计计算机系统/
张文挺著. -- 北京 : 人民邮电出版社, 2021.3
（i创客）
ISBN 978-7-115-55264-8

Ⅰ. ①F… Ⅱ. ①张… Ⅲ. ①可编程序逻辑器件－系
统设计－指南②VHDL语言－程序设计－指南 Ⅳ.
①TP332.1-62②TP301.2-62

中国版本图书馆CIP数据核字(2021)第024525号

内 容 提 要

FPGA（现场可编程门阵列）是在 PAL、GAL 等可编程器件的基础上进一步发展的产物。它作为专用集成电路（ASIC）领域中的一种半定制电路出现，既解决了定制电路的不足，又克服了原有可编程器件门电路数有限的缺点。

本书从数字电路基础讲起，接着向读者介绍硬件描述语言 Verilog HDL 的用法，然后选择 8 位计算机系统——GAME BOY 掌上游戏机作为实战项目，向大家详细介绍 CPU 内核和外设的架构和设计，引导读者设计兼容的硬件。本书介绍了基本的计算机架构；如何实现 CPU 基本的计算功能，再实现更为复杂的程序控制；视频发生器和音频发生器的使用方法和实现方法；一些用于辅助加速相关硬件设计的比较有效的仿真和调试工具；现代 CPU 技术的发展和限制。

本书适合电子、信息工程、通信工程、自动化、计算机科学与技术等相关专业高校学生阅读，也适合电子工程师和想学习 FPGA 使用方法的电子爱好者阅读。

◆ 著　　　　张文挺
　责任编辑　周　明
　责任印制　陈　犇

◆ 人民邮电出版社出版发行　　北京市丰台区成寿寺路 11 号
　邮编　100164　　电子邮件　315@ptpress.com.cn
　网址　https://www.ptpress.com.cn
　雅迪云印（天津）科技有限公司印刷

◆ 开本：787×1092　1/16
　印张：14.5　　　　2021 年 3 月第 1 版
　字数：292 千字　　2021 年 3 月天津第 1 次印刷

定价：109.00 元

读者服务热线：(010)81055493　印装质量热线：(010)81055316
反盗版热线：(010)81055315
广告经营许可证：京东市监广登字 20170147 号

前言

这本书终于要和大家见面了。从开始准备写这本书到现在，FPGA（现场可编程门阵列）已经因为AI（人工智能）和机器学习变得越来越流行了，CPU架构和设计也得到了越来越多国内爱好者和从业者的关注。当然，这本书的定位依然是面向以前没有接触过数字电路或者FPGA的入门读者，并不会涉及太多高深的内容。

本书主要围绕展开的项目——用FPGA再现GAME BOY掌上游戏机（我把它命名为VerilogBoy），也是我当初用于学习FPGA和Verilog HDL语言时所使用的项目。计算机工程和电子工程都是实践性很强的学科，想要掌握学习的理论，最好的方法便是实践。我选择了实现一个完整可用的系统来帮助自己理解FPGA和Verilog HDL语言。最初，我给自己定了一个目标，那就是在3个月内把它做出来。我花了2个月多一点时间，系统已基本成型，原本计划实现的核心、视频、音频部分都完成了，也可以在FPGA开发板上运行。这件事情本应该到这里结束，我也开始转去做其他更复杂的项目。

然而几个月后，我又重新捡起了这个项目，原因有两条：其一是我是个硬件爱好者，做了东西，总是希望能有实际的硬件成品，而要适配新的自制硬件平台就需要改写一部分现有代码；其二是在积累了更多的经验后，我对自己之前的设计并不满意，觉得很多地方可以改进，于是便开始重构这个项目，同时也开始着手本书的写作。

我刚开始学习FPGA时，也购买了几本相关的教材作为参考。当时印象深刻的一句话是："FPGA编程不是软件编程，不能用软件编程的思路去理解。"读完之后，虽然我知道了它不是软件编程，但也不清楚硬件编程到底是什么。照着书写了一些代码后，我的疑惑反而加深了，受挫的经历使我对FPGA敬而远之，直到后来为了学习计算机体系架构再次用起了FPGA，我才理解了当时那句话的含义以及自己失败的原因。并不是我当时悟性不够，没能体会里面的道理；也不是教材不好，在故弄玄虚，而是我的学习顺序存在问题。我在学习FPGA之前只学习过软件编程，从未学习过电路基础，自然没办法从硬件的角度去理解问题。好在入门FPGA并不需要成为数字电路大师，也不需要知晓更下层的半导体元器件和物理层面的内容，本书开头的内容正是这些必要的基础内容。

来讲讲我为什么会学FPGA吧。我认为自己一直都是一个数码和计算机爱好者，十分关注这些东西的发展动向，然而我却觉得自己一点都不了解这些电子产品。我无法理解它们的工作原理，一切就像魔法一样。为了理解这些东西的原理，我从编程语言开始，学习了数据结构与算法，学习了操作系统，学习了编译原理，往下又学习了汇编语言和多种指令集架构。虽然我知道了所有程序如何一步步向下成为可以被处理器执行的指令，然而处理器本身却又有一层魔法。为了理解这处理器的设计，我开始了解数字电路、FPGA和计算机体系架构。它们向我揭示了门电路是如何组成可以执行指令的处理器的，这也是本书的内容之一。当然这不会是终点，门电路向下还有具体的数字电路实现技术、半导体物理等内容，这些就不在本书的涵盖范围内了。当然，大家学习FPGA的理由自然不会和我完全一样，可能是读书需要，或是职业需要，或是单纯地提升自己，抑或是仅仅为了好玩，但我希望我的经验能对大家有所帮助。

本书最后还补充了很多与FPGA“无关”的内容，如对现代CPU的架构、设计制约，还有流行的RISC-V指令集的介绍。这些内容虽然并不直接与FPGA相关，但是考虑到本书的内容更多是FPGA和计算机体系架构的结合，我也就在书中加入了它们。这些内容当初解开了不少我个人对于现代处理器设计的困惑，如果大家学完前面的基础内容后觉得基础内容距离现代处理器设计太过遥远，不妨看看这些内容。

最后，无论你读完本书后是否会爱上FPGA，我都希望这本书能帮助你找到自己所喜欢的东西。

张文挺

2020年10月28日

目录

第3章 CPU

本书相关程序等数字资源可通过搜索“FPGA入门指南代码包”在人民邮电出版社云存储平台下载

http://box.ptpress.com.cn/a/1/RC2017000030

第1章
软件之下的世界

1.1 什么是FPGA

FPGA到底是什么？它能做什么？本书将向您一一道来。

想必各位读者中有不少是玩过Arduino、单片机或者是做过一些模拟电路制作的吧？在玩过这些东西之后，经常会有的一个疑问是，下一步玩什么？一部分人选择更加复杂的东西，比如32位单片机（如STM32）或者研究嵌入式Linux（如以“树莓派”为代表的超小型计算机）；而另一部分人则是选择尽可能利用已经会的东西，做出一些有意思的制作。如果是前者，那么相信，这个所谓的“更复杂的东西”的列表里，一定会有FPGA。我写这本书就是希望帮助那些已经有一定电子制作的基础，想要了解或者学习FPGA，却无从下手的人；当然可能对于正在学校学习FPGA的人也会有一定启发作用。本节作为本书第一节，先对FPGA以及相关的内容做一个概述。

如果从来没有了解过FPGA，那么你直觉上可能会认为FPGA是一种很厉害的单片机（MCU），毕竟它看起来也就是个体积比较大的芯片，开发板看起来也就和单片机开发板一样，甚至开发板自带的教程也像单片机的教程一样，把开发板上自带的外设全部玩一遍。然而，实际上并不是这样，FPGA并不是单片机，这两者甚至很难具有可比性。通常而言，玩单片机是玩软件编程，而玩FPGA是玩硬件编程。要了解FPGA的含义和用途，还是要先从它的功能开始。

1.1.1 FPGA有什么功能?

首先我们来考虑一个问题。现在有一个LED，有一个按键，要实现按下按键点亮LED，应该怎么做呢？答案很简单，把电源、LED和按键全部串联在一起就行了，按下按键，电路接通，LED就会点亮。要用单片机来实现这效果，基本的思路就是使用一个死循环，不停读取按键输入，然后把结果输出到LED，听起来用单片机完全是多此一举。那么现在来修改一下需求，有两个按键，要实现在正好两个按键都按下或者所有按键都松开的时候点亮LED。用单片机来做并不需要做太多的修改，只需要在循环当中加入一些判断语句即可，如果这种情况下不用任何芯片来控制LED，就会有些困难了。那么是不是说明单片机非常适合做这类事情呢？其实并不是。考虑一下，如果这只是单片机需要做的事情的一部分，假如单片机还要进行其他处理，比如需要控制数码管刷新，也需要不断循环。当很多这种需要不断循环的东西放到一起时，程序就不那么容易实现了，而且受限于单片机的性能，各个任务的响应速度也会受到影响。

那么有没有什么除了单片机以外更加直接一些的方法，用来实现以上的简单任务呢？比如有没有什么电路，正好有两个输入和一个输出，当且仅当两个输入全部为高或全部为低的时候，输出高电压呢？是有的。这个芯片的型号是74LS86，正好可以实现这个功能。功能类似的芯片还有很多，这系列芯片就叫作逻辑门芯片，或者是我们常说的74系列芯片。它们的内部通常并不复杂，只有数量较少的三极管而已，直接通过三极管控制电流来实现需要的功能。有了上面这种芯片，电路就十分容易设计了，把按键接上74LS86的输入，把LED接上74LS86的输出，就能得到需要的效果。当然，如果有更多事情需要做，就得加入更多的芯片了，因为单片74芯片通常只能实现非常有限的功能。而且，可想而知，不可能针对每一种特定的应用都会有特定的芯片，这样成本也太高了。也正是因为这个原因，才会有单片机这类的可编程器件，可以随时修改其实现的功能以满足不同的需要。似乎绕了一圈又绕回了原点，并没有解决之前提到的问题，反而带来了更多的问题。也确实不奇怪，发明单片机的一个目的就是代替一部分用74芯片实现的电路。

所以现在就轮到FPGA出场了。FPGA也是一种可编程器件，但是它并不试图去像单片机一样执行程序来实现具体功能，而是像74芯片一样，直接通过电路连接来实现需要的功能。你可以把FPGA当作一片包含成千上万颗小的74系列芯片的大芯片，这些芯片的连接方式和逻辑功能都是可以编程的。考虑之前讲的单片机实现更多功能会降速的问题，在FPGA上，因为实现更多的功能只是相当于在里面使用了更多的74系列芯片，互相是独立的电路，并不会造成什么影响。不过需要注意的是，上面说的都是简化的模型，和实际情况会有一定出入。

听完上面的概述，你可能会觉得，实现这些逻辑功能听起来并没有什么用啊？谁没事点亮

LED呢？确实，单独的这些逻辑功能本身并没有太大的用处，甚至可能按照一般的大学课程，学了一年逻辑电路也没能体会到这些逻辑电路究竟能做什么。然而，逻辑功能的组合实际上是非常灵活的东西，可以实现非常多不同的功能。比如说，之前提到的FPGA和单片机的对比，你甚至可以在FPGA里面用特定的IP核完全实现一个单片机。其实并没有什么奇怪的，毕竟单片机本身就是用许许多多的逻辑门搭出来的，FPGA如果能实现各种逻辑电路，自然也可以实现一个单片机。在工业应用中，FPGA通常被用于实现接口协议、数据转发一类的通信设备，也被用于进行IC设计验证。不过近年来的另外一个热点是将FPGA用于通用计算，比如神经网络模拟，目前，FPGA相比于传统的CPU、GPU方案并没有明显的性价比优势。

1.1.2 FPGA与单片机有可比性吗?

所以，FPGA和单片机到底能不能比呢？从层级来说，这两者应该完全不具有可比性，就好比你无法比较计算机硬件和操作系统一样。然而FPGA和单片机都可以实现控制和计算的功能，而且也确实都是通过写代码来编程的，目标应用也有一定重合，所以从这个角度上来说又有一定可比性。但我们需要知道，FPGA和单片机是两种完全不同的东西，总体来说很难讲优劣，只能说各有所长，各自适合不同的应用场景。

图 1.1 爱好者用 FPGA 自制的计算机 A2Z

最后，学习FPGA对于爱好者有什么意义呢？我觉得最大的意义还是在于给自己设定更高的学习目标。毕竟作为玩家，自己能够做到的事情比较有限，可能很难做出什么真正实用的东西。但是如果只是为了玩，就大可不必去追求所谓的实用意义。这样说的话，FPGA大概会是一种很好玩的东西。我这里就列举几款爱好者使用FPGA制作的有趣的作品，图1.1所示是另一位国外的爱好者用FPGA制成的简易计算机A2Z，图1.2所示是FPGA和树莓派“合体”制成的游戏机。

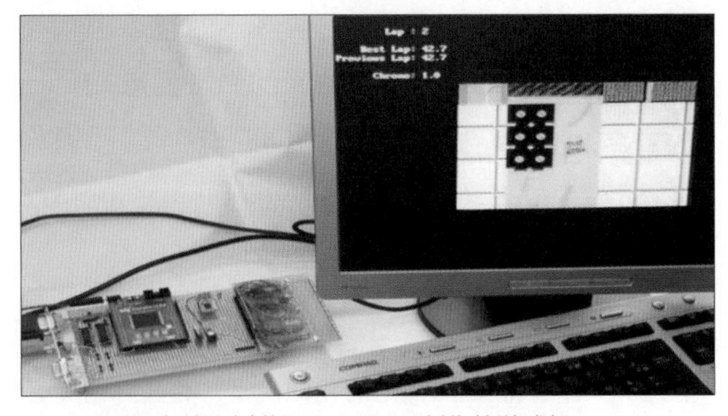
图 1.2 爱好者使用树莓派和 FPGA 制作的游戏机

1.1.3 学习FPGA有什么意义?

目前，FPGA制作大概分两类。第一类，也就是最常见的，就是用FPGA实现一个计算机或者类似的东西（如游戏机）。不同于单片机，FPGA实现计算机的主要过程在于自行设计CPU、内存控制器、显示控制器一类的部件，也就是实现一个硬件系统，而软件部分则经常直接使用现成的软件。第二类，是FPGA实际应用中比较常见的用途，就是做接口。这时FPGA通常和其他单片机（处理器）配合来实现所需的功能。典型的例子是用FPGA制作图像采集、显示输出一类的装置。不过需要使用FPGA的制作，大概也是比较高端的制作了吧?

本书所要做的就是教大家制作一款类似计算机的装置。具体来说，我们将一步步地用FPGA再现GAME BOY掌上游戏机。

1.2 逻辑门和可编程逻辑门

通过上一节的介绍，大家对逻辑电路和单片机的区别已经有了一些了解，也看到了一些其他爱好者使用逻辑电路（或FPGA）做的一些作品。本节要介绍的是常见的逻辑电路芯片的区别以及入门购买建议。

1.2.1 74系列芯片

同样按照之前的顺序，我们先讲74系列芯片，再讲CPLD/FPGA。74系列芯片虽然是很早以前就有的东西，功能也可以被可编程器件取代，但是它并没有被完全淘汰。74系列芯片仍然经常被应用在各种电路中，只是一般不再用于实现大规模的逻辑。值得注意的是，74系列芯片也经常被称为TTL芯片，这是不准确的，74系列芯片中有不少使用CMOS技术制造的芯片，且CMOS是最常使用的，而非TTL。另外，虽然74系列芯片可以被认为是逻辑电路的基础，但是完成本书内容并不一定需要购买、使用74系列芯片，当然，用它来增加趣味也是可以的。

74系列芯片之所以被称为系列，是因为它里面有许多不同功能的芯片，组成了一个系列。基础的有与门、或门、非门，稍微复杂一些的有触发器，再复杂一些的还有计数器、加法器等，都有对应的芯片可以选择。玩过单片机的朋友可能比较熟悉74HC595、74HC245，这些也属于74系列芯片，这两者分别常用于扩展I/O接口和驱动总线。74系列芯片通常使用14脚的DIP或SOP封装，实现一个制作通常需要多片74芯片。而且由于制作和设计的不同，需要的芯片种类和个数也会不一样，这里很难做一个具体的推荐。但是为了完成一些基础的实验，通常会用到74HC04（非门）、74HC08（与门）、74HC32（或门）、74HC74（D触发器）和74HC47（LED译码器）。考虑到这些芯片的价格通常比较便宜（一般在1元人民币左右），大家可以在购买其他元器件的时候顺便带上几片。由于74系列芯片确实可以实现和FPGA等价的逻辑功能，为此有不少人热衷于使用74系列芯片来实现大型电路。如果目的只是好玩，用74系列芯片来设计确实可以增加不少乐趣。一个比较常见的完全用74系列芯片制作的CPU是TD4（见图1.3），它的制作方法较为简单，感兴趣的朋友可以自己搜索了解一下，也可以尝试把它做出来。不过74系列芯片的时序问题可能较难处理，74系列芯片本身速度也较为有限，通常只能实现较为低速的电路设计。

图1.3 使用74系列芯片制作的CPU——TD4

接下来讲讲CPLD和FPGA。74系列芯片虽然能做逻辑电路，但是设计起来费力，制作起来费力，调试起来也费力。可编程逻辑器件就相对友好得多，最常见的可编程逻辑器件就是CPLD和FPGA。

1.2.2 CPLD和FPGA

在购买开发板时，我们通常可以看到两种不同的芯片：CPLD和FPGA。初学者常有的一个疑问是CPLD和FPGA有什么区别？在过去，CPLD和FPGA是两种不同的技术。虽然都用来实现类似的目的——逻辑电路，但是它们的内部使用了不同的实现方法。其中一个重要的区别是CPLD是基于ROM的，而FPGA是基于RAM的，所以CPLD可以一上电就立即开始工作，而FPGA需要先从Flash载入配置到RAM。另外，CPLD内部使用PAL结构的可编程块，FPGA内部使用基于查找表的逻辑单元按照矩阵排布，所以CPLD的逻辑规模通常不及FPGA的逻辑规模。不过，各大厂家现在都已经开始生产一些内置Flash的FPGA，然后当成CPLD来卖，所以上面讲的原理上的区别，对于今天的CPLD和FPGA而言，已经不一定成立了，毕竟你买到的CPLD实际上可能是个FPGA。

1.2.3 如何选择FPGA芯片

那CPLD和FPGA应该怎么选呢？到底是CPLD还是FPGA其实对于我们而言不重要，重要的是它内部的资源。就像我们买单片机的时候，会看它的主频、内存容量等参数，FPGA也有这样的参数，而这个参数就是逻辑规模。通常而言这个逻辑规模使用等效4输入查找表的数量来描述，单位是LUT或者kLUT，不同厂家的说法也不太一样，如Intel采用的单位是LE，Xilinx采用的单位是LC，但含义是差不多的。这里注意等效这个词，在单片机的世界里，虽然多少KB就是多少KB，但是不同单片机的“KB”可能是不能直接比较的，同样的程序在不同的单片机上可能需要占用不同的内存空间，而同样MHz主频的单片机的性能也可能存在巨大的差异。在CPLD/FPGA的世界里这个问题就更加严重了，同一个厂商不同系列的产品通常内部架构都有差异，带有的资源数量很难直接用于比较，所以才有了等效量的说法。

那这个等效量，典型的值是多少呢？目前规模最小的CPLD具有的等效逻辑量只有约30个逻辑单元（0.03k），而最大的FPGA可以到达约3.8M（3800k）逻辑单元，差距十分悬殊。爱好者常用的规模范围是在几十到数百k之间，太少了做不了什么事情，太多了其实也用不过来。这里举几个例子，入门逻辑电路实验通常不会使用超过10个查找表，而实现一个简单的4位CPU通常需要100个查找表，实现一个典型的8位CPU需要500 ~ 5 000个查找表，而本书的目标——实现一个完整的GAME BOY，大约需要10 000（10k）个查找表。如果要购买开发板实现这次目标，我推荐购买至少达到10k逻辑规模的开发板。当然，如果只是为了学习的话，也没有必要把全部内容都搬到板子上运行，就像玩单片机一样，玩仿真也是玩。在FPGA开发中，仿真是一个极其有效且极其重要的手段，即使有了开发板也是离不开仿真的。只是想要学习的朋友，不买板子或者只买个低容量的板子也行。

那板子的容量怎么看呢？很简单。市面上的FPGA主要由两大厂家生产，一个厂家是Intel（原先的Altera），另一个厂家是Xilinx。Intel最常用的是Cyclone系列，1 ~ 4代间的型号开头通常为EPaAb的格式，a和b分别表示代数和规模，A表示系列。如EP3C25，这里3表示代数，25则是表示25k的规模，C表示Cyclone系列。对初学而言，板子是第几代关系不大，而且Intel在第5代更换了命名规则，不再容易从型号中直接看出规模了，需要查询手册。另外推荐的一个系列就是MAX10，作为低端FPGA性价比很不错，命名方法类似，10M50就表示MAX10系列50k逻辑单元。而Xilinx这边的命名方式也是类似的，通常为XCaAb，a和b表示代数和规模，A表示系列。如XC6SLX15，6是代数，15是规模（15k），SLX是系列，表示Spartan LX。Xilinx最常用的低端系列是Spartan（S）和Artix（A），推荐考虑的型号有XC6SLX16和XC7A50。这个命名法适用于4 ~ 7代的产品，更早和更新的产品标识方法不同。当然，任何时候我们都可以搜索相关的数据手册了解到具体的参数。

以上是我自己对初学者入门FPGA芯片选型的建议，各位可以结合自身实际条件和需求选购合适的开发板或者直接使用仿真软件进行学习。

另一个问题，也是大家在买51单片机开发板时遇到的问题——板子上需要有什么外设。ADC、DAC、串口、视频接口、LED、DDR内存等外设如何选择？这取决于你想用开发板做什么事情，但是这里有一些大体上的建议。对于初学来说，LED和按钮/开关，是很好用的东西，板子上最好能有。视频输出接口，最好也能有，VGA、DVI或HDMI都行。如果没有的话，能有配套的较大尺寸彩色LCD也行。内存方面，如果有SRAM会很方便，虽然SDRAM和DDR内存容量更大，但是使用起来略微麻烦一些，当然板载SDRAM和DDR也可以。另外并行Flash也是一种很好用的东西，只有大厂和官方出的一些开发板会配备。音频接口对于实现GAME BOY而言也是必要的，如果没有，可以用通用DA代替，或是用普通的I/O接口配合PWM或PDM实现音频接口功能。USB、网口一类的数据接口，本书并不会涉及。

关于开发板具体品牌型号选择，我个人虽然更加喜欢官方或者说大厂（如Terasic和Digilent）的板子，但是国产的开发板中有更多高性价比的选择。本教程将主要使用图1.4所示的Terasic的DE10-Lite（使用Intel MAX10系列FPGA）和图1.5所示的Xilinx的ML505（使用Xilinx Virtex 5系列FPGA）开发板同步完成实验，方便选择任意一家FPGA的读者学习使用。之后我也会教大家如何参考开发板提供的资料，把设计移植到自己的开发板上。如果说你决定选择这两家之外的厂家（比如安路或者Lattice）的FPGA，使用方法也是大同小异的，毕竟这些FPGA使用同样的编程语言，编程语言的问题，我们将在后面讲到。

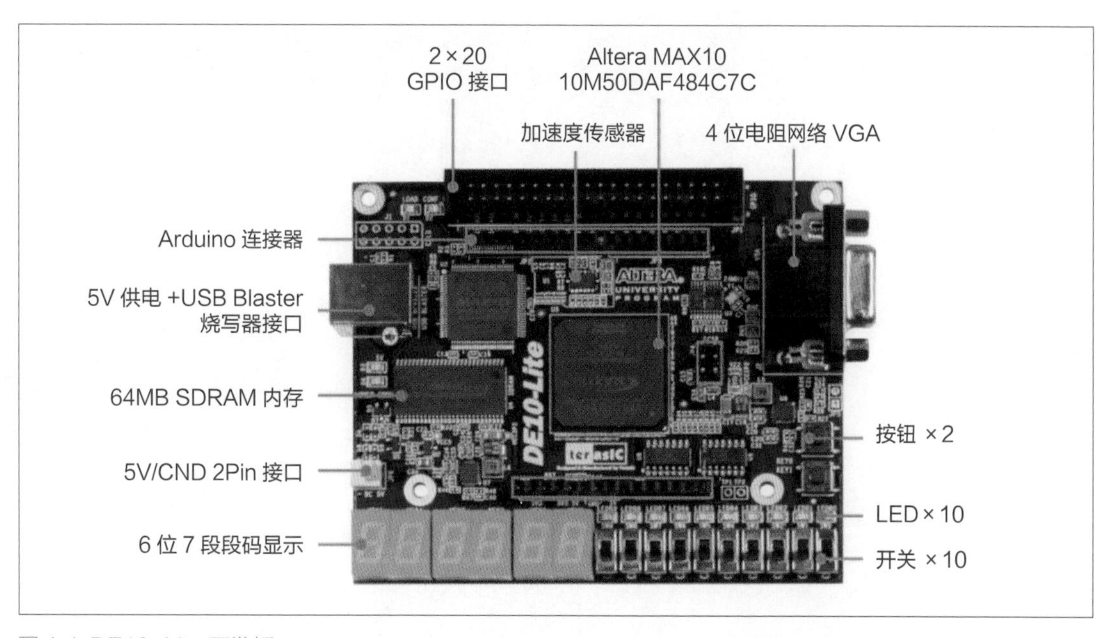

图 1.4 DE10-Lite 开发板

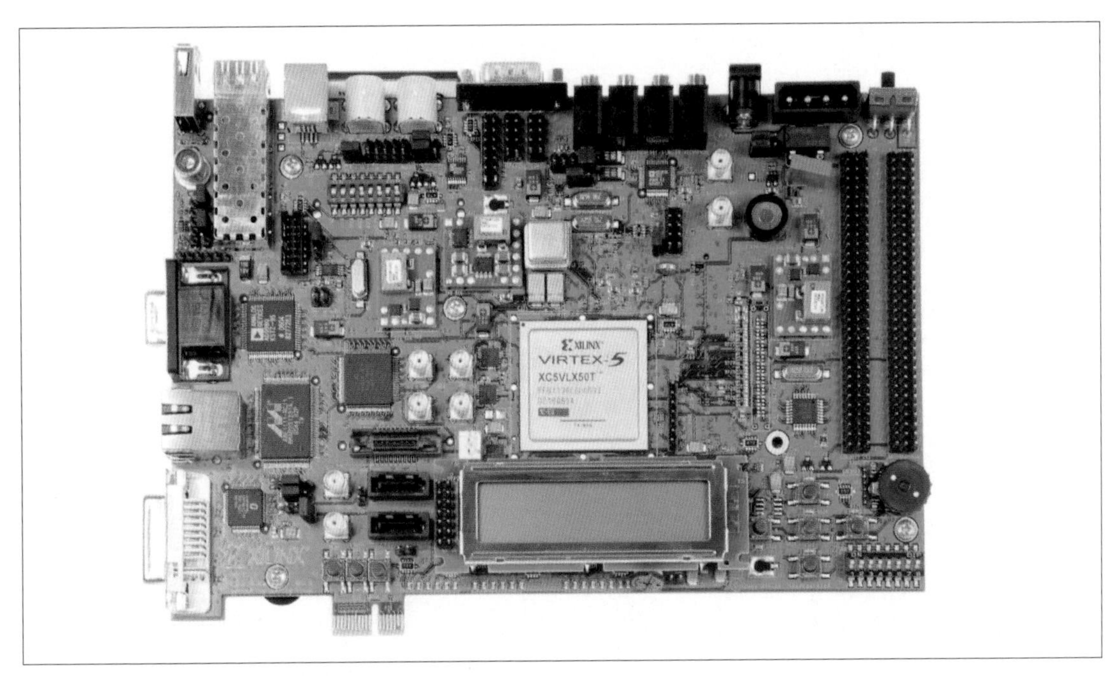

图 1.5 ML505 开发板

1.3 FPGA与游戏机

在第1章的最后，我们来说说本书的安排和具体的目标。如前文所说，FPGA可以用来实现包括处理器在内的各种各样的数字逻辑电路设计，本书选取了用FPGA实现一个掌上游戏机作为设计实战的目标。在接下来的章节中，我将一步步地教大家如何用FPGA制作一个与GAME BOY兼容的游戏机，大体涉及的内容有数字电路基础、Verilog HDL语言、计算机组成原理，一直到最后GAME BOY的实现。

不过为什么要选择做游戏机而不是像传统的FPGA图书一样分章节用FPGA实现不同的独立算法或者接口呢？我个人认为这样的项目相比常见教程中的一个个实验，足够有趣。作为一个大的项目，其本身的挑战和趣味能够一定程度上激励大家慢慢完成吧。

之前提过，FPGA的一个玩法是用来实现一些老版本的计算机，而GAME BOY也可以看作一种特殊的计算机。这里简单列举一下GAME BOY的一些基本硬件参数。

- 4MHz类8080 8位处理器。
- 8KB工作内存+8KB视频内存。
- 像素处理单元（PPU），用于产生图像。
- 音频单元，可以合成2个通道的方波、1个通道的杂波和1个通道的PCM。
- 可更换游戏卡带（ROM+RAM），最大容量可达8MB。

图1.6所示就是在FPGA中实现GAME BOY的整体框图。

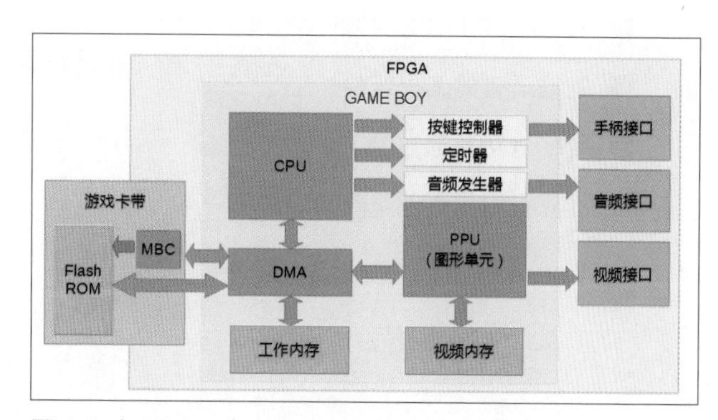

图1.6 在FPGA中实现GAME BOY的整体框图

东西不少，要完整实现确实是有不少活要干。里面有复杂的部分（比如一个完整的CPU），也有简单的部分（比如定时器），也包括了基本的8位并行总线，另外还有一些常见的音视频接口（AC97和VGA）的实现，同时也涉及了一些计算机体系架构的内容。它作为一个项目而言，涵盖的内容算是比较全面了，但是与此同时，各部分又是模块化的，可以剥离开来单独研究、实现。在之后的内容中我们也将逐一地完成整个GAME BOY。

从下一章开始，我们将正式开始学习相关的知识。最开始的知识点自然就是逻辑电路和数字电路的基础，基础虽然枯燥，但是如果没有基础，最后的设计也难以实现。有了基础之后，我们就可以开始设计GAME BOY了。由于CPU是一切的中心，所以我们从实现一个简易的CPU开始，之后再扩展到定时器、视频控制、音频控制之类的外围外设。希望最后大家能够在自己的开发板上造出一个可以玩的GAME BOY（见图1.7）。

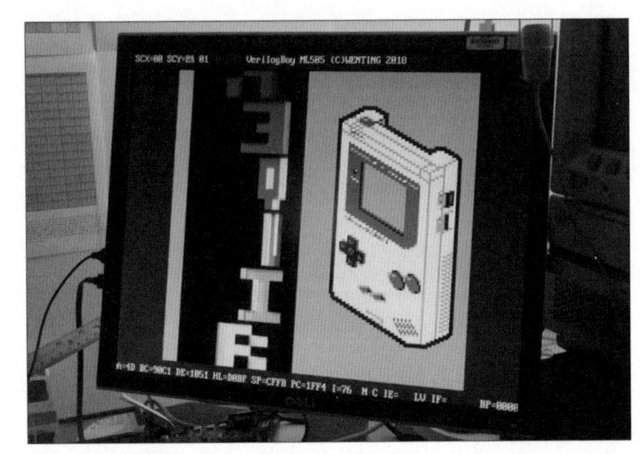

图1.7 在FPGA上实现的GAME BOY

这里附上一些在跟随本书学习过程中首先需要知道的基础，大家也可以查缺补漏。

你需要知道的内容

■ 如C/C++、Java、Rust等传统静态语言的编程，包括其中涉及的基础，比如二进制和十六进制数的表示 。

■ 基本的计算机概念，比如什么是CPU、什么是RAM、什么是ROM等 。

■ 面包板的使用、简单的电路连接（理解按钮、拨码开关、LED、数码管等的作用）。

■ 单片机或者Arduino等微控平台的使用（提供对如串口、并口传输一类的基本认识）。

你不需要预先知道，书中会讲到的内容

■ Verilog或VHDL的编程经验。

■ 汇编语言的编程经验。

■ 数字电路基础知识。

■ 计算机组成原理基础知识。

第2章
数字电路基础

2.1 数字的表示

本节只是对于数字的表示进行一个简单的复习，读者在这之前应该已经掌握了相关知识。如果遇到难以理解的部分，建议额外学习后再继续。

2.1.1 进制

生活中常见的数字都是使用十进制进行表示的，即逢十进一。数字计算机中为了与高、低电平对应，使用二进制保存数字，每一位数只能为0或者1。数字同样可以使用其他进制进行表示，常用的3种进制有如下对应关系：

F（十六进制）=15（十进制）=1111（二进制）

这里表示的是同样的数字，只是写法不同。熟练掌握进制转换不是必要的，可以使用计算器完成。但是这里需要知道的是，计算机通常只使用二进制保存数字，所以在编程时通常不存在进制转换的问题。无论现实使用何种进制，计算机内部表示永远使用二进制。但是二进制数字仍然存在几种不同的编码格式，或者称为数据类型，数据类型之间通常是需要进行转换的。

2.1.2 无符号整数类型

无符号整数类型是最基础的数据类型之一，其数字存储方式十分简单，直接将二进制的数字原样存储即可。由于“负号”并不是数字中的某一位数，无法存储，故这种存储方式无法存储负数。比如数字5用8位无符号整数类型存储，存储的二进制数为：

00000101

这样，8位二进制数能存储的最小数字为00000000（0），能存储的最大数字为11111111（255）。

2.1.3 有符号整数类型

虽然负号并不是数字中的一位数，但是可以给负号单独一个位置进行存储，比如某个数字的最高二进制位（同书写十进制数字时一样，左侧为最高位），不用于存储数字，而是用来存储负号。即如果一个二进制数，它的最高位为1，则表明这是一个负数。数字存储通常使用补码来存储负数，即数字除符号位取反后+1，如-1在8位有符号整数中就存储为：

11111111

这个设计是为了让数字在整个体系中成为一个闭环。在无符号数字中存在溢出的问题：如4位数字，1111，在加1之后会溢出为0000，因为只有4位，所以无法存储10000，为此舍去了无法存储的最高位1。同样，如果0000需要减1，则会溢出为1111，因为数字会一直退位，直到所有位结束。而补码正是利用了这个特性，把这个从0减去1之后得到的最大数字作为-1，第二大的作为-2，以此类推，直到符号位变为0作为交界点。这样的好处是在进行加减运算时不用考虑负号问题，比如之前的-1（1111）加1之后会正好溢出到0，0减1之后也会正好溢出到-1。对于更大的数字也是同理，如-2加3后溢出到1。

以有符号整数类型，8位二进制数最小能存储的数字为10000000（-128），最大能存储的数字为01111111（127）

2.1.4 定点类型

定点类型通常也包括以上两种整数类型，但是也可以用于存储小数。存储的方法即固定某个小数点位置，在此之前的为整数，而之后的为小数。比如使用6.2定点类型，则6位用于存储整数，2位用于存储小数。如：

00000100 表示1.0

00000110 表示1.5

00000101 表示1.25

00000111 表示1.75

2.1.5 浮点类型

计算机中常用的表示小数的类型是浮点类型，类似于生活中使用的科学计数法，即分别记录底数和指数。

如0.25可以表示为2.5×10^{-1}，二进制数同理，十进制的0.25可以表示为1×2^{-2}，那么只需要记录底数1和指数-2即可。常用的浮点标准为IEEE754标准，该标准定义了16位（半精度）、32位（单精度）和64位（双精度）3种浮点类型，处理器可能还会额外支持24位、40位、80位等其他浮点类型。浮点数存储时通常会忽略掉底数整数部分的1（任何除0外的二进制数在标准化后都会是$1.xxx \times 2^{xxx}$的形式，为此没有必要存储1），而且指数部分并不是用补码存储，而是固定偏移，即中间值作为0，更小的为负数，更大的为正数。这么做是为了可以直接使用整数来比较浮点数的大小。

2.1.6 BCD编码

这是一种比较特殊的编码。前面讲过计算机存储数据通常使用二进制，所以不存在进制转换问题，除非计算机存储的并非二进制数。这种情况在一般计算机上不多见，但并非没有。BCD编码就是一种，它在RTC（实时时钟）芯片中比较常见。BCD的全称为Binary Coded Decimal，即二进制编码的十进制。其特点为使用4个二进制位来存储一个十进制位数字。如十进制数字15被拆分为1和5两个数字分别存储，1对应二进制1，5对应二进制101，存储为00010101。在部分逻辑设计中有时也会使用BCD编码，通常是为了方便显示，如每4位二进制数可以分别连接到不同的译码器进行显示。

2.1.7 总结

本节内容只是对常见的数字存储方式进行简单的复习，并不需要大家能够在不同格式间熟练手动转换，熟悉概念即可。

2.2 组合逻辑

在进行了背景介绍后，本节我们就要正式进入制作阶段了。如果你了解过数字电路，应该听说过数字电路大致可以分为组合逻辑电路和时序逻辑电路，大部分数字电路是这两者的结合。本篇所要介绍的就是其中的前者——组合逻辑。本节也会附带介绍如何用74系列芯片或者FPGA开发板完成这些实验。需要提前说明的是，如果你以前没有学习过数字电路，并且希望通过本节对数字电路有个简单了解，建议你仔细阅读，走马观花地阅读可能让你难以理解。本节是面向51、STM32、Arduino等单片机玩家群体编写的，读者应拥有一定的C语言基础，否则理解起来可能会有些吃力。

2.2.1 逻辑说明举例

例1：闭合任意一个开关点亮LED的电路

首先还是用之前举过的例子。设计一个电路，里面有两个开关和一个LED，我们希望实现闭合两个开关中任意一个即能点亮LED的功能。当然，一个显而易见的解决方案就是把两个开关并联，如图2.1所示。

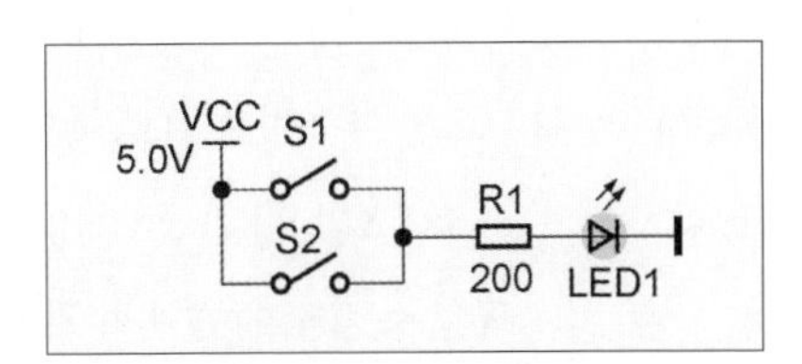

图2.1 案例电路

但是如果我们运用考虑单片机电路一样的思路，就可以把两个开关看作两个输入口，且电压只能为5V或0V；而LED是一个输出口，这个电路如图2.2所示。

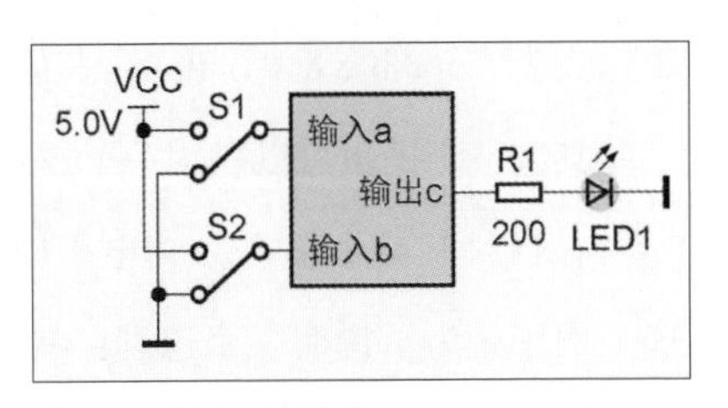

图2.2 改动后的电路

这个盒子里面所包括的就是需要实现的电路。这个电路可以是一块74系列芯片，也可以是一个单片机，或者只是像图1一样简单地连接起来的分立元器件（当然，这里因为一路的输入电压可能为0V，直接连接会发生短路）。这里我们就来考虑一下，如果用单片机来实现这个盒子的功能需要怎么做。很简单，写if-else语句即可："if ((a == 1)||(b == 1)) c = 1; else c = 0;" 可以看见逻辑运算已经出现了，输

入1为高电平或者输入2为高电平时，输出1为高电平，否则输出1为低电平，这就是这个简单例子的逻辑。另外等于1可以省略，就变成了“if (a || b) c = 1；else c = 0；”。再考虑到因为逻辑运算的结果本身就是1或者0，这里甚至不需要if，只需要 c = (a || b) 即可。只有一个简单的“或”运算（||, OR），其电路图如图2.3所示。这样，也就算是完成了第一个例子，使用了一个“或”门（图2.3中的IC1）。

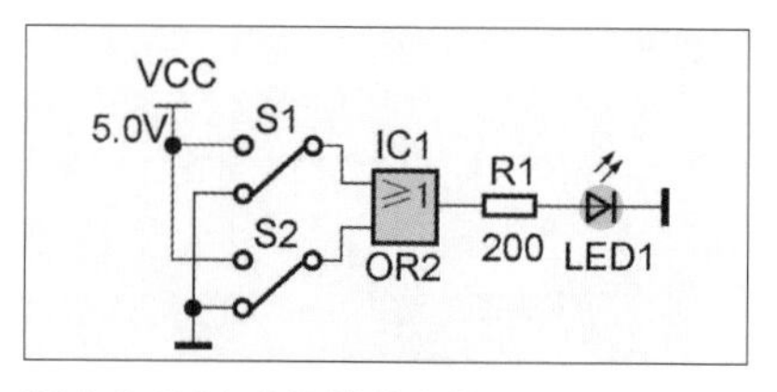

图 2.3 表达式的等效电路

补充一点，图3中间的符号也就是“或”的运算电路符号。除了“或”之外，当然还有其他符号，图2.4所示是6种最常用的逻辑运算电路的符号。

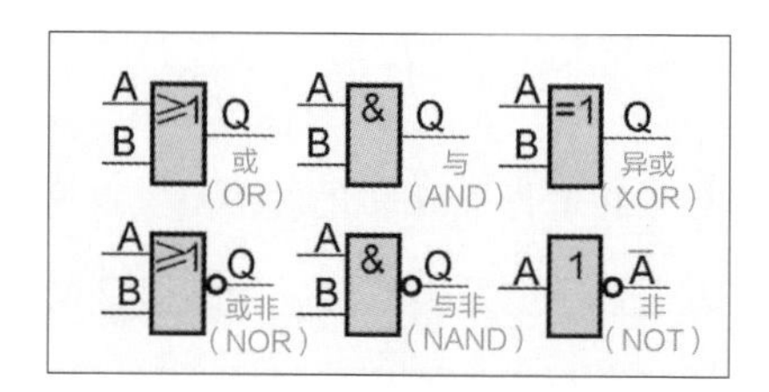

图 2.4 6 种最常用的逻辑运算电路符号

例2：有且仅有一个开关闭合才点亮LED的电路

接下来再举难度稍大一点的例子。假设还是两路输入，现在希望有且仅有一个开关闭合（也就是需要有一个开关闭合，但是不能两个都闭合）的时候让LED点亮，怎么才能实现呢？一种实现思路是，如果第一个开关闭合且第二个开关没有闭合，或者第二个开关闭合且第一个开关没有闭合，让LED点亮，否则就让LED熄灭。可用C语言的逻辑表达式表述为 c = (((a == 1)&&(b == 0)) || ((b == 1)&&(a == 0)))，如果试图用和第一个例子一样的图示来表示逻辑关系，就会遇到问题——这里出现了一些新的运算。比如“与”运算（&&, AND）。而“等于”运算虽然在第一个例子里也出现了，但是被省略掉了。然而这次除了等于1之外还出现了等于0的运算，就没法省略了。那么有没有等于运算的符号呢？回答是肯定有的，然而等于并不是一个基础运算，这里并不使用。一个代替等于0运算的方法就是，先做“非”（!，NOT）运算，再判断是否等于1，即把(a == 0)改写成(!a == 1)，这个写法可能有些奇怪，毕竟通常写法不是这样的，但确实是可行的。整个逻辑运算也就变成了 c =(a&&(!b)) || (b&&(!a))，这样就能把图画出来了，其原理如图2.5所示。

然而实现这个逻辑的方法并不是唯一的，如果调转一下思路，这个逻辑也可以表达为：如果两个开关有任意一个闭合，且两个开关有任意一个没有闭合，那就说明有且只有一个开关闭合了。表达式为 c =(a||b)&&((!a)||(!b))，其原理如图2.6所示。

其实整个逻辑可以只用一个逻辑门来完成（见图2.7）。

有且只有一个输入为高电平时输出高电平，这其实就是异或（XOR）门的功能了。举上面这个例子是为了说明一个道理：使用逻辑表达式或者原理图示来说明一个逻辑，其实可能并不是最优的方案。同一个逻辑可能存在多种不同的表达方式。为了解决这个问题，可以使用真值表

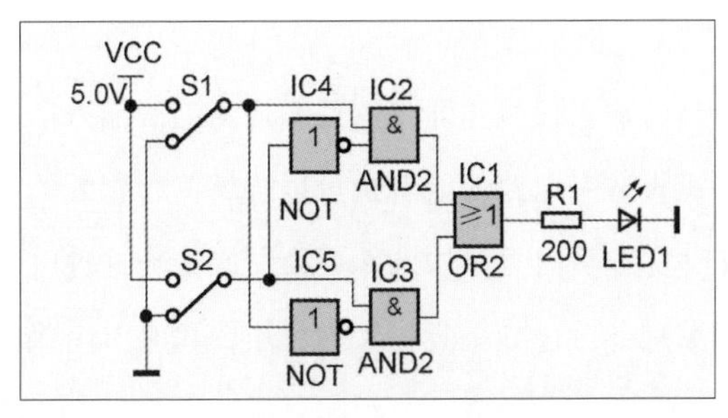

图 2.5 c =(a&&(!b)) || (b&&(!a)) 的等效电路

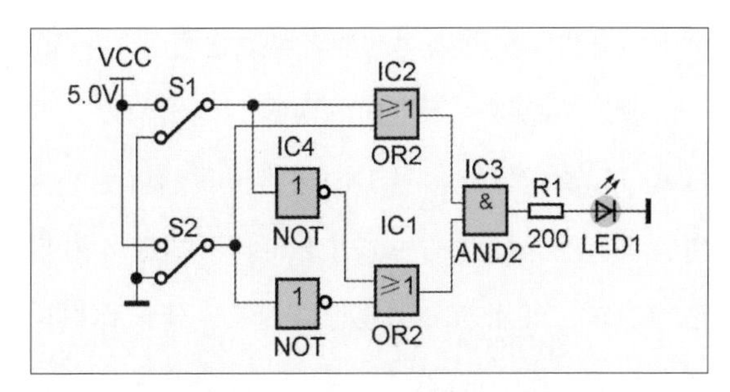

图 2.6 c = (a||b)&&((~a)||(~b)) 的等效电路

（Truth table）来表示逻辑（见表2.1）。

对于上面这个逻辑，这个真值表是唯一的。看表的方法也很简单，左边两列a和b是输入，右边一列c是输出，比如a闭合（1）、b没有闭合（0）时就能看见c的输出是1。如果a、b两者都闭合（1），那么输出的就是真值表最后一行的结果，c为0。

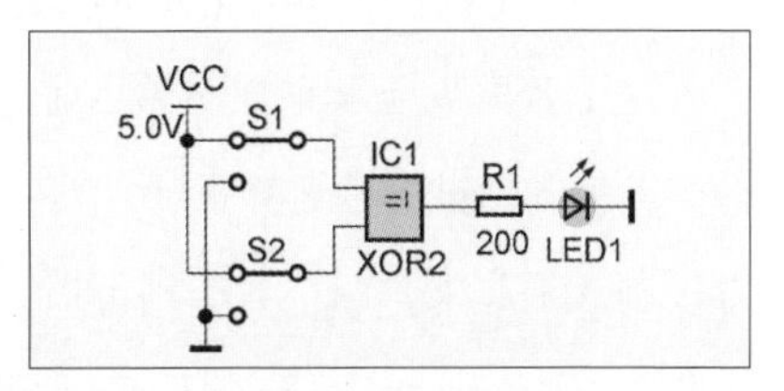

图 2.7 c = (a||b)&&((!a)||(!b)) 的简化等效电路

表2.1　例2逻辑关系对应的真值表

a（输入）	b（输入）	c（输出）
0	0	0
0	1	1
1	0	1
1	1	0

其实上面3种画法，第一种和第二种分别对应了两种常见表示方法：一种叫SOP（Sum of Product，乘积之和），另一种叫POS（Product of Sum，和之乘积）。取这两种名字的原因是，在通常的逻辑算式中，与运算并非用&&表示，而是用乘法的点符号（·）表示；而或运算也并非用||表示，而是用加法的加号（+）表示；非运算则是在上面画横线表示。于是图2.4和图2.5中的电路可总结为下面的表达式。

$$c = a \cdot \overline{b} + b \cdot \overline{a} \quad \text{（式2.1）}$$

$$c = (a + b) \cdot (\overline{a} + \overline{b}) \quad \text{（式2.2）}$$

一个是两个乘法的结果加起来，也就是SOP；另一个是两个加法的结果乘起来，自然就是POS了。而且这里其实都是和真值表一一对应的。式2.1里面的两个乘积项就对应了真值表里面输出为1的两行，而式2.2里面的每个加法项也分别对应了真值表里面输出为0的两行。想要用逻辑表达任意一个真值表，可以把每一个输出为1的行用乘法（与运算）表示出来，再全部加起来（或运算）；也可以把输出为0的行用加法加起来，最后全部乘起来。这也分别就是POS和SOP了。当然，这样表达出来的结果通常并非最优的，要获得优化的结果，还需要使用卡诺图等。另外用乘法和加法来表示&&和||也不仅是写着方便，这两个运算和一般计算数字的加法和乘法存在相似性，部分数字运算规则也可以应用到逻辑算式中，用于化简逻辑代数式，或者进行其他运算等。由于本书只是教大家用FPGA制作一个有趣的装置，而不是教大家学离散数学或者逻辑电路，这些内容也

就不展开讲了，感兴趣的读者可以自行学习一下。

所以，总结一下上面的内容。输出信号只取决于当前输入信号（即只需要知道当前的输入信号就可以决定输出信号）的电路，我们就称之为组合逻辑数字电路。或者也可以理解为，判断的内容只有输入信号的一条if语句。不知道各位读者有没有看明白呢？如果你是第一次接触这种电路的逻辑，可能确实比较难以理解，建议你再读一遍原理部分。如果觉得没问题了，再来看个例子，有助于加深理解。

例3：设计一个电路，可以计算1位二进制数的加法

这个名称听起来完全不像之前的例子。之前的例子中提到的都是开关、LED等实物，这里怎么突然就开始做算术运算了呢？其实并没有什么区别。1位二进制数加法，也就是要把两个1位的二进制数加起来，两个数分别可以是0或者1，换句话说，也就是用两个开关可表示的数学关系。而1位二进制数加法可能有下面4种情况。

```
0+0=0
0+1=1
1+0=1
1+1=10
```

如果考虑把结果像之前一样也接上LED，那就和之前的事情非常接近了，只不过为了表示两位数字的输出，现在需要接两个LED。不过，两个LED又需要怎么设计呢？首先还是先画真值表，假定两个输入分别是a和b，输出则是c和d。它们的详细关系见表2.2。

表2.2　输入/输出关系真值表

a（输入）	b（输入）	c（输出）	d（输出）
0	0	0	0
0	1	0	1
1	0	0	1
1	1	1	0

不难发现这个真值表看起来和上面4种情况的算式很像，只是把高一位的0都写出来了而已。的确，真值表就是这样画的，列举所有可能的情况，在表里面写上每种情况的输入值和输出值。

现在剩下的问题就是怎么将真值表“翻译”成之前的电路图了。其实也不难，单独考虑每个输出对应的逻辑，最后画在一起即可。比如这里有c和d两个输出，先考虑c的情况。对于c而言，只有当a和b都为1时，c才是1；或者说只有当两个开关都闭合时，LED才会点亮，其实也就是c=a&&b这么一个逻辑。而d则是与之前第二个例子相同的逻辑，只需要一个异或运算就能完成，表达式为d=a^b。

2.2.2 搭建电路

上面的内容都是在谈理论，下一步就是具体搭建这个电路了。这里分为3个部分：使用74系

列芯片搭建、使用Intel(Altera) FPGA搭建和使用Xilinx FPGA搭建。各位可以根据自己现有的芯片来进行实验。如果都没有的话，也可以使用Multisim等软件来仿真74系列芯片的功能进行实验。

1. 使用74芯片搭建

如前面所说，这个电路需要两个门，一个是与门，另一个是异或门，对应的芯片分别为74HC08和74HC86。这两款芯片的内部连接方式如图2.8、图2.9所示。

电路的结构也不复杂，只是把上面的示意图里面的逻辑符号替换成芯片，并增加必要的电阻即可（见图2.10）。

如果没有74HC86，d输出自然也可以选择像图2.5或者图2.6那样使用多个独立的门芯片来搭建，这时需要改动电路，需要一片74HC04非门（见图2.11）和一片74HC32或门（见图2.12），具

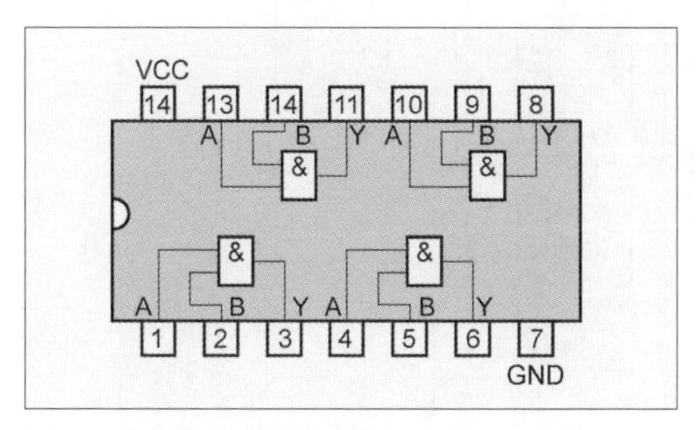

图2.8 74HC08的内部连接方式

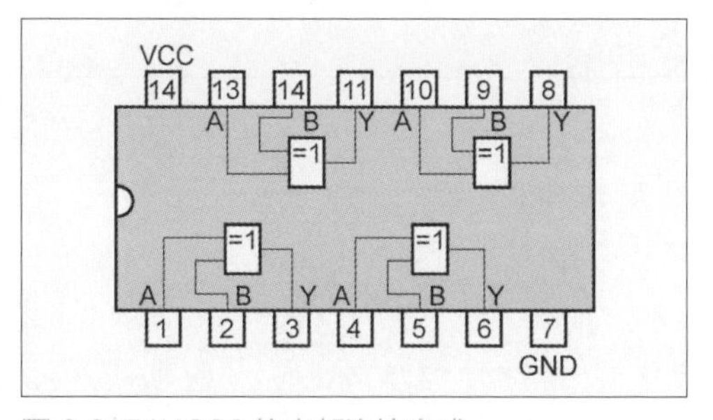

图2.9 74HC86的内部连接方式

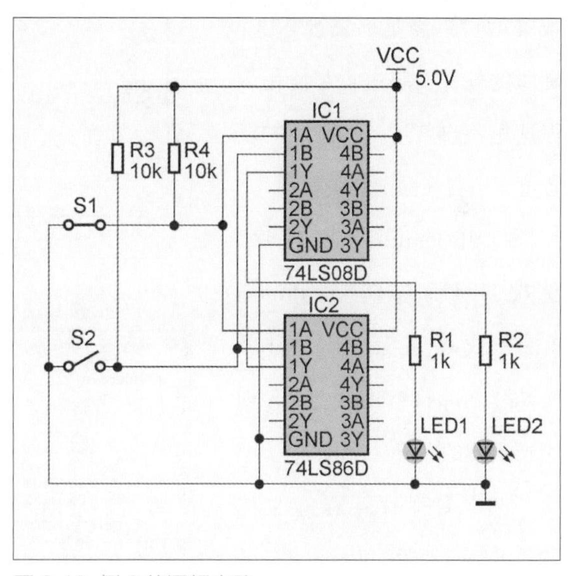

图2.10 例3的逻辑电路

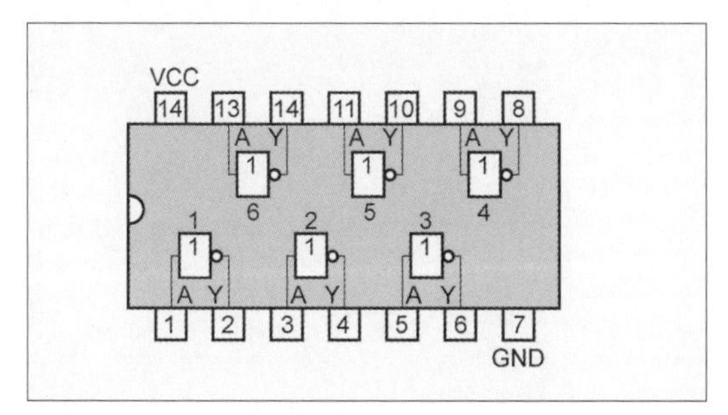

图2.11 74HC04的内部连接方式

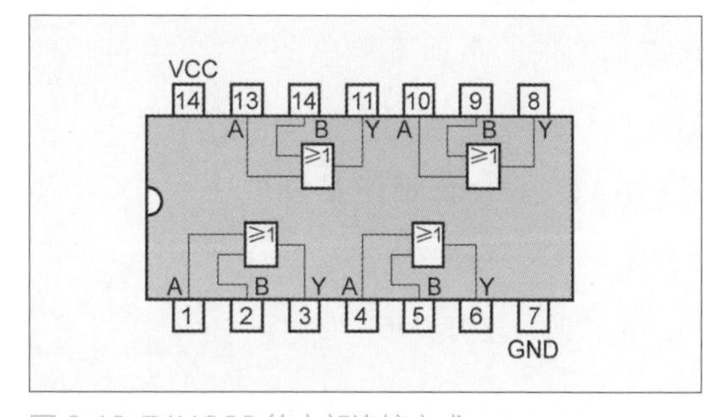

图2.12 74HC32的内部连接方式

体电路如图2.13所示。

虽然芯片只加了一片，接线却变得复杂了不少，这也说明在使用74系列芯片搭建电路时，优化还是很重要的。

2. 使用Intel FPGA搭建

接下来讲讲如何在Intel FPGA平台上完成这个实验。就像玩单片机一样，玩FPGA需要在计算机上安装开发环境，在里面编写代码，然后再通过烧录器烧录进FPGA才能完成。对于单片机玩家，开发环境通常是Keil或者IAR。Intel FPGA的开发环境叫作Quartus，而且Intel提供了一个免费版本，可以用于小规模设备的开发，通常只要使用免费版本就可以满足所需要求了。具体的软件安装过程与使用教程这里不再赘述，有疑问的读者可以自行在网上寻找教程。

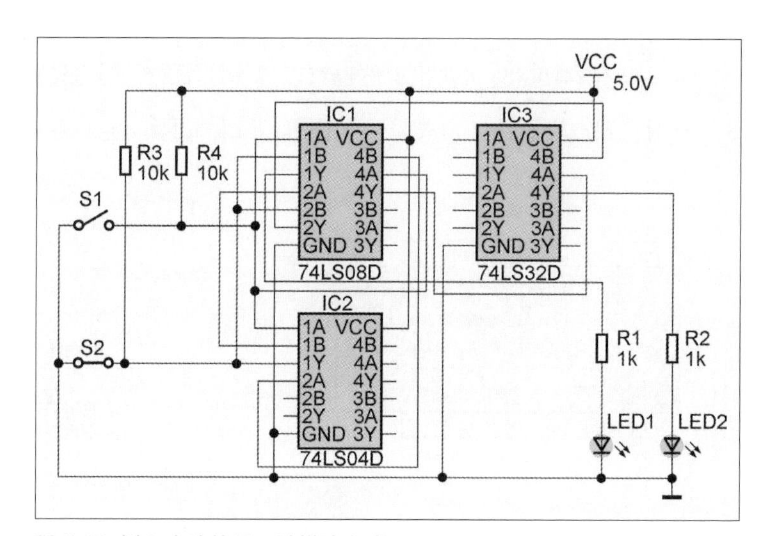

图2.13 例3电路的另一种搭建方式

打开Quartus应用程序，在欢迎页面选择New Project Wizard或者从菜单选择File→New Project Wizard打开创建新工程的向导（见图2.14）。

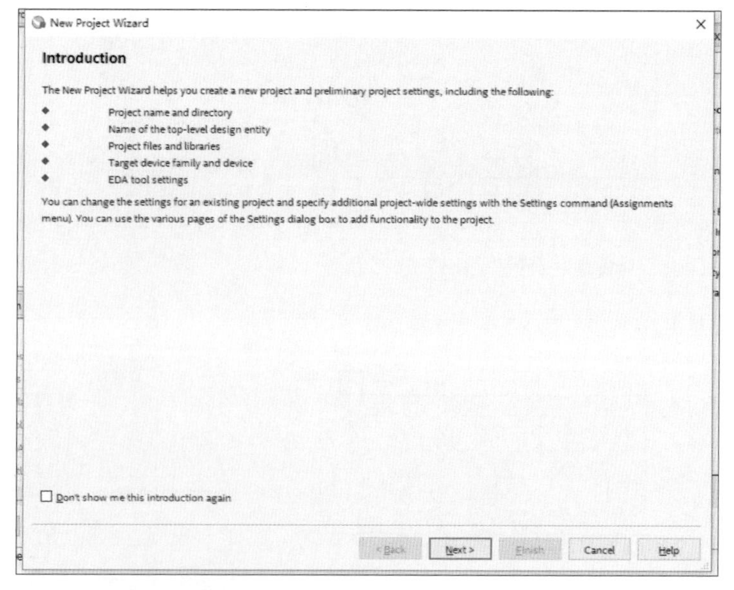

图2.14 创建新工程的向导

选取要保存工程的文件夹，取个名字，Project Type选择Empty Project（空工程），在添加文件的页面直接单击Next（下一步），直到来到选择FPGA型号的页面（见图2.15）。

请按照自己开发板上的芯片型号选择。这个型号印在了

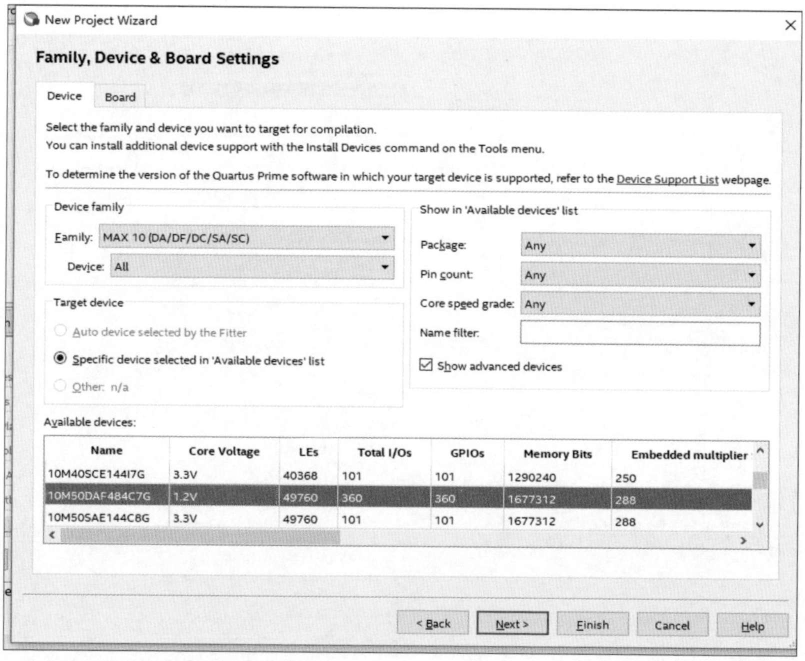

图 2.15 选择 FPGA 型号的页面

FPGA上，通常也可以从开发板的用户手册、原理图中得到。我用的是MAX10系列、型号为10M50DAF484的FPGA，就在这里选择这个型号。选择完成后可以直接单击Finish完成创建。

创建完工程后，你还需要创建主程序文件（见图2.16）。开发FPGA使用的并不是C语言，C语言毕竟是用于开发软件的语言，开发逻辑电路（硬件）有其专门的硬件描述语言，比如本书使用的Verilog HDL语言（以下简称为Verilog）。不过好在Verilog的语法和C语言的语法还是较为相似的，熟悉C语言的话，学习Verilog并不困难（但是适应硬件开发的思路转变就不简单了）。本篇我并不会系统地讲解Verilog的使用方法，只是简单地介绍一下Verilog之“初体验”。新建一个文件File（请注意，不是工程Project），在弹出的对话框中选择Verilog HDL File。

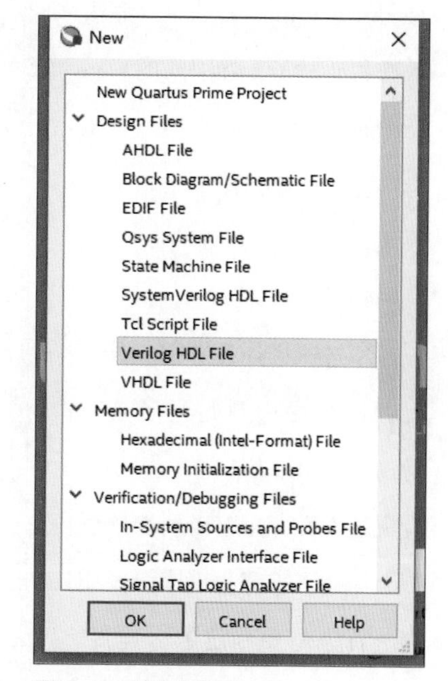

图 2.16 创建主程序文件

在新的文件中输入以下代码。

```
module lesson3(
input  wire a,
input  wire b,
output wire c,
output wire d
);
assign c = a & b;
assign d = a ^ b;
endmodule
```

将文件保存为lesson3.v。注意第一行module后的lesson3需要和文件名匹配，如果你将文件保存为别的文件名，比如adder.v，那么第一行也应该相应地写成“module adder”才行。如果没有问题，保存后可以单击菜单栏上蓝色的像音响上“播放”键的综合按钮进行综合（类似于编译程序），应该可以顺利通过。如果没有，请检查刚刚保存的lesson3.v是否被加入了工程并设置为了顶层文件（可以在左侧的面板中查看）。

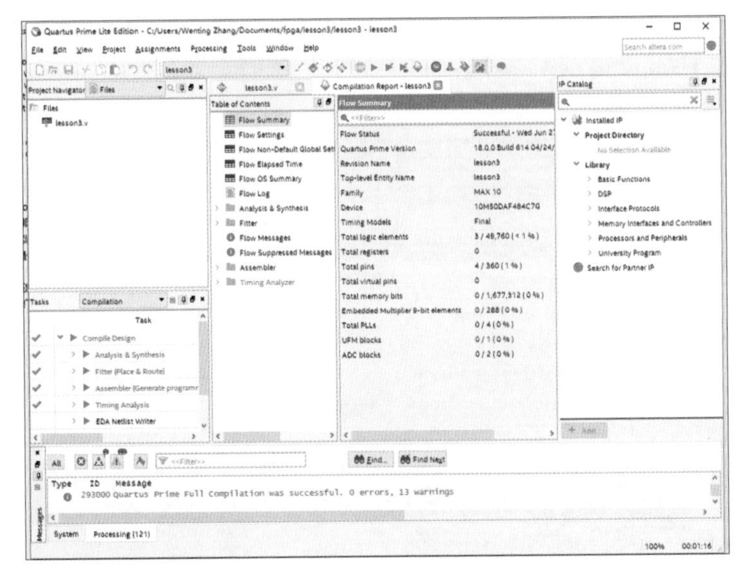

图2.17 综合后的结果

完成后，你可以看到左边几个任务都显示绿色对号（见图2.17），也可能是黄色感叹号（Warning 警告），都表示顺利通过了。在中间的Flow Summary里面可以看到一些报告信息，比如使用的逻辑单元数量，一共有49 760个，这里只用到了3个。

不过这样还没有完成，在上面的程序中只是说了会有a、b、c、d 四条线，但并没有说这4条线会连接到哪些引脚上。接下来我们就来分配引脚。首先是要确定怎么连接。我的开发板（DE0-Lite）上有几个拨动开关，我决定就把a

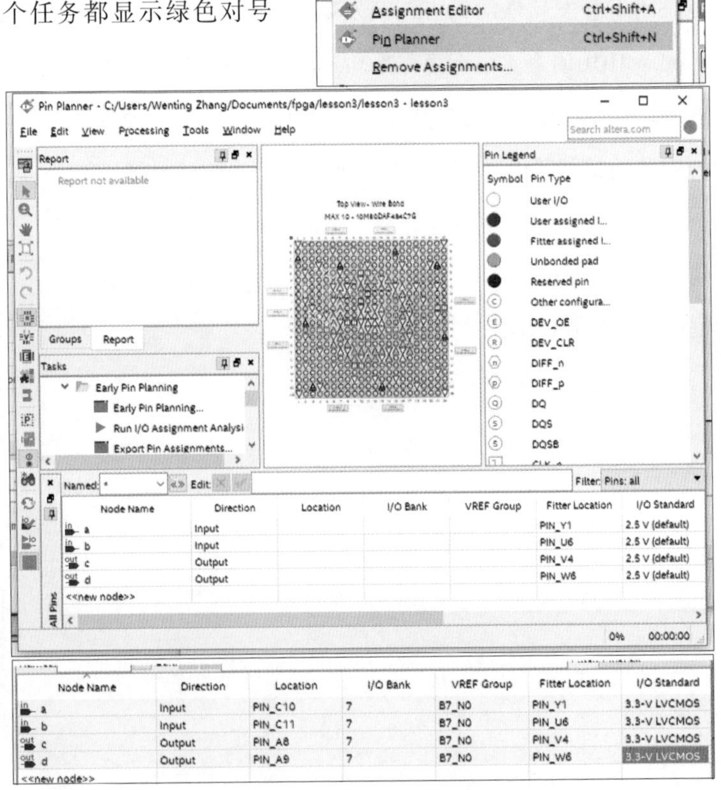

图2.18 Pin Planner

和b连接到拨动开关上，而c和d则连接到两个LED上输出。通过原理图可知，两个开关分别连接在C10和C11上，而两个LED分别连接在A8和A9上。打开Assignment菜单中的Pin Planner（见图2.18）可以注意到a、b、c、d已经出现在了里面，而且有一些自动定义的位置。按照之前得知的信息在Location一栏填入引脚。Fitter Location可以不用理会，I/O Standard要按照开关和LED连接的块的电源电压填写，通常也可以在原理图里看到，这里是3.3V，也就是LVCMOS33。

完成后直接关闭窗口，重新单击蓝色右箭头进行综合。值得一提的是，不少开发板厂家会把板上的引脚配置预先定义好，使用时只需要导入一个定义文件即可。以后我也会讲解如何使用这种方式完成，本节查原理图手动配置第一是为了让大家体验这个过程；第二也是方便使用不同开发板，甚至是最小系统板的玩家应用自己的开发板体验制作的过程。

现在就可以把程序（位流）烧录进FPGA测试了。使用USB线把FPGA开发板与计算机连接起来，使用Tools菜单中的Programmer打开烧录工具。注意首次使用可能需要为烧录器安装驱动程序。如果你的Programmer窗口中左上方显示No Hardware，则需要打开设备管理器，为USB Blaster安装驱动程序。驱动程序可以在Quartus的安装目录中找到，如C:\intelFPGA_lite\18.0\quartus\drivers\usb-blaster。

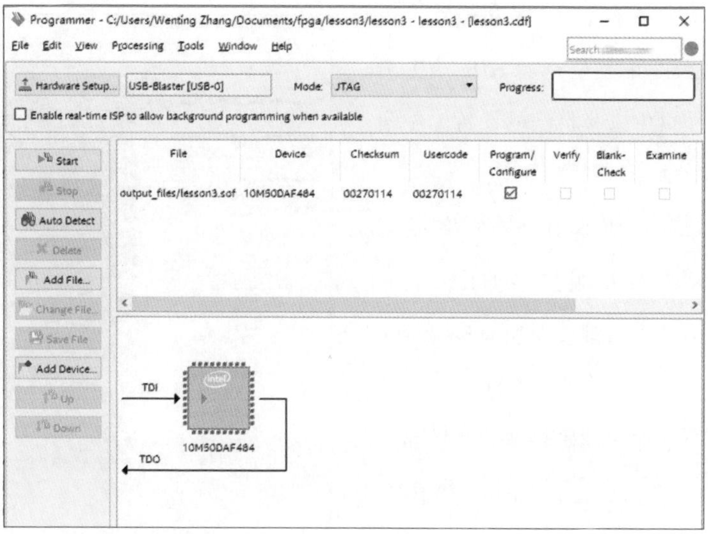

图2.19 程序烧录界面

确认左上角显示USB Blaster之后就可以单击Start开始烧录了（见图2.19）。烧录完成后，我们就可以通过拨动开关并观察LED的通断电来验证设计是否符合预期（见图2.20）。

图2.20 将程序下载到开发板中，观察实验结果

2.2.3 使用Xilinx FPGA搭建

使用Xilinx FPGA来实现这个设计的整体过程也是大同小异的。Intel和Xilinx两家的软件界面也很相似。需要注意的是，Xilinx曾经使用ISE作为开发环境，现在新的芯片已转为使用Vivado作为开发环境。鉴于目前入门最常用的芯片Spartan6仍然需要使用ISE开发，这里也使用ISE进行演示。Xilinx也像Intel一样推出了免费版本的ISE，叫作ISE WebPACK，它对于我们来说完全够用了。具体安装方法在此不再说明，只讲使用方法。

在开始菜单中打开Project Navigator（ISE的主程序），如图2.21所示。

单击左侧的New Project或者是菜单中的File→New Project打开新建工程窗口。也和前面一样，输入工程名称\保存位置，顶层文件类型选择HDL，在属性页中选择自己的设备（见图2.22）。

其他不用修改，完成创建。在左侧窗格的Hierarchy中单击右键选择New Source建立新文件（见图2.23）。

在向导代码类型选择部分中选择Verilog Module并在右边输入文件名（见图2.24）。

这个项目中有4个信号，

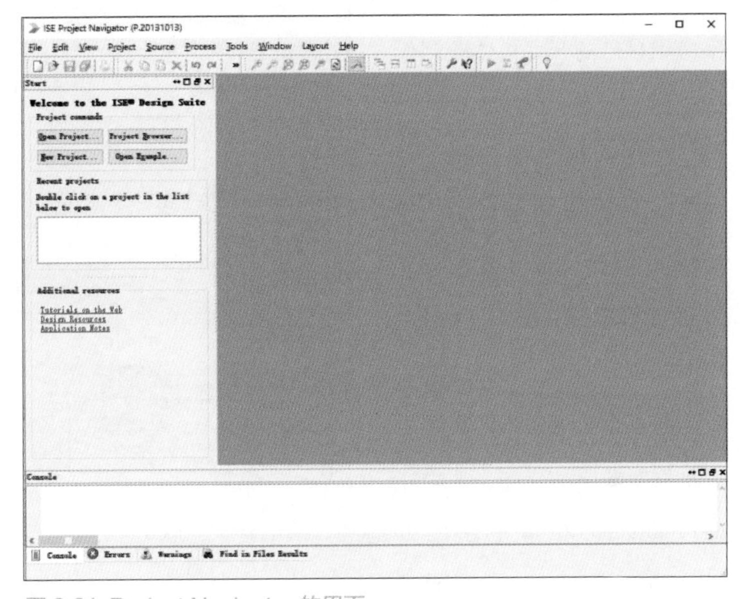

图2.21 Project Navigator的界面

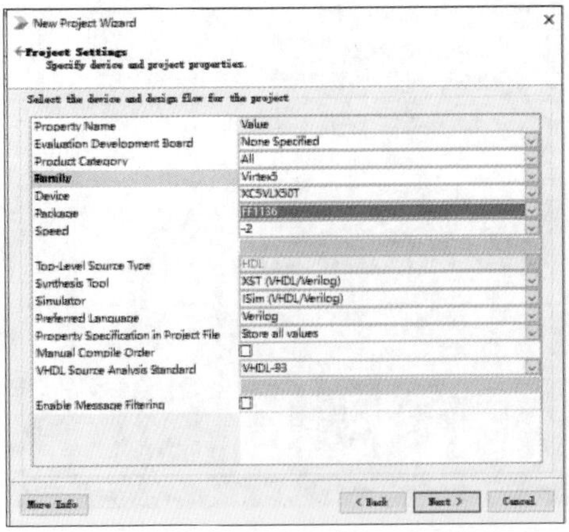

图2.22 新建工程界面

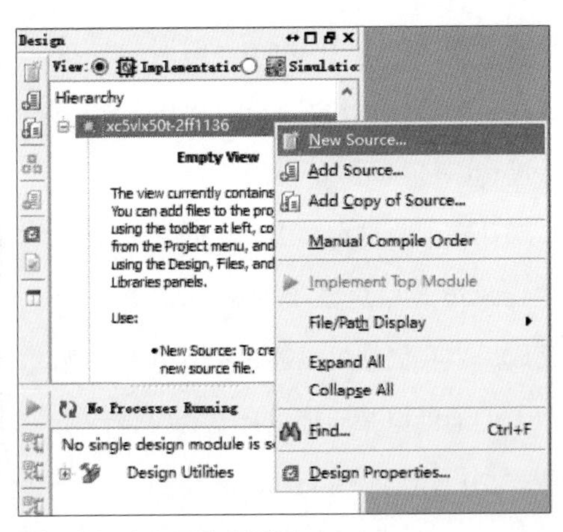

图2.23 建立新文件界面

a、b、c、d，分别为两个输入和两个输出，这里按图2.25所示填写。

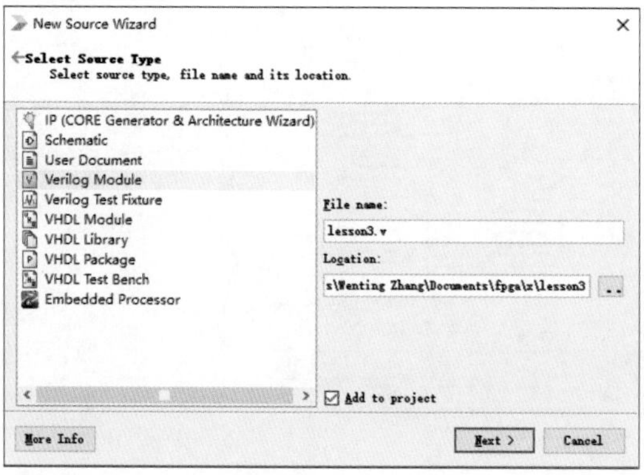

图2.24 选择代码语言类型

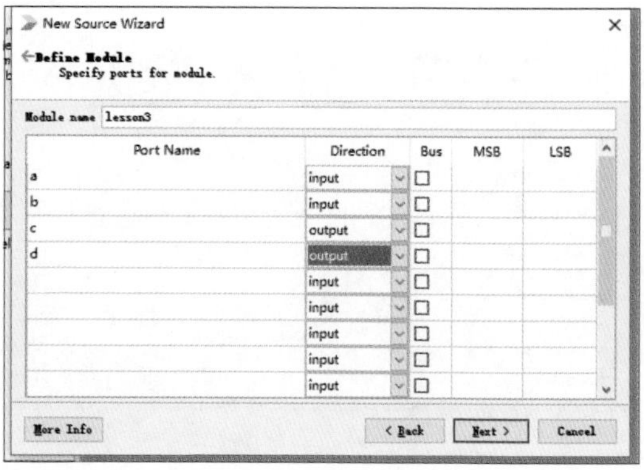

图2.25 指定信号的输入、输出

建立文件后，你会注意到框架已经在了，只需要在中间插入两行逻辑即可，整体程序应该和Intel FPGA中列出的相同。

```
assign c = a & b;
assign d = a ^ b;
```

当然这里也和Intel FPGA那边一样，需要定义引脚，不过不是使用图形化的工具，而是直接编辑约束文件。和上面一样打开添加新文件的窗口，在左侧选择Implementation Constraints File，并在右边输入文件名constraints.ucf（见图2.26）。

通过查阅原理图可知，我的开发板板载LED连接到了H18和L18引脚上，而两个按钮则连接在AJ6和AK7引脚上。另外需要知道所连接的块（Bank）的电压，通常也可以在原理图里找到。我的板子上按钮的电压为3.3V，而LED的电压为2.5V。其他开发板上的块的电压可能会是不同值，通常为3.3V。在新的约束文件中，根据上面得到的信息写入以下内容。

```
NET a LOC = AJ6;
NET a IOSTANDARD = LVCMOS33;
NET b LOC = AK7;
NET b IOSTANDARD = LVCMOS33;
NET c LOC = L18;
NET c IOSTANDARD = LVCMOS25;
NET d LOC = H18;
NET d IOSTANDARD = LVCMOS25;
```

其中a、b、c、d就是4个要定义的信号的名字。如果不确定后面的IOSTANDARD，可以参考开发板提供的参考程序中的ucf文件。编辑完成后，双击左侧任务窗口中的Generate Programming File开始综合并生成编程文件。如果没有问题，左侧应该显示3个绿色对号（见图2.27）。

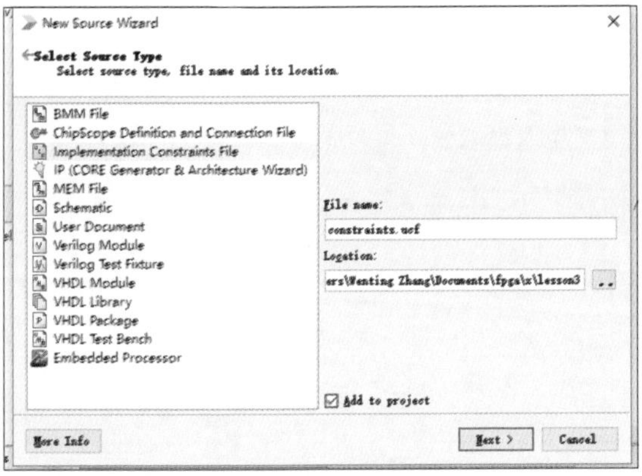

图 2.26 新建约束文件界面

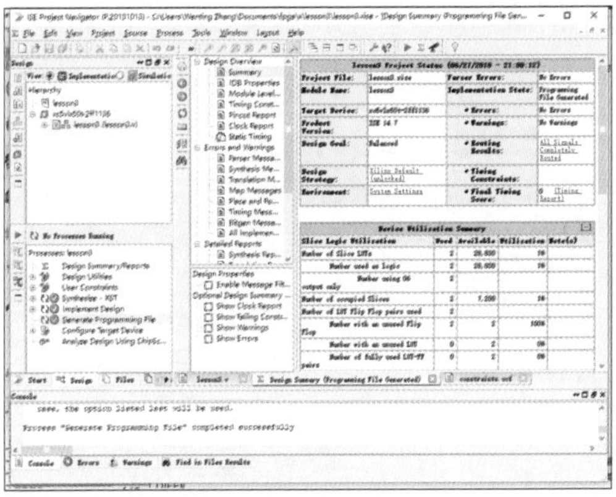

图 2.27 综合结果

在右侧可以看到综合的报告，如逻辑的使用量等。通过USB接口将开发板连接到计算机，使用Tools→iMPACT打开编程工具。单击左侧的Boundary Scan进入设备检测界面，在右侧Initialize Chain处单击右键检测设备（见图2.28）。

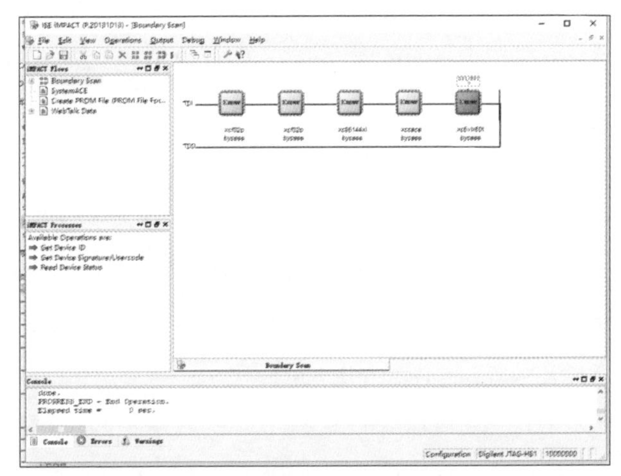

图 2.28 识别并检测设备

双击FPGA设备，在弹出的窗口中选择刚刚生成的文件。可以看到下面的bypass已经变成了选择的文件名。选中FPGA，在左侧的任务列表里面双击Program。一段时间后，程序就应该被写入了。按下按钮可以看到LED的变化（见图2.29）。

图 2.29 将程序下载到开发板，可看到结果

本小节主要介绍了简单组合逻辑电路及其具体实现过程。如果你希望练习本节学到的内容，可以试着自己实现一个LED译码器的功能，先写真值表再去画逻辑实现。规模会有些大，但是需要用到的知识就是本节中提到过的，当然如前文所说，如果你希望得到较为优化的逻辑实现，需要学习使用卡诺图。本文没有讲解卡诺图的原因是，与FPGA配套的综合器（软件）可自动完成从卡诺图到逻辑表达式的运算，并不需要手动得出结果，所以这个知识点就变得可有可无了。如果希望对这些内容有更深入的理解，你可以考虑学习离散数学中的布尔逻辑的相关内容，不过如果只是停留于制作层面，就没有必要下那么大功夫了。

2.3 时序逻辑

本节的主题是时序逻辑电路，有些读者不禁要问，什么是时序逻辑电路？组合逻辑电路和时序逻辑电路有什么区别？如果回顾之前我们制作的电路，不难发现一个特点，这些电路都是给定输入，得到输出。只要输入是确定的，输出也是确定的，所有影响输出的因素只是输入而已。听起来很自然，没有什么问题对吧？甚至你可能还觉得奇怪，如果我给定了输入，却不能确定输出，那不是乱套了吗？考虑下面的要求：还是给出一盏灯和一个按键，现在需要按下按键时灯点亮，并持续点亮；再按下按键时灯熄灭，并保持熄灭。不难看出，单独给定输入状态（按键被按下或者没有被按下）根本没法知道灯是开着还是关着，换言之，输出不单单取决于当前输入，还取决于电路当前的状态。这样，电路就有了自己的记忆。当我们在分析问题时，除了要考虑当前发生的事情，还需要考虑之前发生过的事情，多了时间维度。因此，我们需要的这种电路被称为时序逻辑电路。

2.3.1 锁存器与触发器

关于“记忆”这件事，在单片机或者任何软件编程环境里都很简单，无非设置一个变量。但是如果回到电路角度，应该怎么解决这个问题呢？引入新的逻辑门，比如说存储门？其实完全不用，只要用之前在组合逻辑电路中用过的那些东西，就能够做出能够存储状态的电路，其原理如图2.30所示。

这张原理图看起来有些奇怪是不是？这种电路应该怎么分析呢？表面上找不到输入值，只有一个输出值Q。但我们不妨考虑一下，假设其中任意一条线上的电平为高电平或低电平，随后计算出来其他所有线的电平。我们会发现电平没有出现逻辑上的冲突，也就是只要保持通电，这些电平就会一直保持这个状态。此时，一旦因为外部的信号改变，改变了其中任意一条线的电平，所有线的电平都会变化，并一直保持新的状态。所以，这就是能够存储1 bit数据的电路了。

不过我刚才其实没有说清楚，什么叫由于外部信号改变了电平？它是如何改变的？是的，需要有一种可靠的方式来修改状态。而这种方式不是唯一的，我在此列举一种简单的电路，其电路图如图2.31所示。

图2.31中有两条信号线，分别是S和R，表示置位（Set）和复位（Reset），分别可以将这个电路保存的值设置为1或者0。假设当前电路里保存的数值是0，如果S线为1，就会使与其对应的或非（NOR）门状态发生变化，进而使得整个电路保存的数值变为1。当然如果电路保存的值本来就是1，那就什么都不会发生。

不过与以往使用单片机的经验不同，在单片机的环境中，一般用一条数据线直接传输数据（1或者0），而不是分成S和R分别传输1或者0。毕竟S传输时R不能传输，反之亦然，设置两条线看起来就有些浪费。要实现直接输入数据，而不通过R、S两条线，也很简单，改动后的电路如图2.32所示。

现在，如果输入为1，那么S为1，R为0，输出就会被设置成1；如果输入为0，那么S为0，R为1，输出就会被设置为0。听起来很棒是不是？完全不是。输出只会复制输入的情况，结果就是变成了一条存在延迟的导线而已。如果输入“消失”，输出也会随之消失，也就没有什么“记忆”可言了。所以还需要有一条线，用来指示当前的输入是否有效，是否需要存储当前的输入。加入指示线后的电路如图2.33所示。

现在好了，有了一条使能（Enable）线，即图中的EN线，用来标记输入是否有效。当EN为高电平时，外部的数据可以进入这个记忆电路；而EN为0时，无论输入信号怎么变，输出信号都不会发生变化，就像是被锁住了一样。于是这种电路就被称为锁存器。而这种输入数据的就被称为D锁存器，前面那种输入S和R信号的则被称为SR锁存器。

确实，锁存器听起来像是非常可靠的存储设备，过去也确实被大量使用，但是现在的数字电路设计中大多已经转向使用触发器来代替锁存器，所以这里我们也来介绍一下触发器。

首先，锁存器存在一个“缺陷”。EN为0时保存信号电平没有问题，然而EN为1时，就有点意思了。这种情况其实也就基本是图2.33中描述的导线的情况，输出就是对输入的简单复制。不如说，这时整个锁存器是“透明”的，输入信号可以直接穿过锁存器直接输出。而触发器，相比于锁存器，就不是“透明”的，因为触发器并不依赖于电平指示是否要写入，而是依赖于时钟的

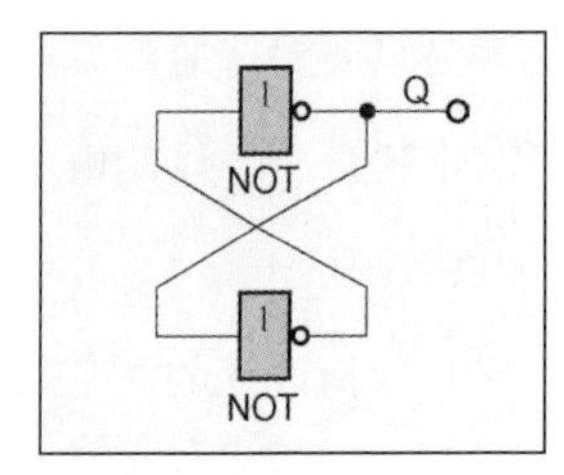

图2.30 最简单的存储电路的原理图

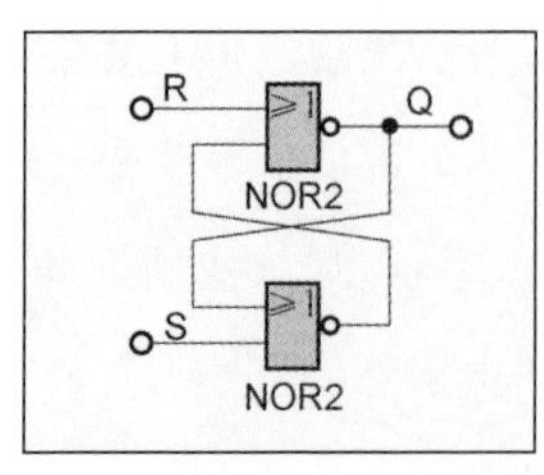

图2.31 可以简单地改变状态的存储电路

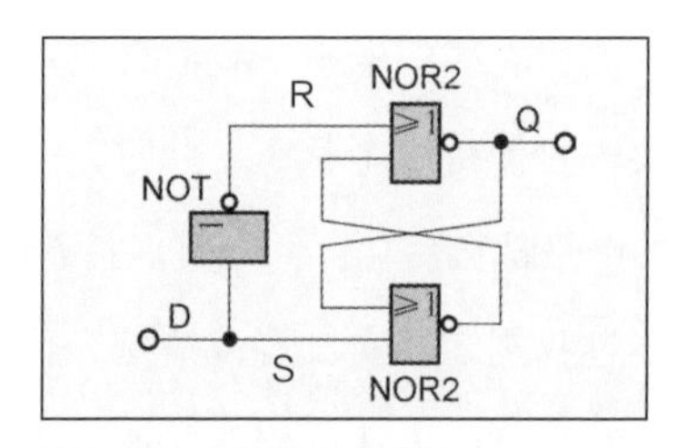

图2.32 改动后的电路

变化。触发器会在时钟从电平低到高电平变化（或者从高电平到低电平变化，取决于具体使用的触发器）的瞬间，存储输入的数据，并且在其余时间保持这个数值。这里就简单展示一下D触发器的原理图（见图2.34），使用和之前同样的分析方法就可以理解其工作原理。如果不能理解，也没有关系，会用就行了。

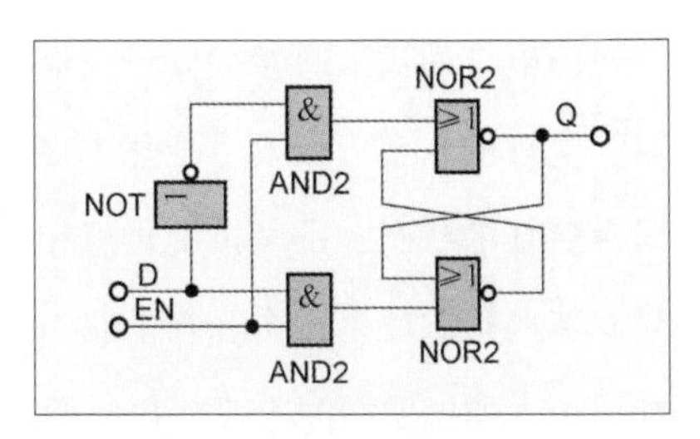

图 2.33 加入指示线后的电路

当然，平时我们在学习时如果都画全这个原理图，一来太累，二来也不清晰，所以锁存器和触发器都可以化简成单独的符号（见图2.35），需要的时候使用这个符号即可。

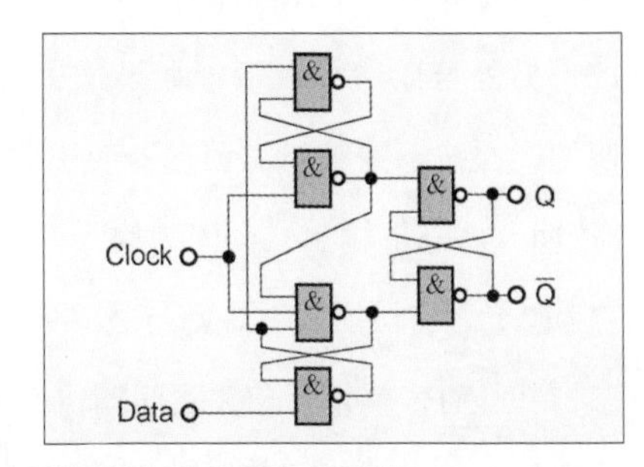

图 2.34 D 触发器的原理

总结一下，在这里我介绍了两种存储器件，一种叫锁存器，另一种叫触发器。对于锁存器来说，重要的是电平状态，高电平存储，低电平保持。而对于触发器来说，重要的是时钟边沿，时钟从低电平到高电平的瞬间存储，其他情况保持。当然，也存在极性相反的器件，如低电平存储、高电平保持的锁存器，以及时钟从高电平到低电平瞬间存储的触发器。另外“触发器”这一名词曾经可以用来指代各种存储器件，包括现在讨论的锁存器也曾经是触发器的一种。而现在，触发器通常特指边沿触发的触发器，电平触发的被称为锁存器。其实锁存器和触发器的类型并不止书中介绍的这几种，但是为了易于理解，这里只讲和我们的目标——利用FPGA制作GAME BOY最相关的触发器和锁存器，其他的就不一一介绍了。下面我以两个电路实例说明时序逻辑电路的作用。

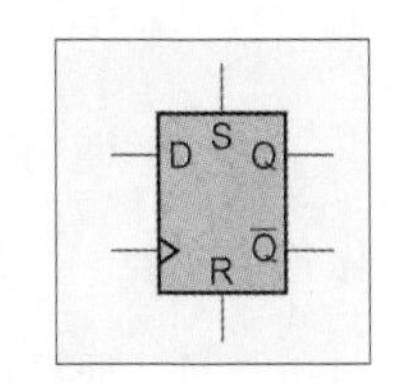

图 2.35 D 触发器的电路符号

2.3.2 实例1：灯

至此，构成时序逻辑电路需要的新组件已经介绍完了，锁存器和触发器本身也无非是之前的基础逻辑门的组合。但实际上有了这两种器件之后，逻辑电路所能实现的功能瞬间强大了很多，电路的设计和分析难度也随之上升了一个台阶。前面那个实例只涉及一个输入和一个输出，本身比较简单。如果用它们设计、制作更复杂的东西，还是束手无策。而我这里能做的，就是提供更多例子，帮助大家理解时序逻辑电路常见的“套路”。而第一个实例，也就是之前说到的，用触发器和锁存器实现按一下打开、再按一下关闭的电灯。

首先，这个电路有一个输入端和一个输出端，分别以按键开关的形式输入，以灯的形式输出。不难注意到，要求中提到了保持电灯的状态，也就是需要一个触发器，用来记忆并保持电灯的状态，而电灯的输入直接接到触发器的输出上。而每当按下按键时，电灯的状态可以发生变化，也就是触发器需要在按下按键时存储新的状态，那么按键也就相当于给触发器输入了时钟信号。新的状态就是一个和当前状态不同的状态，如果现在开着就关掉，如果现在关着就打开。于是新状态的生成也很简单了，给当前状态加一个非门即可（见图2.36）。

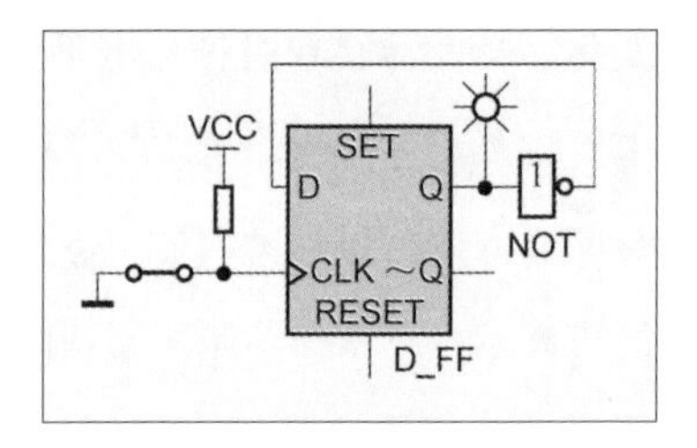

图 2.36 控制灯的电路

另外可以考虑一下，如果这里直接把触发器换成锁存器会发生什么事情。由于锁存器是透明的，在按下按键时，锁存器会不断试图存入输入的值，而不难发现输入和当前的输出相关，而“透明”状态下输出又会因为输入而发生变化。结果就产生了循环，当前状态会不断在打开和关闭（1和0）之前切换，而灯则与之对应进入高速闪烁状态，而最终的状态，则是放开按键时所处的状态，基本而言就是开和关之间随机一种。这样无法区分电路的状态，没有办法使用。“透明”带来的问题也是在使用锁存器进行设计时必须考虑的。我们之后的设计，将全部使用触发器完成，不使用锁存器。

这里顺便附上这个电路的Verilog HDL代码，各位读者有兴趣的话，可以在自己的实验平台上做这个实验。但是，由于按键抖动的原因，可能仍然会导致按下按键，状态变化多次。如果你玩过单片机，应该已经对抖动与消抖有很明确的概念了吧？这里就不再解释了。这里的Verilog HDL代码只是用来实验的，如果你看不懂代码含义也没有关系，可以自己试着摸索，之后我也会具体介绍代码含义，此部分代码如下。

```
module light(
  input key,
  output reg light);
   always@(posedge key)
  begin
    light <= ~light;
  end
 endmodule;
```

2.3.3 实例2：计数器

计数器自然也有多种实现方法，不同的实现方法实现出来的计数器也有不同的特性。比如这里，我希望实现一个不断自增的计数器，也就是数值不断+1。不知道大家还记不记得上篇介绍过的加法器呢？它可以实现二进制数的相加。如果我们修改这个加法器，让它永远执行+1的操作，并且把结果“喂”给加法器的输入，即可实现自增的功能。不过，直接连接肯定是不行的，输出的同时，输入也在发生变化，也就是像之前说的那样出现了循环，最后的电路也就没有太大的意义。需要做的，就是用触发器把加法器的输入和输出隔离开来，虽然形成了循环，但输出信号不会立即进入输入端（见图2.37）。而触发器的时钟信号，也就是让触发器保存当前输入的信号，在这里也就真的成了控制计数器速度的时钟。比如说时钟信号的频率是1Hz，也就是说这个电路每秒会产生1个电平从低到高的变化（上升沿），触发器的状态随之更新一次，也就实现了整个计数器按照1Hz的频率向上计数的效果了。

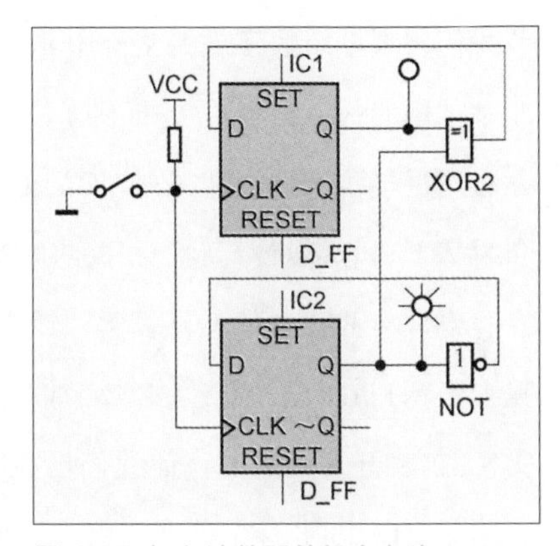

图 2.37 加入计数器的组合电路

在这里，我们注意到加法器的结构十分简单，简单到只剩下了两个逻辑门。上次我们为了实现1位数的加法也用了两个逻辑门，现在只用了两个门却实现了2位二进制数的加法，这是怎么做到的呢？原因也很简单，因为这里不需要考虑进位，而且也是固定地执行+1操作，整个电路就可以不用从加法器的角度去考虑，而是直接考虑这是一个输入当前计数值，输出下一个计数值的组合电路，其真值表见表2.3。

表2.3 图2.37所示电路的真值表

输入	输出
00 (0)	01 (1)
01 (1)	10 (2)
10 (2)	11 (3)
11 (3)	00 (0)

按照要求，输出与输入相比始终多1，而实现这个组合逻辑电路，只需要两个逻辑门就足够了。按照之前的思路，把组合逻辑部分的输入和输出用触发器隔开，也就实现了需要的效果。下面就是描述图8所示电路的Verilog HDL代码。

```
module counter(
  input clk,
  output reg [2:0] count);
   always @(posedge clk)
  begin
    count <= count + 1;
  end
endmodule;
```

2.3.4 总结

本次我简单地向大家介绍了时序逻辑电路的概念，介绍了时序逻辑电路的基本组成部分：触发器和寄存器，并展示了时序逻辑电路一个基本的应用——计数器。这次的内容可能也和以前一样，并不那么容易理解。一下子没理解没关系，再读一遍。一旦明白了，一切就很简单了。而下节我们将要介绍数字电路基础中非常重要的一个部分——状态机。状态机是时序逻辑电路设计中非常常用的一个“套路”，提供了一种系统的设计时序逻辑电路的方法，而不是只是像现在一样想办法“拼接”。同时它也是本书中数字电路部分的最后一个主题。在此之后，我们就可以开始真正介绍基于FPGA设计与验证相关的内容了。

也许有些读者依然不理解，最终要用的是FPGA，为什么还要费那么大力气来介绍数字电路呢？毕竟FPGA已经把很多东西抽象了，开发时使用的也是硬件描述语言，而不是画原理图。确实，FPGA开发不需要任何我们现在画的逻辑门。然而，如果没有现在的这些铺垫，就很难理解Verilog HDL描述的究竟是什么。如果具象的内容都没有完全理解，势必会给理解抽象的内容带来更大的困难。不过为了避免大家学的东西太多导致短时间难以理解，我只介绍了与我们今后用FPGA制作一部GAME BOY关系最紧密的概念，其他概念就没有具体介绍，各位读者如果有兴趣可以自学。这里所介绍的都是重中之重，请各位希望和我一起制作出这部GAME BOY的读者们务必理解这些内容。

2.4 状态机

虽然我的书名为《FPGA入门指南：用Verilog HDL语言设计计算机系统》，但一直在和大家讲数字电路的相关知识。毕竟数字电路是开发FPGA的基础，如果不了解数字电路，也许一开始玩FPGA不会有太大的问题，但是越到后面就会觉得越难以理解，所以拥有良好的基础还是很重要的。不过好消息是，本节是数字电路基础的最后一节了。从下次开始，我们就可以用Verilog HDL编程玩转FPGA了。

2.4.1 什么是状态机

状态机是软、硬件中非常常用的设计。其实它更像是一种设计模板，把需要实现的功能划分成状态，然后嵌套进状态机的模板中，最后实现这个状态机。那为什么要先把我们想实现的功能嵌套进状态机模板中再实现状态机，而不是直接实现这个电路呢？原因其实也很简单，一旦电路或程序的逻辑复杂到一定程度，直接实现我们想要的功能会变得很困难。如果一开始的设计从直接实现功能出发，而最后考虑到整个项目的可维护性，设计人员还需要引入状态机，这样还不如一开始就做状态机。

顾名思义，状态机必然是和状态相关的。状态机的主要思想是：把一个机器的运行情况人为划分成很多不同的状态，而机器的输出情况，根据当前机器所处的状态来决定，而机器的输入则会影响到机器之后的状态。具体的状态机设计思路，无非也就是要解决两个问题：

（1）在什么状态下要做什么事情？

（2）怎样做会导致状态发生改变？

举个最简单的例子：有一盏灯及其开关电路，按一下按键，灯会亮，再按一下按键，灯会灭。这个机器就可以定义为有两个状态，一个是灯亮；另一个是灯灭。针对这个机器，先解决第一个问题，什么状态下要做什么事情：灯亮的状态下，输出光；灯灭的状态下，无输出。然后解决第二个问题，怎么做会导致状态发生改变：灯亮的状态下，如果按下按键，就进入灯灭的状态；灯灭的状态下，如果按下按键，就进入灯亮的状态。无论何种状态下，如果没有按下按键，这个机器就停留在当前的状态，这个机器的状态图如图2.38所示。

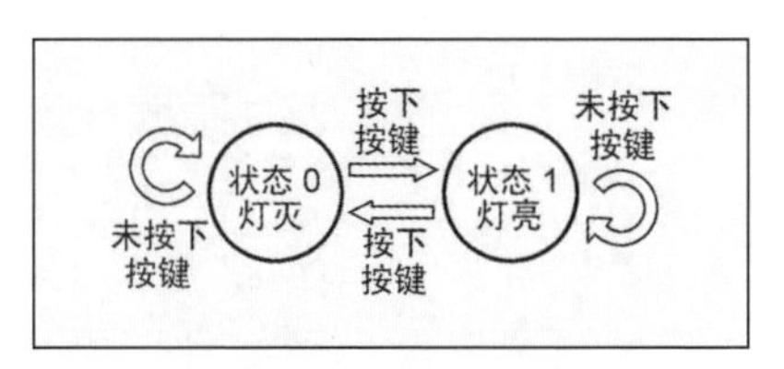

图2.38 灯的状态图

从图2.38中，我们也能清楚地看到之前所提的两个问题。我用圆圈表示状态，这里只有两个状态，每个状态有一个自己的编号（0或1）以及该状态对应的输出（灯的亮与灭），第一个问题就解决了。箭头则表示状态的转换，不同的输入（灯亮时按下按键或灯灭时按下按键）会导致怎么样的结果（灯由亮变成灭或由灭变成亮），第二个问题就解决了。

再看一个稍微复杂但也很常见的例子。有一台只卖矿泉水的自动售货机，每瓶矿泉水的价格为2元，该机只接受1元硬币或5角硬币且每次最多接受2枚硬币，不设找零，每次只能售出一瓶矿泉水。我们来设计一个状态机描述它的行为。这个机器有两个输入：投入一枚5角硬币或投入一枚1元硬币，以及一个输出：支付金额是否足够。

此时我萌生了一个简单的想法。仍然按照之前的做法，设计两个状态，一个是使用者付够钱了，另一个是使用者还没付够钱。输出也和状态直接对应。然后考虑输入，那么问题来了，如果当前没付够钱，怎么样才能知道再投入5角或者1元之后就付够了呢？是不是需要加个变量来记录？如果考虑到“当前状态”这个说法本身就是一个变量的话，完全可以把“付了多少钱”这一信息也变成一种状态机的状态。这样就把状态机划分为：没有付钱、付了5角、付了1元、付了1.5元和付了2元及以上这5种状态。这样状态转换也就容易设计了，比如从付了5角这个状态转换到付了1元的状态再转换到付了2元的状态。此时的状态图如图2.39所示。

注意代表每个状态的圆圈中都有两行文字，第一行写的是状态的名称，通常为了之后便于实现（程序或者电路），我标注了一个从0开始的数字，而第二行则是这个状态对应的输出，如这里只能是“是”或者“否”，而前4个状态都是“否”，只有投够钱，到达最后一个状态才会变成“是”。其他箭头则表示如何进入下一个状态。

以上两个例子听起来很简单，但并不表示状态机只能用来实现这类很简单的功能。在以后的内容中，你就可以看见我用状态机实现更加复杂的功能。在整个GAME BOY的设计当中，许多关键的地方都需要用状态机来实现。所以，理解状态机的概念和实现过程还是很有必要的。当然，也如上文所说，状态机并不一定需要要用74系列芯片或者FPGA来实现，软件设计中也经常会使用到状态机的思想，这是一个通用的框架。

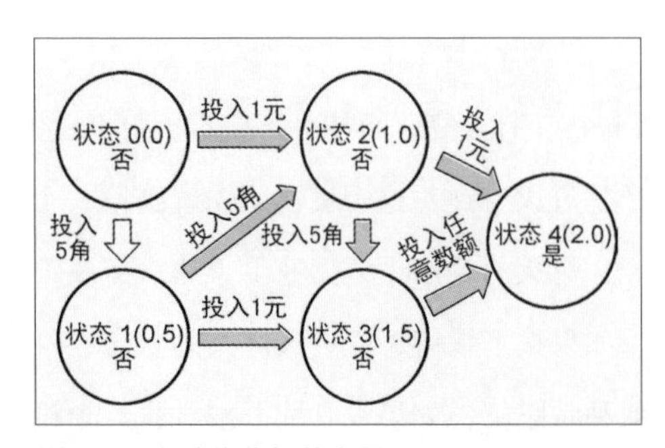

图2.39 自动售货机状态图

2.4.2 用逻辑电路实现状态机

当然，本书讲的是逻辑电路和FPGA，所以自然还是要讲讲如何用逻辑电路来实现状态机。还记得之前说过的组合逻辑和时序逻辑吧？状态机就是一个同时需要用到两部分的电路。具体而言，进入下一个状态由时序逻辑电路控制，而状态控制的输出则由组合逻辑电路控制。

之前的第二个例子当中提到了，状态本身就是变量，为此，在设计状态机的时候可以不引入别的变量。变量，自然需要由可以存储数据的元器件来存储，而在逻辑电路中，就是上一节中讲的触发器。一个触发器可以存储1bit的数据，比如要实现前面那个自动售货机的电路，因为这里有5个不同的状态，这也就至少需要3bit来存储（1bit显然只能表示两个状态——0或1；2bit则可以表示4个状态，即00、01、10、11；3bit就可以表示8个状态了，虽然这里只需要表示5个状态），那么这个状态机的中心就是3个触发器。而这3个触发器，也就是这个状态机的时序逻辑电路部分了。

那么组合逻辑电路部分呢？还记得之前说的设计状态机的两个基本问题吗？首先回答第一个问题：在什么状态下要做什么事情？我们可以根据前面的信息列一个表，当前状态和输出信号的关系见表2.4。

表2.4　自动售货机当前状态和输出信号的关系

当前状态	状态编码			输出C
	Q2	Q1	Q0	
S0，0元	0	0	0	0
S1，0.5元	0	0	1	0
S2，1元	0	1	0	0
S3，1.5元	0	1	1	0
S4，2元	1	0	0	1

Q2、Q1和Q0其实也就是3个触发器所存储的值，可以是0或1。在这个简单的例子当中，不难看出输出值就是Q2的值，或者说如果我们希望当且仅当S4状态时C=1（Q2=1，Q1=0，Q0=0）的话，可以写成C=Q2 && !Q1 && !Q0。

接下来回答第二个问题：怎样做会导致状态发生改变？定义两个输入，用a表示投入一枚1元硬币，用b表示投入一枚5角硬币，则当前状态、输入信号和下一个状态的关系见表2.5。

根据表2.5中信息，我们可以解决第二个问题了。值得一提的是，表中出现了一些无效状态，这里就不考虑它们的处理方法了。但如果是正式的产品，这些状态自然也需要纳入考虑，以提高产品的稳定性。

但是这个表怎么用呢？从设计电路的角度来说，应该关心的是，如何设计一个电路，给定当前状态和输入信息，产生下一个状态的编码。比如考虑其中的D2信号，也就是下一个状态编码中的一位。它在当前状态为S0和S1时保持为0；在S2且输入为a=0且b=1时为1，否则为0；在S3且输入为a=0，b=1和a=1，b=0时为1，否则为0；而在当前状态为S4时，则始终为1。有些读者可能已经领会出来了，这就是一个输入为5bit（3bit代表状态+2bit代表外部输入），输出为1bit的组合

表2.5　自动售货机输入信号与下一状态关系表

当前状态	当前状态编码			输入		下一状态编码			下一状态
	Q2	Q1	Q0	a	b	D2	D1	D0	
S0（无硬币投入）	0	0	0	0	0	0	0	0	S0
	0	0	0	0	1	0	1	0	S2
	0	0	0	1	0	0	0	1	S1
	0	0	0	1	1	无效			
S1（已投入0.5元）	0	0	1	0	0	0	0	1	S1
	0	0	1	0	1	0	1	1	S3
	0	0	1	1	0	0	1	0	S2
	0	0	1	1	1	无效			
S2（已投入1元）	0	1	0	0	0	0	1	0	S2
	0	1	0	0	1	1	0	0	S4
	0	1	0	1	0	0	1	1	S3
	0	1	0	1	1	无效			
S3（已投入1.5元）	0	1	1	0	0	0	1	1	S3
	0	1	1	0	1	1	0	0	S4
	0	1	1	1	0	1	0	0	S4
	0	1	1	1	1	无效			
S4（已投入2元）	1	0	0	0	0	1	0	0	S4
	1	0	0	0	1	1	0	0	S4
	1	0	0	1	0	1	0	0	S4
	1	0	0	1	1	无效			

注：a=1且b=1时，代表同时投入两枚硬币。

逻辑电路。而把这些关系输入到软件中（当然也可以手动化简），就能得到如下的逻辑表达式，它们表示了输入和输出的关系。

D2 = (Q1 && b) || (Q1 && Q0 && a) || Q2;

D1 = (!Q2 && !Q1 && b) || (!Q1 && Q0 && a) || (Q1 && !Q0 && !b) || (Q1 && !a && !b);

D0 = (!Q1 && Q0 && !a) || (!Q2 && !Q0 && a) || (Q0 && !a && !b)。

下面，我在软件中以D2为例说明如何设置运算下一状态的编码，D1、D0依此类推。图2.40所示是软件中D2这一位的运算设置，A、B、C、D、E分别对应Q2、Q1、Q0、a、b。X表示这个结果无效，如无效状态和未使用的状态。

到这里为止，就得到了我们要表示这个自动售货机的逻辑所需的表达式——一个输出表达式和3个下一状态的表达式。按表达式把电路画出来，并且连接起来的话，这个状态机也就完成了（见图2.41）。

最后，我们再回顾一下整个状态机的架构。它分为3个部分，最左边的是用来产生下一状态的3个组合逻辑，中间的是保存当前状态的触发器，而右边的则是输出逻辑。这个思路可以用于各类状态机的设计。

从下一节开始，我们就不会再这样画表来具体考虑各种逻辑了，而是用Verilog HDL直接写代码来描述我们需要的行为，而不是需要的逻辑。这一节仍然介绍这些内容，是希望大家能明白，即使以后不用画这些表来设计这些电路，Verilog HDL到最后描述的仍然是这些电路。如果写Verilog HDL却不知道实际对应的电路，就很容易写出不能用实际硬件实现的代码，或者说对应到软件里，也是无法编译的代码。

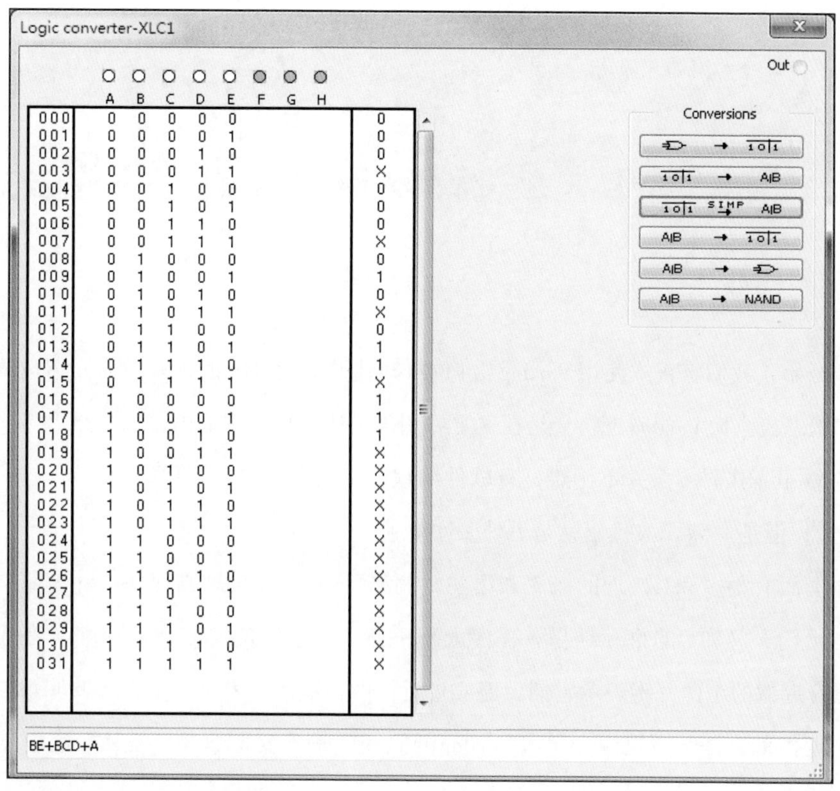

	A	B	C	D	E	Out
000	0	0	0	0	0	0
001	0	0	0	0	1	0
002	0	0	0	1	0	0
003	0	0	0	1	1	X
004	0	0	1	0	0	0
005	0	0	1	0	1	0
006	0	0	1	1	0	0
007	0	0	1	1	1	X
008	0	1	0	0	0	0
009	0	1	0	0	1	1
010	0	1	0	1	0	0
011	0	1	0	1	1	X
012	0	1	1	0	0	0
013	0	1	1	0	1	1
014	0	1	1	1	0	1
015	0	1	1	1	1	X
016	1	0	0	0	0	1
017	1	0	0	0	1	1
018	1	0	0	1	0	1
019	1	0	0	1	1	X
020	1	0	1	0	0	X
021	1	0	1	0	1	X
022	1	0	1	1	0	X
023	1	0	1	1	1	X
024	1	1	0	0	0	X
025	1	1	0	0	1	X
026	1	1	0	1	0	X
027	1	1	0	1	1	X
028	1	1	1	0	0	X
029	1	1	1	0	1	X
030	1	1	1	1	0	X
031	1	1	1	1	1	X

图 2.40 软件中 D2 的运算设置

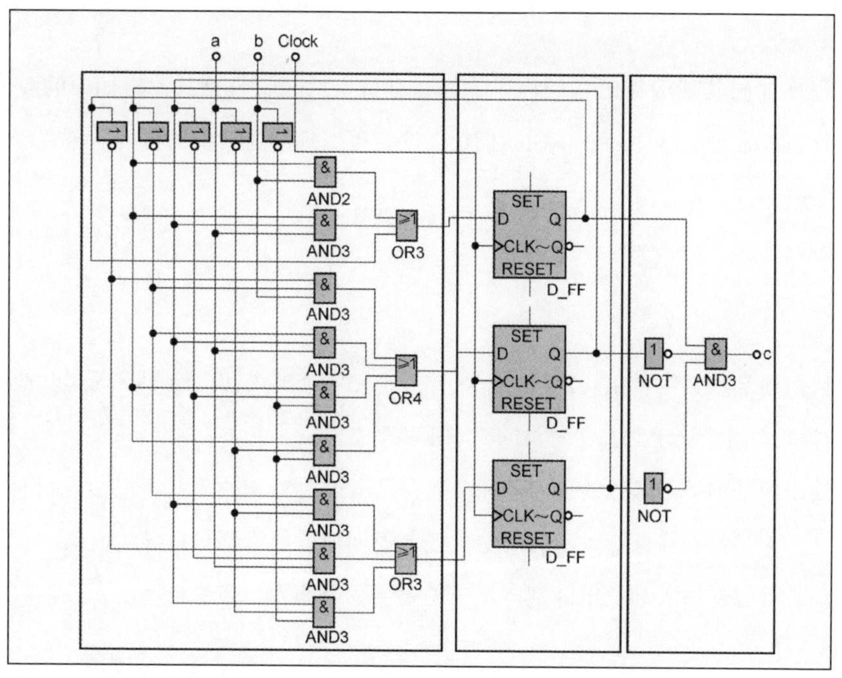

图 2.41 状态机整体电路

2.5 Verilog语法基础

从本节开始，我们将正式使用Verilog给FPGA写代码。而要写的正是前面介绍过的组合逻辑、时序逻辑和状态机。而Verilog也将会是在这之后用于描述各种硬件的语言。

其实读Verilog代码本身并不困难，有软件编程经验的人不难理解代码的含义，毕竟其语法和C语言很接近；但是写Verilog代码就是另外一回事了。

Verilog里面有很多和C接近的概念和语句，比如赋值、if-else、for循环等；但是Verilog的目标结果、逻辑门，又和C的目标结果、程序太不一样了。它们确实在某种程度上是近似的语言，但是语言里有近似的东西并不表示它们就能实现近似的功能。或者反过来，想要实现同样的功能，未必会使用近似的方法。所以说，学习Verilog的捷径就是不要走捷径，要从数字电路开始学习，而并非一开始就学习代码，以至于被代码所迷惑。

2.5.1 程序模块

Verilog程序如同其他编程语言的程序一样，有特定的源文件格式。Verilog的源代码扩展名为.v，每一个Verilog文件都是一个Verilog模块，读者可以理解为编程语言中的函数。其基本格式如下：

```
module 模块名(模块输入/输出信号);
  模块内容
endmodule
```

其中模块名通常和文件名相同，同一个文件只定义一个模块，比如adder.v里就应该只定义一个叫adder的模块。这个要求和Java对类的要求很相似。

输入、输出信号则类似函数的返回值和参数，只不过在Verilog里并不把参数和返回值放到不同的地方定义，而是都写在一起。所有的参数或者返回值，最终都只是导线而已。而导线根据驱动信号的方向，可以有输入和输出区别。至于需要多少个输入、多少个输出，那就取决于具体的程序了。

模块内容则是模块内部的逻辑，也许有代码块（always），也许只是一些简单的接线（assign）。

不过别忘了，一切最后都会回归到硬件。

最后说说模块的实例化，或者说调用。如前面所说，模块类似于软件编程语言里面的函数，它也确实有对应的函数名、参数、返回值等类似的概念。那么要使用这个“函数”，自然也就需要一种调用的方法。只不过，Verilog里的调用，并不是像编程语言一样在特定位置执行特定代码（毕竟本身就没有“执行代码”这种操作），而是新复制一份这个模块所表示的硬件，然后连接对应的导线。这一点在参数的定义时其实也就有所体现，定义的输入、输出并非是变量，而是导线，也就是说，传递的内容并不是数值，而是连接。一旦连接被确定，传输就是时时进行的（因为线被连接上了）。这和编程语言里的调用非常不一样，所以务必进行区分。具体的例子我们之后将会提到。

2.5.2 模块参数

模块参数的格式其实很固定，就是方向、类型、宽度、名称。

方向可以是输入（Input）或者输出（Output），注意方向是对于模块而言的，从外界进入模块是Input，而从模块输出到外部则是Output。

在Verilog里，基础类型只有两种：一种是wire，另一种是reg。需要说明的是，不要望文生义，Verilog里的wire是指导线没错，但是reg并不说明这是一个寄存器。具体的区别会在后面单独解释。如果没有标明类型，通常会默认为wire，但是这个默认值是可以修改的。

宽度表示这个信号的位宽。在其他各种编程语言中，数据类型通常都会指定这个变量的位宽，比如说C语言中char是8位，int通常是32位，double通常是64位，等等。而Verilog里类型并不能顺便指定这个变量的位宽，位宽需要单独指定。如果没有指定，通常就默认为1位。这其实是个十分常见的错误，多位的信号忘了指定宽度，默认成了1位。

名称和其他语言中的变量名称，概念是一样的。接下来举几个例子，具体的用途当然还是需要结合整个模块来理解。

```
input wire a, //定义一个1位的wire型输入信号，名为a
output wire b, //定义一个1位的wire型输出信号，名为b
output reg c, //定义一个1位的reg型输出信号，名为c
input wire [3:0] d, //定义一个4位（3~0）的wire型输入信号，名为d
output wire [9:0] e, //定义一个10位（9~0）的wire型输出信号，名为e
output reg [0:8] f, //定义一个9位（0~8）的reg型输出信号，名为f
```

2.5.3 内部信号定义

内部信号定义类似于软件编程语言中的变量。只不过这里的变量，不一定具有存储数值的能力，有可能只是作为导线起到连接的作用。内部信号定义的语法格式几乎和模块参数一样，只是去掉了方向、定义，毕竟不需要和外界通信，自然也就没有输入、输出的说法。以下是几个例子。

```
wire a; //定义一个1位的wire型信号，名为a
reg [31:0] b; //定义一个32位的reg型信号，名为b
```

2.5.4 表达式和运算符

Verilog作为一个类C语言，其表达式、运算符和C语言都非常接近。但是需要指出的是，在Verilog里进行数字运算时，综合器会根据操作产生需要的运算器（加法器、乘法器等），有时候默认的行为可能并不合适，需要特别注意。以下是几个常见的运算符，完整的这里就不列出了。

运算符	运算
+	加法
-	减法
<<	左移
~	按位取反
&	按位与
^	按位异或
?:	三目选择

2.5.5 数值表示

Verilog的数值表示相比其他编程语言要复杂一些。原因很简单，前面在信号定义里提到了，一个信号的宽度可以是任意数值，而不是根据类型固定的几个数值，数值的表示方式中也得能够体现这个特点。Verilog中数值的格式为：宽度、'、进制、数字。

宽度就是位宽，是一个数字，和之前信号定义里的位宽对应；进制可以为二进制（b）、十进制（d）和十六进制（h）；数字就是要表示的数字。

比如要表示一个8位的十进制数255，就写作8'd255。同样的数字用二进制表示为8'b11111111，用十六进制表示为8'hFF。这3种写法是完全等效的，只是看具体应用时哪种方便了。当然，宽度需要大于足够表示这个数字的最低宽度，比如还是255，最少需要8位来表示，所以并不能写作4'd255，但是可以写作20'd255，因为20位足够大。以下是一些例子。

```
5'd16 //5位十进制数16
7'h23 //7位十六进制数0x23
2'b10 //2位二进制数0b10
```

2.5.6 程序语句assign

Verilog的程序语句基本可以分为两大类；一类是固定赋值语句（assign）；另一类是代码块（always）中使用的语句。之前说的if-else、for之类的语句都是配合语句块使用的。

先来讲assign。assign的作用很简单，就是接线。比如说有两条线a和b，要把它们连接起来，通常来说语句如下：

```
assign a = b; 或者 assign b = a;
```

这两种写法有什么区别吗？如果只是接线，那么接上就是接上了，a和b接起来与b和a接起来真的有区别吗？答案是：有。虽然只是导线，但是导线最终还是会连接到输入/输出端口或者逻辑门上，这样导线也就有了驱动方和被驱动方的区别。比如a如果连接到了一个输入接口上（从外部进入FPGA），而b连接到了一个输出接口上（从FPGA输出到外部），合理的写法就是b=a，信号会从外部进入FPGA连接到a上，随后从a连接到b，再输出到FPGA外部。当编写代码时，应该清楚，虽然这是连线，但是右边永远应该是驱动方，左边应该是被驱动方，就像编程语言里面数据从右向左传输一样。

值得注意的是，assign能够做的不单单是简单的连线。assign已经足以实现很多组合逻辑了。

举个例子，请看图2.42所示的半加器的原理图。

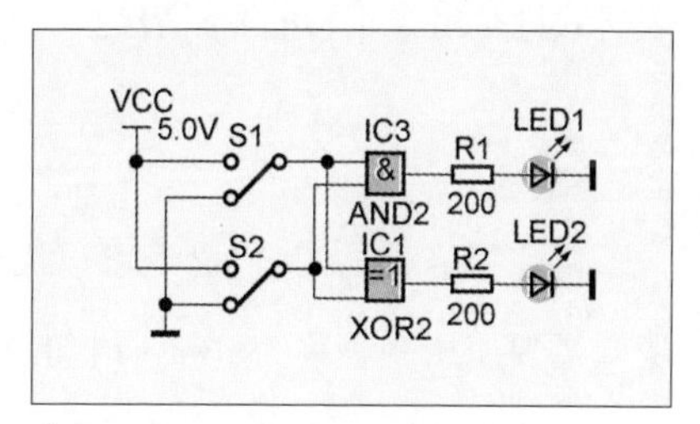

图2.42 半加器原理图

提示一下，这个电路的作用是输入两个1位的二进制数，计算它们的和，输出2位的结果。我们通过观察输入数字和输出数字的关系，发现这个电路其实只需要两个逻辑门就可以实现需要的功能，于是也就画出了这样的电路图。其中IC1和IC3就是两个逻辑门器件。这个电路可以很简单地用FPGA来实现：把两个按键的输入和两个LED的输出都连接上FPGA（通常开发板上都有），然后在FPGA内完成所需的逻辑。我们现在来看一下代码。

```
module lesson3(
  input  wire a,
  input  wire b,
  output wire c,
  output wire d
);
  assign c = a & b;
  assign d = a ^ b;
endmodule
```

lesson3是模块名，括号里都是对于输入、输出信号的定义，而模块主体是两句assign语句。

首先来看参数部分，这里定义了4个信号，分别叫a、b、c、d，两个输入，两个输出，都没有定义宽度，所以默认为1位，类型为wire。这个代码就实现了图2.42所示的电路，而电路中有两个按键，是从外部输入模块的，所以定义了两个输入信号。同理，为了输出两个LED需要的信号，定义了两个输出信号。

再来看模块主体。模块主体只有两条assign，内容也非常简明，一个是把a和b做与运算后连接上c，另一个是把a和b做异或运算后连接上d，这对应着图1。

注意这里出现了一个等号，是不是说明这个操作就类似于软件编程语言中的赋值呢？并不是。赋值所表示的是计算出右边的结果，复制保存到左边的变量当中。而Verilog的assign，如之前所说，只是连接的作用。比如assign c = a&b;就是表示产生一个能计算a&b的电路（一个与门），并把结果和c连接起来。从效果来说，它和赋值的区别就是，赋值是一瞬间发生的事情，获取a和b的值，计算a&b，存入c。赋值完成后，c和a、b就没有别的关系了，即使a和b的值在后面发生了变化，c也会保留先前的值。而使用assign，c只是一条导线，没有记忆，并不能保留a&b的值，如果a、b发生变化，c也会随即发生变化。

总结一下，assign语句可以用于描述组合逻辑，assign的左值就是组合逻辑的输出，而右侧的表达式则是组合逻辑的逻辑表达式。

2.5.7 程序语句always

讲完了assign，我们已经可以用Verilog来描述组合逻辑了，但是还不能描述时序逻辑。时序逻辑需要使用一种称为always语句块的东西。这里选取前面介绍过的按下按键让灯改变状态的例子（见图2.43）。

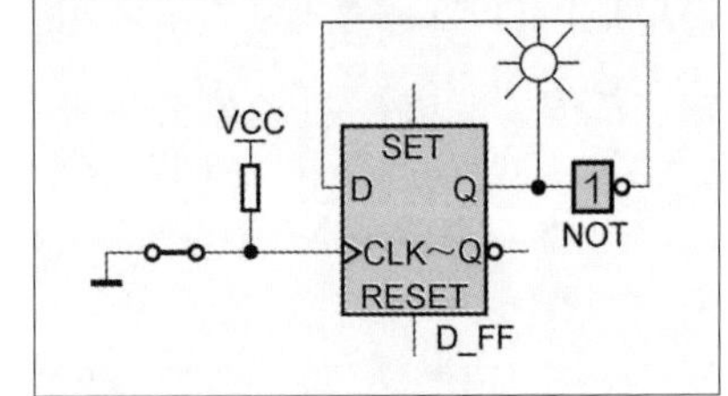

图2.43 按下按键让灯改变状态的电路图

对应的Verilog代码如下。

```
module light(
  input key,
  output reg light);
  always@(posedge key)
  begin
    light <= ~light;
  end
endmodule
```

模块名称为light，有两个信号，一个是输入，叫作key，没有指定类型（默认为wire）；另一个是输出，叫作light，类型为reg。显然key就是按键输入，而light就是灯的输出。注意这里light被定义成了reg类型，确实表示灯应该连接到一个寄存器（触发器）上。

模块主体中只有一个always语句块，always语句块的格式如下。

```
always@(触发条件)
begin
  语句1
```

```
    语句2
    ……
end
```

always语句块的含义就是，当触发条件满足时执行语句。begin和end的作用就类似于C语言中的{}，只是把多个语句并在一起而已。

这个例子中的触发条件只有一个，就是posedge key，表示key输入信号的上升沿(posedge)触发。如果需要下降沿则是negedge。而语句只有一条light <= ~light，这确实是一个赋值语句，表示计算右边的值，存入左边的寄存器。当然，实际上发生的事情就是，产生一个能够计算右边结果的电路（非门），接入保存左边信号（reg light）的触发器的输入端，并且把always的触发条件接入触发器的时钟输入。这样，当满足触发条件时，也就是给触发器产生了时钟，触发器的输入端，也就是赋值语句右边的结果，会被存入寄存器。刚刚的解释请对照着原理图再理解一次。以上就是“满足触发条件，执行语句”这个听起来很“软件”的操作的硬件实现过程。

上面的这个解释，其实暗示了一个限制：因为时钟永远是几乎同时到达各个触发器的，所以各个赋值只能同时发生。如果你写以下的代码：

```
a <= b;
c <= a;
```

会发生什么呢？如果是软件编程语言中的赋值，不难看出b的值会被存入c。而这里，因为赋值是同时发生的，所以a原先的值会被存入c，而b的值会被存入a。所以这个赋值操作（<=）的名字也就是非阻塞赋值，表示上一条赋值语句的执行并不会阻塞下一条赋值语句的执行，也就是说所有赋值同时发生。这也是符合硬件实际情况的设计。

以上可以看出，always语句块可以用来实现时序逻辑的触发器部分。不过，always语句块还能实现组合逻辑。组合逻辑不需要等待任何时钟就会发生，或者说一旦输入变化，输出就会发生变化。为此，Verilog中，用always语句块来实现组合逻辑的写法就是：

```
always @(*)
begin
    语句1
    语句2
    ……
end
```

星号（*）就表示了任何输入发生变化都会触发，也就是像组合逻辑的表现一样。如果用always来重写前面的那个组合逻辑的例子，就会是以下这样：

```
always @(*)
begin
  c = a & b;
  d = a ^ b;
end
```

注意这里的赋值用的不再是之前的<=了，而是变成了=。这个赋值在Verilog里称为阻塞式赋值，也就是和传统编程语言一样的赋值方式，前面的先执行，后面的后执行。所以你可以写类似这样的代码：

```
always @(*)
begin
  c = 1'b0;
  if ((a == 1'b1) || (b == 1'b0))
    c = 1'b1;
end
```

这段代码完全可以按照传统编程语言的思路来理解，首先将c赋值为0，随后，如果a为1，或者b为0，那么就将c赋值为1，否则就保持不变。但是事情真的是这样的吗？并不是。不如来考虑一下，如果代码真的是这么执行的，会发生什么事情。当模块中有任何信号发生变化时，c都会先赋值为0，随后按照a、b的输入判断是不是要赋值为1。这就是这个代码所表示的意思。那么，假设现在a为1，b为0，c应该为1吧？如果b从0变成了1，会发生什么呢？ c还是会先变成0，然后发现条件成立，再变成1。

对吗？并不对。c会保持为1，条件仍然成立，c会一直保持为1。阻塞式赋值只是Verilog中的一个“语法糖”（编者按：语法糖就是对功能并没有影响，但是更方便程序员使用的某种语法）。真实的硬件并不能够实现赋值的先后顺序，设计一个阻塞式赋值的语法只是为了方便描述逻辑。如刚刚那个always块，其实就等效于如下的assign语句：

```
assign c = a | ~b;
```

对应的硬件无非就是一个非门加上一个或门，并没有什么特殊的“赋值电路”，这个电路就可以实现，在任何输入发生变化时产生相应的输出。而至于Verilog中关于“阻塞式赋值”的设定，只是为了方便描述逻辑而存在的。有了阻塞式赋值的语法，我们在写代码时就可以在一个always语句块里多次对同一个变量赋值，只有最后一次结果才会被保留。通常的做法就是先给信号设定一个初始值，随后再使用不同的语句按照情况赋新的值。

做一个简单的总结，always语句有两种写法。第一种是用于描述时序逻辑的，形式为always@(posedge 时钟信号)，代码块中只使用非阻塞式赋值（<=）。而第二种则是用于描述组合逻辑的，

形式为always@(*)，代码块中只使用阻塞式赋值（=）。前面讲了那么多原理上的东西，是为了让大家明白Verilog中代码和实际硬件的对应关系，帮助大家理解为什么在Verilog中不能像C一样写代码。

2.5.8 练习

前面已经介绍完了Verilog中最重要的部分。不难发现，Verilog缺少一种真正的能让代码按顺序执行的方式（时序逻辑中所有代码同时执行，组合逻辑中所有代码可以认为时刻在执行）。这种功能并不是Verilog故意缺失，而是因为这种代码并没有真实的硬件对应。但是这种功能经常又是必要的，怎么办呢？解决方法就是使用我们讲过的状态机。

这里就给大家留一个作业，参考给出的两个时序逻辑和组合逻辑的例子，把它们结合起来，实现前面讲过的状态机，下篇我将会公布答案，并且复习其在FPGA上的实现流程，下篇同样也会介绍仿真软件的使用方法。

2.6 Verilog语法应用

本节，我们将继续讲解之前没有讲完的Verilog代码。前面已经介绍了Verilog的一些核心操作，本节则介绍一些有用的其他操作，它们最终也可以用核心操作代码表示出来，但是通常而言编写起来更为简便。本次同样会介绍仿真工具的使用，这在开发过程中非常有用。不过在开始讲新的内容之前，先来讲讲上一篇留的作业。

2.6.1 上一节练习答案

上一节留了一个作业，就是实现《状态机》中讲过的状态机。这里首先回顾一下状态机的功能需求：假设一个自动售货机只卖矿泉水，价格定为2元，只接受1元硬币或者5角硬币，多投不找零，设计一个状态机来描述它的行为。这个机器有两个输入——投入5角硬币或者投入1元硬币；以及一个输出——是否已经付了足够多的钱。

如同之前一样，假设表示投入5角硬币的信号叫a，表示投入1元硬币的信号叫b，输出是否已经付够钱的信号叫c。同时定义这个系统有S0~S4共5个状态，分别表示当时已经投入了0元、0.5元、1元、1.5元和2元。

要用Verilog来实现这个状态，第一步肯定是写一个整体的模块框架，再往里面加入东西。于是我们参考上次声明module的方法，先写下如下代码。

```
module vending(
  input clk,
  input rst,
  input a,
  input b,
  output c);
endmodule
```

上面的代码定义了一个叫vending的模块，里面有4个输入clk、rst、a和b，还有一个输出c，主体没有内容。clk提供时钟，rst提供复位。首先来考虑输出，状态机的输出是由当前状态决定的，所以需要有一个变量（触发器）来保存当前的状态，比如叫作state：

```
reg [2:0] state;
```

有了state之后就可以描述输出的逻辑了。一种方法是直接用逻辑表达式：

```
assign c = state[2] && !state[1] && !state[0];
```

另一种方法则是使用always语句块（如上一节所说，如果需要在always语句块中赋值，则被赋值的信号需要声明为reg类型，如这里需要把output c修改成output reg c）。

```
always @(*) begin
if (state == 3'd4)
  c = 1'b1; // 只在S4输出1
else
  c = 1'b0;
end
```

两者虽然写法不同，但是最终产生的电路是等效的，而且很有可能是相同的。接下来要处理的就是如何根据输入转换状态了。通常的做法是声明另外一个变量，用来保存即将进入的状态，随后设计两个always语句块，一个负责产生下一个状态，另一个负责让状态机进入下一个状态。其中产生状态的语句块应该是异步的，也就是说需要用组合逻辑实现，这样等时钟到来时，下一个状态的值就已经和输入对应了；而进入下一个状态的语句块则应该和时钟同步，使用时序逻辑来实现。

```
reg [2:0] next_state;
always @(*) begin
  next_state = 3'd0;
if (state == 3'd0) begin
  if ((a == 0)&&(b == 0)) next_state = 3’d0;
  else if ((a == 0)&&(b == 1)) next_state = 3'd2;
  else if ((a == 1)&&(b == 0)) next_state = 3'd1;
end
else if (state == 3'd1) begin
if ((a == 0)&&(b == 0)) next_state = 3'd1;
  else if ((a == 0)&&(b == 1)) next_state = 3'd3;
  else if ((a == 1)&&(b == 0)) next_state = 3'd2;
end
else if (state == 3'd2) begin
  if ((a == 0)&&(b == 0)) next_state = 3'd2;
  else if ((a == 0)&&(b == 1)) next_state = 3'd4;
  else if ((a == 1)&&(b == 0)) next_state = 3'd3;
end
```

```
else if (state == 3'd3) begin
 if ((a == 0)&&(b == 0)) next_state = 3'd3;
 else if ((a == 0)&&(b == 1)) next_state = 3'd4;
 else if ((a == 1)&&(b == 0)) next_state = 3'd4;
end
else if (state == 3'd4) begin
 next_state = 3'd4;
end
end
always @(posedge clk, negedge rst)
 begin
  if (!rst)
   state <= 3'd0;
   else
   state <= next_state;
end
```

注意上面的代码产生下一状态的部分，其实就是对前文状态表的直接描述，而且没有经过任何化简（前文首先化简了逻辑）。这也是用always语句块描述组合逻辑的一个优点：编写的代码更接近要实现的功能，而不一定是具体的门电路逻辑。至此，这个作业就写完了。需要指出的是，这只是一种可能的实现形式，不同的人写状态机有不同的风格，关于不同风格的写法和优劣，各位读者可以自行搜索资料学习。

2.6.2 Verilog中的其他语句

上一节介绍了Verilog中的核心语句，不过Verilog还有一些其他语句可以方便开发。比如前面状态机中的if-else语句，其实可以用case语句来代替。

```
case (state)
 3'd0: if xxx yyy
 3'd1: if xxx yyy
endcase
```

case语句在概念上和C语言中的switch语句类似，语法也比较接近，不过不需要break，同一个条件下的多条语句需要用begin end。整体格式如下：

```
case (表达式)
 表达式: 语句
 表达式, 表达式: 语句
 表达式: begin
```

```
语句
语句
end
default: 语句
endcase
```

从上面的格式可以看到，同一个分支可以匹配多个条件，也可以有默认情况。使用case语句不见得会让代码更短，但是使用得当的话可以提高代码的可读性。

那么相比传统的编程语言，还有什么语句缺席了呢？没错，Verilog缺了循环语句。但仔细考虑一下，Verilog真的需要循环语句吗？硬件中的循环是怎么实现的呢？循环需要如同之前的状态机的结构，需要一个时钟信号输入，让状态触发器的数值变化，这样来实现。听起来不像是用一条语句就可以实现的东西，所以Verilog中就不需要循环语句了吗？

其实Verilog还是提供了循环语句的。只是这种循环的功能很有限，如同之前的case语句一样，只是一种用于提高代码可读性的做法。Verilog中的循环也只是一种语义上的循环，并非真实的硬件循环。举一个例子，你有4对32位整数，希望把它们加起来：

```
reg [31:0] i1a, i2a, i3a, i4a;
reg [31:0] i1b, i2b, i3b, i4b;
wire [31:0] i1c, i2c, i3c, i4c;
assign i1c = i1a + i1b;
assign i2c = i2a + i2b;
assign i3c = i3a + i3b;
assign i4c = i4a + i4b;
```

用以上代码可以产生4个加法器，同时计算4组加法。但是如果需要更多组加法，就需要写更多行代码，显然循环会是一种比较好的简便写法。

```
reg [31:0] ia[0:3];
reg [31:0] ib[0:3];
reg [31:0] ic[0:3];
always @(*) begin
 integer i;
 for (i = 0; i < 4; i = i + 1) begin
  ic[i] = ia[i] + ib[i];
 end
end
```

虽然在这个例子中循环的实际行数相比直接写更多，但是在某些情况下（如要操作的数更多、单个操作更为复杂等），循环有助于提高语句的可读性。如同之前所说，这个循环并不会真正产生可循环的硬件，只是语义上的循环，最终产生的硬件是和上面分开写的写法等效且可能是完全相同的，依然是4个独立的加法器共同工作，而非1个加法器循环处理4组数字。

最后要介绍的不算是语句，只是一个运算符，就是三目判断运算符“? :”。其使用方法和C语言中一致，用在赋值中，用法如下。

```
assign a = b ? c : d;
等同于
always@(*) begin
  if (b)
  a = c;
  else
  a = d;
end
```

同样，这也是一种很好用的简便写法。

2.6.3 Verilog中的双向信号

双向信号也是代码中需要使用的。通常来说，不建议在Verilog模块内部使用双向信号，模块间的互联应该尽可能使用独立的输入和输出信号。但是，在和外界沟通时（如数据总线一类），信号必须是双向的。好在，Verilog支持双向信号。

Verilog中，输入信号的关键词是input，输出信号的关键词是output，双向信号的关键词是inout。通常处理双向信号的方法如下。

```
inout signal; //双向信号
wire direction; //信号方向
wire signal_input; //双向信号的输入
wire signal_output; //双向信号的输出
assign signal = direction ? signal_output : z; //当方向为输出时输出信号，否则设置为z
assign signal_input = direction ? x : signal; //当方向为输入时输入信号，否则设置为x
```

需要注意的是，为了控制双向信号，这里需要一个额外的信号，用来指明信号的方向，这里定义1为输出，0为输入，当然这个可以自己修改。另外里面出现了两个以前没有出现过的信号状态，一个是z，另一个是x。z表示高阻，也可以理解为不输出；x表示无效。当输入/输出信号有多位时，这里也应该使用多位的x和z，比如8’bz表示8位高阻。需要读写时，所有的读取操作从signal_input读取，所有的写入操作写进signal_output，随后设置direction为需要的方向。

2.6.4 仿真

很多玩单片机的朋友可能不喜欢仿真，觉得程序就是要烧写进板子里运行才好玩。但是就我个人经验而言，Verilog中的仿真还是很重要的。一来初学者写代码不熟练时容易出现错误，而这类Bug可能并不容易发现；二来Verilog的程序综合和实现（类似于软件中的编译）速度相比于软件而言慢得多，即使是很简单的代码，通常也需要好几分钟才能完成，复杂的代码则需要数十分钟甚至数小时才能完成。以前调试小软件那种修改后编译、测试，观察是否修复的方法在这里就不适用了。在综合前，最好先确认代码是能用的，而确认的方法就是仿真。下面就以上面的状态机为例，演示一下如何进行仿真。因为和所使用的FPGA有关，这里依然分成Intel FPGA和Xilinx FPGA两部分演示。

2.6.5 使用Intel FPGA

大体的流程和《组合逻辑》中的流程是一致的，最终目的也是把代码综合、实现之后下载到开发板中运行。创建工程的步骤在这里就不一一赘述了，这里只讲几个重点。

首先在选择设备的界面，如果最终需要把设计烧录进FPGA测试，则必须要选择对应的型号，否则可以随意选择。DE10-Lite开发板上的器件型号为10M50DAF484C7G（见图2.44）。

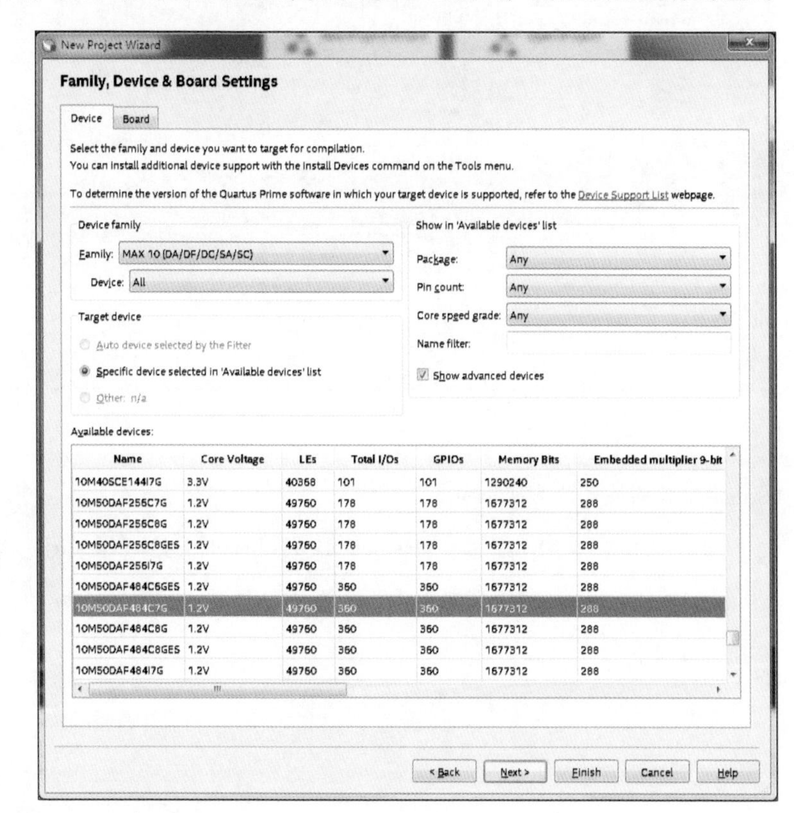

图 2.44 选择设备的界面

在新的工程中创建两个文件，一个是状态机的源代码，另一个是用于仿真的测试代码（testbench）。首先建立状态机的源代码。直接按照上面的步骤输入代码，但是需要注意模块名要和文件名一致（见图2.45）。我这里的文件保存为lesson_7.v，模块名

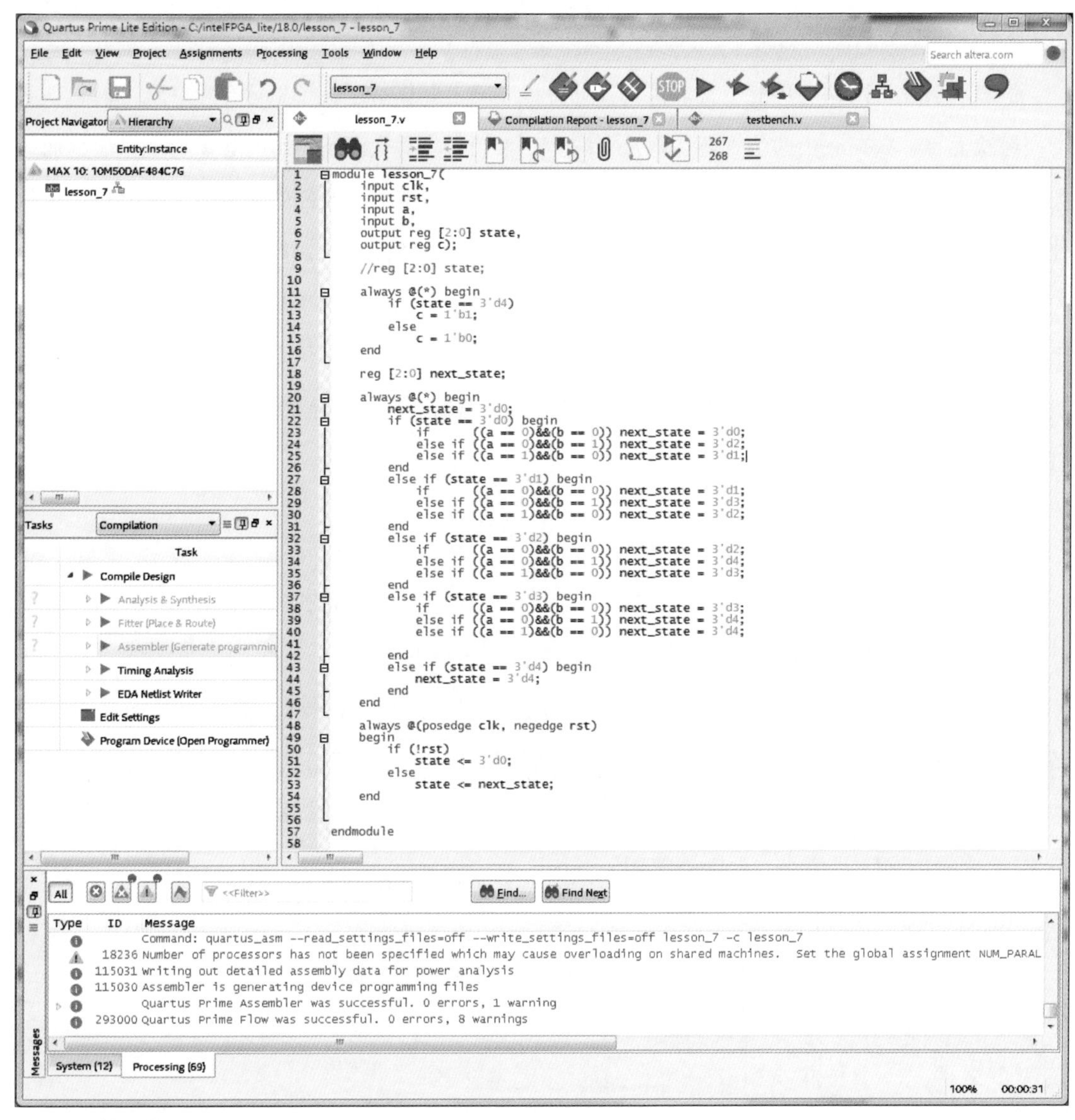

图 2.45 输入代码

称也需要相对应地修改成lesson_7。

随后是仿真文件，或者叫testbench。testbench也是一段Verilog代码，不过该代码并不会被综合成硬件，只会在仿真器中运行，作用是测试需要真实下载到板子里的程序。本次要用的testbench如下。

```
module testbench();
 reg clk, rst, a, b;
  wire c;
  wire [2:0] state;
```

```
lesson_7 DUT(clk, rst, a, b, state, C);
initial
begin
 //复位
 a = 0; b = 0; rst = 0;
 #(5) clk = 1;
 #(5) clk = 0;
 //什么都不做
 a = 0; b = 0; rst = 1;
 #(5) clk = 1;
 #(5) clk = 0;
 //投入5角硬币
 a = 1; b = 0; rst = 1;
 #(5) clk = 1;
 #(5) clk = 0;
 //投入5角硬币
 a = 1; b = 0; rst = 1;
 #(5) clk = 1;
 #(5) clk = 0;
 //投入5角硬币
 a = 1; b = 0; rst = 1;
 #(5) clk = 1;
 #(5) clk = 0;
 //投入5角硬币
 a = 1; b = 0; rst = 1;
 #(5) clk = 1;
 #(5) clk = 0;
 //检查是否已经被解锁
 if (c != 1) begin
  $display("测试1失败 Test 1 Failed");
  $finish;
 end
 //复位
 a = 0; b = 0; rst = 0;
 #(5) clk = 1;
 #(5) clk = 0;
 //检查是否已经被复位
 if (c != 0) begin
  $display("测试2失败 Test 2 Failed");
```

```
    $finish;
   end
   //投入1元硬币
   a = 0; b = 1; rst = 1;
   #(5) clk = 1;
   #(5) clk = 0;
   //投入1元硬币
   a = 0; b = 1; rst = 1;
   #(5) clk = 1;
   #(5) clk = 0;
   // 检查是否已经被解锁
   if (c != 1) begin
    $display("测试3失败 Test 3 Failed");
    $finish;
   end
    $display("测试成功 Test Success");
    $finish;
   end
endmodule
```

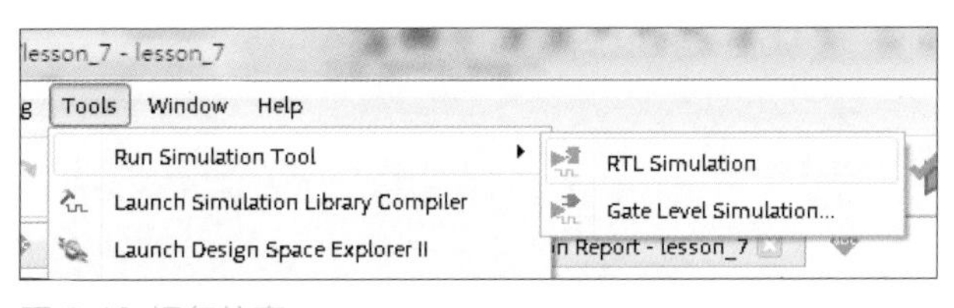

图 2.46 运行仿真

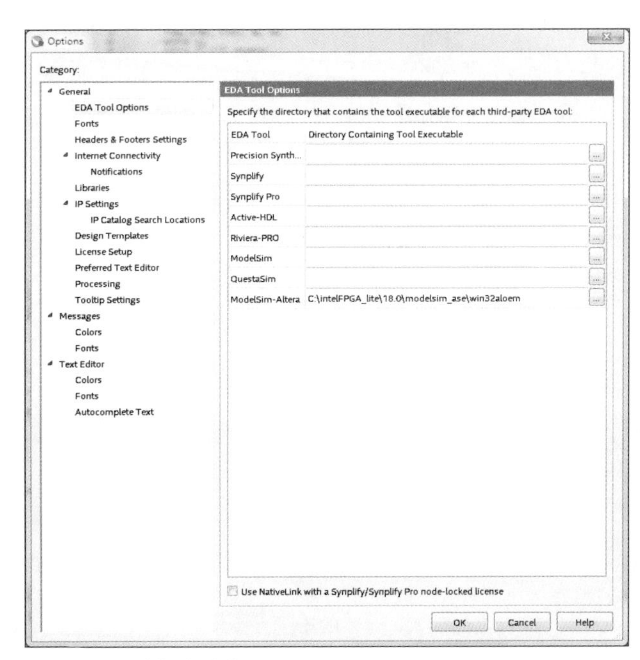

图 2.47 手动指定仿真工具

大体来说，就是先实例化要测试的模块，随后依次提供输入。提供输入后，再使用if语句来测试输出是否符合预期，如果不符合，则提示失败并结束仿真。里面的#(5)表示延时5ns。每条提示中我都加入了中英文两种提示，原因是Intel用的ModelSim仿真工具并不能显示中文，只能加上英文输出；而Xilinx用的ISim是可以显示中文的。

单击菜单中的Tools→Run Simulation Tool→RTL Simulation运行仿真（见图2.46）。

如果你遇到了没有指定仿真工具的错误，则需要进入设置（Tools→Options）里面手动指定（见图2.47）。

仿真语言选择Verilog HDL。ModelSim启动后，选择菜单中的Compile→Compile… 选择需要仿真的文件，这里就选择lesson_7.v和testbench.v这两个文件（见图2.48）。

编译完成后应该可以在work里看见这两个模块（见图2.49）。

接下来开始仿真。在testbench上单击右键，选择Simulate。进入仿真界面后，可以选择需要的信号观察波形输出，比如这里选择所有的信号（见图2.50）。

最后单击上方的Run开始仿真。目前的仿真还很简单，很快就能完成，完成时会出现是否结束的提示。单击“是”将会直接关闭仿真软件，如果需要观察波形则单击“否”。从图2.51所示的输出可以看到测试已成功完成，状态机表现和预期一致。

至此，我们已经知道了这个状态机是可以用的，现在可以烧写进板子测试了。不过别忘了，状态机在烧写进板子之前，需要分配引脚定义。比如这里让LEDR0为c输出，SW1和SW0分别为a和b输入，而KEY0作为rst，KEY1作为clk，最后同时在LED3~LED1上输出当前的状态。

图 2.48 仿真 lesson_7.v 和 testbench.v

根据原理图，我们不难找到这些I/O对应的引脚：

```
SW0 - C10
SW1 - C11
LEDR0 - A8
LEDR1 - A9
LEDR2 - A10
LEDR3 - B10
KEY0 - B8
KEY1 - A7
```

图 2.49 编译完成后可以在 work 里看见这两个模块

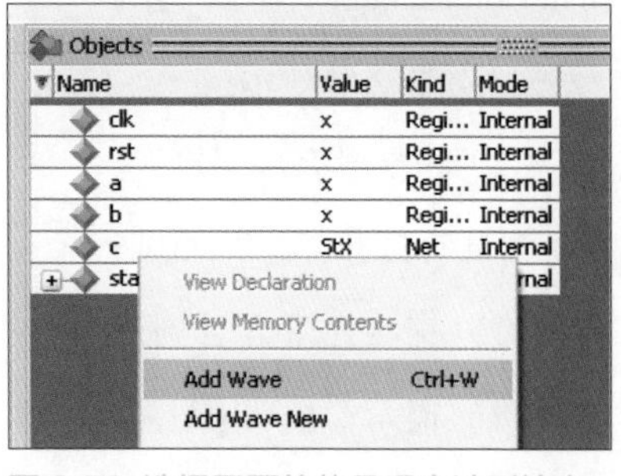

图 2.50 选择需要的信号观察波形输出

这些硬件的电压都是3.3V（由原理图可知）。

将对应的引脚信息输入Pin Planner，把电压设定为3.3V，就完成了引脚分配（见图2.52）。

完成后重新生成编程文件（Generate programming files），运行烧写工具（Tools-Programmer）将其烧写进板子即可。

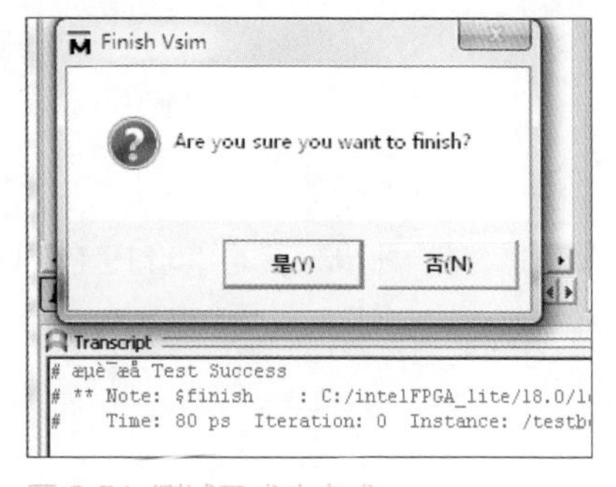

图 2.51 测试已成功完成

2.6.6 使用Xilinx FPGA

使用Xilinx FPGA的过程也是类似的，首先建立工程，选择目标设备，随后建立文件编写代码。值得注意的是，Xilinx FPGA在建立仿真文件时需要选择Verilog Test Fixure（见图2.53）。

随后软件会提示这个testbench对应的是哪个模块，这里唯一的模块就是lesson_7，我们直接继续。ISE可以自动生成testbench的框架，所以我们只需要编写initial begin end内的测试输入/输出即可，十分方便。在补充完测试主体后操作如下。

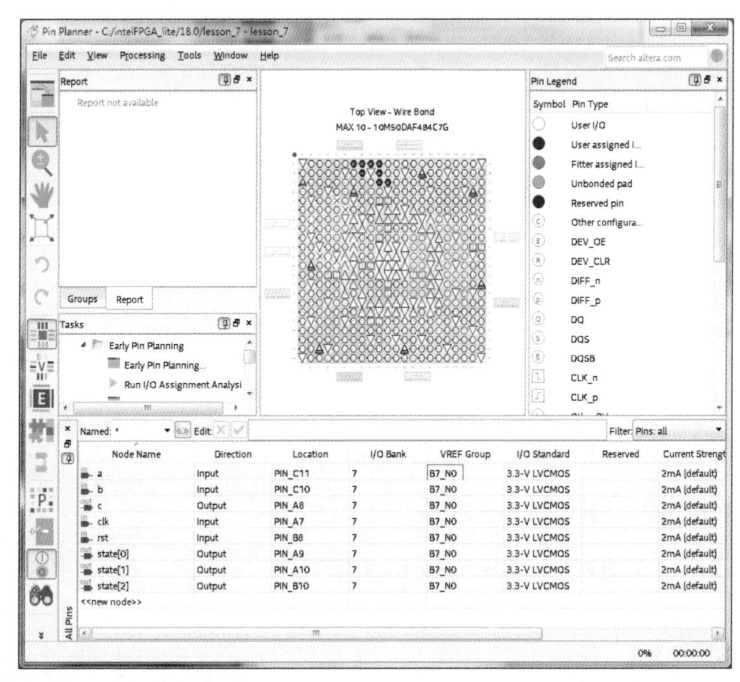

图2.52 进行引脚分配

（1）在左边的任务窗格选择Simulation，选中Testbench，在下方的ISim Simulator中选择Simulate Behavioral Model（仿真行为模型），如图2.54所示。

（2）如果没有出现错误，Isim会自动打开并运行测试，我们可以直接在下方看到测试成功的提示，同时在上方也可以直接看到所有的测试波形（见图2.55）。

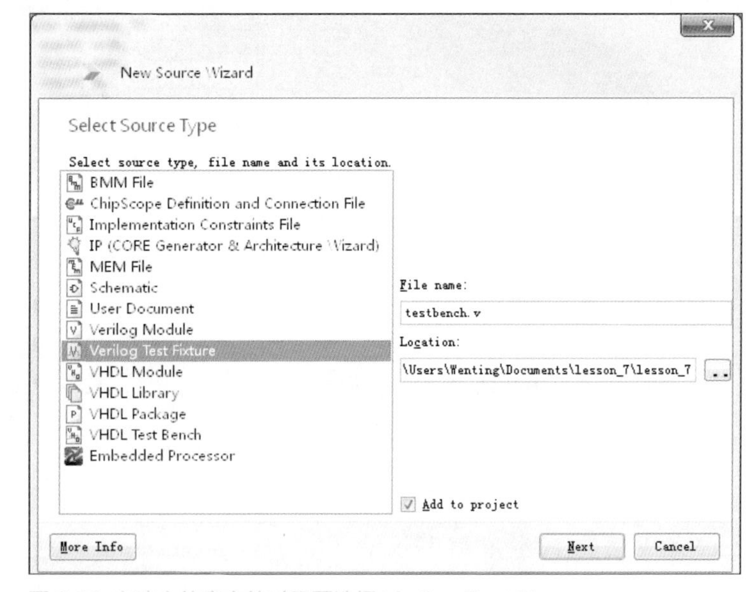

图2.53 在建立仿真文件时需要选择Verilog Test Fixure

（3）现在我们已经简单测试了这个状态机是可以工作的，剩下的步骤就是编辑UCF文件生成编程文件然后下载。UCF文件同样按照实际硬件的定义来设置。

```
NET a LOC="AJ6";
NET a IOSTANDARD="LVCMOS33";
```

图 2.54 选择 Simulation，选中 Testbench，在下方的 ISim Simulator 中选择 Simulate Behavioral Model

```
NET b LOC="AK7";
NET b IOSTANDARD="LVCMOS33";
NET clk LOC="U8";
NET clk IOSTANDARD="LVCMOS33";
NET rst LOC="V8";
NET rst IOSTANDARD="LVCMOS33";
NET c LOC="H18";
NET c IOSTANDARD="LVCMOS25";
NET state<0> LOC="L18";
NET state<0> IOSTANDARD="LVCMOS25";
NET state<1> LOC="G15";
NET state<1> IOSTANDARD="LVCMOS25";
NET state<2> LOC="AD26";
NET state<2> IOSTANDARD="LVCMOS25";
```

（4）保存后会自动生成编程文件，使用Tools→iMPACT下载至板子即可。

2.6.7 总结

本节内容到这里就告一段落了。本节我们继续了上节没有完成的Verilog教学，讲解了一个简单的作业，并且在Intel和Xilinx两种FPGA环境里对程序进行了仿真，这些将会是之后经常需要使用的功能。这里再给大家留个作业：把这个状态机的代码修改一下，让它只需要投入1.5元就可以购买，需要怎么做呢？提示：可能最少只需要修改1行代码即可。下一章我们将正式开始谈一谈CPU这个概念，这也是整个游戏机的核心。

图 2.55 如果没有出现错误，Isim 会自动打开并运行测试

第3章　CPU

3.1 存储程序与假想CPU

3.1.1 上节作业

我们首先讨论一下上节的作业——把代码修改为投入1.5元即可购买的状态。上节我提到，最简单的做法只需要修改一条代码，那就是输出代码。状态机能够区分投入0元、0.5元、1.0元、1.5元、2.0元或更多这5种状态，原先的代码中只有投入2.0元或更多的情况下才会输出1表示钱足够了。确实，可以修改状态机，只考虑到1.5元为止的4种状态，但是为方便起见，也可以保持状态设计不变，只修改输出语句，让投入1.5元和2.0元两种状态都输出1。实现如下：

```
assign c = ((state == 3'b011) || (state == 3'b100)) ? 1'b1 : 1'b0;
```

这句代码的意思就是，当状态为3或者4时输出1，否则输出0。别忘了“?:”运算符的使用方法，问号前是条件，如果条件满足，返回?和:之间的数字，否则返回:后面的数字。这个写法在简单的assign语句中经常用到。

3.1.2 CPU是做什么的?

在开始设计游戏机的CPU之前，还是要先了解关于CPU的一些概念。我们从最直接的一个问题开始研究：CPU到底是做什么的?

如果我们把一台计算机拆开，会发现里面有电源、主板、CPU、内存、显卡、声卡、网卡等。电源负责把220V的市电转换成低压直流电；主板负责把所有东西连接在一起；内存负责存储数据；显卡负责产生图像；声卡、网卡虽然现在都已经集成在主板上了，但也不难想象出一个负责产生声音，另一个负责网络通信。那么CPU是做什么的呢?通常的解释是：CPU就是计算机的大脑，负责计算，以及协调所有其他硬件的工作。虽然这个解释很模糊，但是也算是迈出了了解CPU的第一步——CPU可以计算，也可以控制其他硬件。接下来，我们只需要把这个解释逐步细化，就能了解如何设计一个CPU了。

我们可以把这个问题分成两个部分：CPU是怎么计算的? CPU又是怎么控制其他硬件的?我们先来解决第一个问题。大家还记得我们以前实现过的1位二进制数加法器吗?通过它，我们不难发现，加减乘除无非是一个输入数字到输出数字的对应关系，我们可以用组合逻辑去实现需要的运算器，使得给定输入就能得到输出结果。当然，实际设计中并非这样简单堆积组合逻辑，而是会像平时手算一样分步计算，从而减少逻辑门的使用。具体的细节我们先不深究，这里只要知道可以设计出这样的运算器就足够了。有了这样的运算器，CPU也就能够实现计算功能了。

那CPU又是怎么控制其他硬件的呢？想必玩过Arduino或者单片机的人都能够回答这个问题。简单地说，控制方法就是写入特定的寄存器。寄存器可能在片内（比如控制单片机集成的串口、定时器等），也可能在片外（比如通过SPI操作液晶屏的寄存器）。不过总体来说，就是CPU可以通过写入内存的方法来控制其他硬件。换句话说，如果CPU具备写入内存的能力，也就有了控制其他硬件的能力。

然而，如果只是单纯地把运算器和内存控制器放在CPU里，它们自己并不能正常工作。就像算盘（古老的“运算器”）自己并不能计算，还得有人去操作。CPU里的运算器和内存控制器也是一样，得有人告诉它们要干什么、执行什么运算。那这个人是谁呢？我们知道现代CPU的运算速度都是每秒百亿次的，没有哪个人能以这么快的速度指挥CPU工作，所以人类需要想个办法，把命令预先写好，放在某个地方，然后让电路自己去读取那些命令，并根据命令指挥运算器和内存控制器工作。看到这里，各位应该也都明白了，这些所谓的命令，就是程序。我们不妨把CPU的功能解释成：可以从内存中读取程序，并根据程序进行计算或者内存读写操作的一种电路。

3.1.3 CPU执行的程序

我们先不妨顺着之前的思路来构想一下，CPU执行的程序是什么样子的。各位大概都了解C语言或者Python等语言的编程，不过我们可以先把这些东西放一放，从头开始考虑程序应该是什么样的。

还是考虑上面说过的两个需求，一个是计算，另一个是控制。有关计算，CPU内部有一个运算器（通常称为算术逻辑单元，Arithmetic Logic Unit，ALU）可供我们使用；而控制，如之前所说就是存取内存，我们现在先不考虑存取内存的细节，只假设它可以像我们使用的触发器（或者说Verilog中的reg）一样，直接读取，或者在时钟沿写入。

首先，程序应该是由一条条语句构成的，每条语句可以让CPU完成特定的操作。我们先从最基本的例子开始，比如：计算1+2。显然，这是个与运算相关的语句，那就需要用到运算器了。具体而言，我们希望运算器执行加法计算，两个操作数分别是1和2。那么我们的第一条指令大概就是：运算器执行加法，运算数分别为1和2。

不过这样说也太长了，可以使用简写，比如：

```
ADD 1, 2
```

执行了这个指令之后，1+2的结果就会出现在ALU的输出，也就是完成了计算。如果我们现在需要让它计算1×2+3该怎么办呢？按照之前的思路，不难写出第一条指令：

```
MUL 1, 2
```

接下来第二条就比较麻烦了，我们希望让运算器能够把上一步的输出当成一个输入，和3一起进行加法运算，但这样可行吗？实际上并不完全可行。我们知道，逻辑运算单元是个组合逻辑，如果直接把组合逻辑的输出接入输入，也就形成了一个组合逻辑循环，输出变化意味着输入变化，输入变化意味着输出变化，这样根本无法达到我们期望的效果。当然，这个问题处理起来也很简单，我们加个触发器（reg）“缓冲”一下就可以了。假设这个缓冲的地方被我们称为RE（Result，结果），有了名字，就不难写出下一条指令了：

```
ADD RE, 3
```

这个操作之后，我们就有了1×2+3的结果。但这显然不够，如果我们要计算1×2+3×4怎么办？最后一步加法，我们需要知道两个乘法的结果，而不是一个，那显然需要有什么地方能把RE保存起来才行。这也很简单，我们用内存就好了。我们不妨定义所有带括号的数字来表示内存地址，随后定义一个新的操作，叫作LD（Load），用来存取内存和复制数据，那前面1×2+3就可以写成如下指令序列：

```
MUL 1, 2
LD (0), RE
MUL 3, 4
LD (1), RE
ADD (0), (1)
```

执行上面的操作中，运算器首先计算了1×2，然后把结果保存进了内存0号位置，接着计算了3×4，把结果保存进了内存1号位置，最后再把(0)和(1)中的数字加在一起。而且在上面的方案中，还顺便解决了之前提到的读写内存需求，现在我们可以用LD指令直接读写内存了。

那这个模型就完善了吗？当然还没有。我们再出个题目，1+2+3+…+99+100等于多少呢？这就要求用循环来解决问题了，可我们的CPU现在还没有办法处理循环。循环要求CPU能够重新执行已经执行过的程序。为此，我们需要定义一个新的操作，JNZ（Jump Not Zero），当RE非0时进行跳转，参数表示跳转的距离，比如-1就是往上跳转一行，1就是往下跳转一行。

假设我们在内存位置(0)中保存循环变量，从100循环到1，而在(1)中保存结果，一种代码写法就是：

```
LD (0), 100
LD (1), 0
ADD (1), (0)
LD (1), RE
SUB (0), 1
LD (0), RE
JNZ -4
```

在上面的代码中，程序首先设定(0)为100，而结果为0。随后，计算结果+当前循环计数的结果，并把计算结果(RE)存入了(1)。最后，循环变量减1并保存回(0)，最后一行的JNZ检查减1之后的结果是否为0，如果为0，则循环结束不发生跳转，否则将会向上跳转3行重新执行ADD。

那现在还需要增加什么新指令吗？我们刚刚随意设计的CPU到目前为止虽然只有5种指令，但其实已经足够应付很多需求了。当然，想要设计一个完善的指令集，需要考虑的东西有很多，我们上面简单设计的这个指令集既不完善也不合理，但只用于说明概念的话已经足够了。

最后，为了方便CPU里面的电路理解和执行程序，我们会把程序“翻译”成二进制指令。当然，翻译规则也是我们自己制定的。比如这里随意规定一下：ADD就是3'b000，SUB是3'b001，LD是3'b100，JNZ是3'b101，然后每个操作数占据1字节，8'b11111111永远表示RE，8'b1×××××××用来表示内存地址，而8'b0×××××××用来表示直接的数字（称为立即数，Immediate）。

规定了翻译规则，前面的代码就可以被翻译成二进制指令了，比如上面那段从1累加到100的代码，按照我们规定的翻译规则，得出的结果如下：

```
100 10000000 01100100
100 10000001 00000000
000 10000001 10000000
100 10000001 11111111
001 10000000 00000001
100 10000000 11111111
101 01111100
```

上面这串数字就是之前那段代码的二进制表示，我们只需把它们也放进内存中，让CPU把这部分内存中的数字当成指令执行就可以了。

说到这里，其实我们已经介绍了一个很重要的概念：指令集架构（Instruction Set Architecture）。我们常说的x86、ARM、RISC-V指的就是ISA，它们主要规定了一个CPU中应该要有哪些指令，以及这些指令应该如何被翻译成二进制数据。两个CPU如果ISA兼容，就说明它们能够执行一样的程序。当然，程序如果涉及操作外部硬件，那执行效果就另说了。在本书中，CPU

部分也需要设计一个和GAME BOY的CPU ISA兼容的CPU，这样我们的游戏机才可以运行一样的游戏。

这里顺便附上一张RISC-V指令集的资料（见图3.1），大家看到这个图大概就能明白，现在的CPU指令集通常是设计成什么样的了。该指令集里面虽然还能看到一些刚才介绍的简易模型的影子，但大部分指令还是不同的。

Free & Open RISC-V Reference Card (riscv.org) ②

<table>
<tr><th colspan="7">Optional Multiply-Divide Instruction Extension: RVM</th></tr>
<tr><th>Category</th><th>Name</th><th>Fmt</th><th colspan="2">RV32M (Multiply-Divide)</th><th colspan="2">+RV{64,128}</th></tr>
<tr><td>Multiply</td><td>MULtiply</td><td>R</td><td>MUL</td><td>rd,rs1,rs2</td><td>MUL{W|D}</td><td>rd,rs1,rs2</td></tr>
<tr><td></td><td>MULtiply upper Half</td><td>R</td><td>MULH</td><td>rd,rs1,rs2</td><td></td><td></td></tr>
<tr><td></td><td>MULtiply Half Sign/Uns</td><td>R</td><td>MULHSU</td><td>rd,rs1,rs2</td><td></td><td></td></tr>
<tr><td></td><td>MULtiply upper Half Uns</td><td>R</td><td>MULHU</td><td>rd,rs1,rs2</td><td></td><td></td></tr>
<tr><td>Divide</td><td>DIVide</td><td>R</td><td>DIV</td><td>rd,rs1,rs2</td><td>DIV{W|D}</td><td>rd,rs1,rs2</td></tr>
<tr><td></td><td>DIVide Unsigned</td><td>R</td><td>DIVU</td><td>rd,rs1,rs2</td><td></td><td></td></tr>
<tr><td>Remainder</td><td>REMainder</td><td>R</td><td>REM</td><td>rd,rs1,rs2</td><td>REM{W|D}</td><td>rd,rs1,rs2</td></tr>
<tr><td></td><td>REMainder Unsigned</td><td>R</td><td>REMU</td><td>rd,rs1,rs2</td><td>REMU{W|D}</td><td>rd,rs1,rs2</td></tr>
<tr><th colspan="7">Optional Atomic Instruction Extension: RVA</th></tr>
<tr><th>Category</th><th>Name</th><th>Fmt</th><th colspan="2">RV32A (Atomic)</th><th colspan="2">+RV{64,128}</th></tr>
<tr><td>Load</td><td>Load Reserved</td><td>R</td><td>LR.W</td><td>rd,rs1</td><td>LR.{D|Q}</td><td>rd,rs1</td></tr>
<tr><td>Store</td><td>Store Conditional</td><td>R</td><td>SC.W</td><td>rd,rs1,rs2</td><td>SC.{D|Q}</td><td>rd,rs1,rs2</td></tr>
<tr><td>Swap</td><td>SWAP</td><td>R</td><td>AMOSWAP.W</td><td>rd,rs1,rs2</td><td>AMOSWAP.{D|Q}</td><td>rd,rs1,rs2</td></tr>
<tr><td>Add</td><td>ADD</td><td>R</td><td>AMOADD.W</td><td>rd,rs1,rs2</td><td>AMOADD.{D|Q}</td><td>rd,rs1,rs2</td></tr>
<tr><td>Logical</td><td>XOR</td><td>R</td><td>AMOXOR.W</td><td>rd,rs1,rs2</td><td>AMOXOR.{D|Q}</td><td>rd,rs1,rs2</td></tr>
<tr><td></td><td>AND</td><td>R</td><td>AMOAND.W</td><td>rd,rs1,rs2</td><td>AMOAND.{D|Q}</td><td>rd,rs1,rs2</td></tr>
<tr><td></td><td>OR</td><td>R</td><td>AMOOR.W</td><td>rd,rs1,rs2</td><td>AMOOR.{D|Q}</td><td>rd,rs1,rs2</td></tr>
<tr><td>Min/Max</td><td>MINimum</td><td>R</td><td>AMOMIN.W</td><td>rd,rs1,rs2</td><td>AMOMIN.{D|Q}</td><td>rd,rs1,rs2</td></tr>
<tr><td></td><td>MAXimum</td><td>R</td><td>AMOMAX.W</td><td>rd,rs1,rs2</td><td>AMOMAX.{D|Q}</td><td>rd,rs1,rs2</td></tr>
<tr><td></td><td>MINimum Unsigned</td><td>R</td><td>AMOMINU.W</td><td>rd,rs1,rs2</td><td>AMOMINU.{D|Q}</td><td>rd,rs1,rs2</td></tr>
<tr><td></td><td>MAXimum Unsigned</td><td>R</td><td>AMOMAXU.W</td><td>rd,rs1,rs2</td><td>AMOMAXU.{D|Q}</td><td>rd,rs1,rs2</td></tr>
<tr><th colspan="7">Three Optional Floating-Point Instruction Extensions: RVF, RVD, & RVQ</th></tr>
<tr><th>Category</th><th>Name</th><th>Fmt</th><th colspan="2">RV32{F|D|Q} (HP/SP,DP,QP Fl Pt)</th><th colspan="2">+RV{64,128}</th></tr>
<tr><td>Move</td><td>Move from Integer</td><td>R</td><td>FMV.{H|S}.X</td><td>rd,rs1</td><td>FMV.{D|Q}.X</td><td>rd,rs1</td></tr>
<tr><td></td><td>Move to Integer</td><td>R</td><td>FMV.X.{H|S}</td><td>rd,rs1</td><td>FMV.X.{D|Q}</td><td>rd,rs1</td></tr>
<tr><td>Convert</td><td>Convert from Int</td><td>R</td><td>FCVT.{H|S|D|Q}.W</td><td>rd,rs1</td><td>FCVT.{H|S|D|Q}.{L|T}</td><td>rd,rs1</td></tr>
<tr><td></td><td>Convert from Int Unsigned</td><td>R</td><td>FCVT.{H|S|D|Q}.WU</td><td>rd,rs1</td><td>FCVT.{H|S|D|Q}.{L|T}U</td><td>rd,rs1</td></tr>
<tr><td></td><td>Convert to Int</td><td>R</td><td>FCVT.W.{H|S|D|Q}</td><td>rd,rs1</td><td>FCVT.{L|T}.{H|S|D|Q}</td><td>rd,rs1</td></tr>
<tr><td></td><td>Convert to Int Unsigned</td><td>R</td><td>FCVT.WU.{H|S|D|Q}</td><td>rd,rs1</td><td>FCVT.{L|T}U.{H|S|D|Q}</td><td>rd,rs1</td></tr>
<tr><td>Load</td><td>Load</td><td>I</td><td>FL{W,D,Q}</td><td>rd,rs1,imm</td><td></td><td></td></tr>
<tr><td>Store</td><td>Store</td><td>S</td><td>FS{W,D,Q}</td><td>rs1,rs2,imm</td><td></td><td></td></tr>
<tr><td>Arithmetic</td><td>ADD</td><td>R</td><td>FADD.{S|D|Q}</td><td>rd,rs1,rs2</td><td></td><td></td></tr>
<tr><td></td><td>SUBtract</td><td>R</td><td>FSUB.{S|D|Q}</td><td>rd,rs1,rs2</td><td></td><td></td></tr>
<tr><td></td><td>MULtiply</td><td>R</td><td>FMUL.{S|D|Q}</td><td>rd,rs1,rs2</td><td></td><td></td></tr>
<tr><td></td><td>DIVide</td><td>R</td><td>FDIV.{S|D|Q}</td><td>rd,rs1,rs2</td><td></td><td></td></tr>
<tr><td></td><td>SQuare RooT</td><td>R</td><td>FSQRT.{S|D|Q}</td><td>rd,rs1</td><td></td><td></td></tr>
<tr><td>Mul-Add</td><td>Multiply-ADD</td><td>R</td><td>FMADD.{S|D|Q}</td><td>rd,rs1,rs2,rs3</td><td></td><td></td></tr>
<tr><td></td><td>Multiply-SUBtract</td><td>R</td><td>FMSUB.{S|D|Q}</td><td>rd,rs1,rs2,rs3</td><td></td><td></td></tr>
<tr><td></td><td>Negative Multiply-SUBtract</td><td>R</td><td>FNMSUB.{S|D|Q}</td><td>rd,rs1,rs2,rs3</td><td></td><td></td></tr>
<tr><td></td><td>Negative Multiply-ADD</td><td>R</td><td>FNMADD.{S|D|Q}</td><td>rd,rs1,rs2,rs3</td><td></td><td></td></tr>
<tr><td>Sign Inject</td><td>SiGN source</td><td>R</td><td>FSGNJ.{S|D|Q}</td><td>rd,rs1,rs2</td><td></td><td></td></tr>
<tr><td></td><td>Negative SiGN source</td><td>R</td><td>FSGNJN.{S|D|Q}</td><td>rd,rs1,rs2</td><td></td><td></td></tr>
<tr><td></td><td>Xor SiGN source</td><td>R</td><td>FSGNJX.{S|D|Q}</td><td>rd,rs1,rs2</td><td></td><td></td></tr>
<tr><td>Min/Max</td><td>MINimum</td><td>R</td><td>FMIN.{S|D|Q}</td><td>rd,rs1,rs2</td><td></td><td></td></tr>
<tr><td></td><td>MAXimum</td><td>R</td><td>FMAX.{S|D|Q}</td><td>rd,rs1,rs2</td><td></td><td></td></tr>
<tr><td>Compare</td><td>Compare Float =</td><td>R</td><td>FEQ.{S|D|Q}</td><td>rd,rs1,rs2</td><td></td><td></td></tr>
<tr><td></td><td>Compare Float <</td><td>R</td><td>FLT.{S|D|Q}</td><td>rd,rs1,rs2</td><td></td><td></td></tr>
<tr><td></td><td>Compare Float ≤</td><td>R</td><td>FLE.{S|D|Q}</td><td>rd,rs1,rs2</td><td></td><td></td></tr>
<tr><td>Categorization</td><td>Classify Type</td><td>R</td><td>FCLASS.{S|D|Q}</td><td>rd,rs1</td><td></td><td></td></tr>
<tr><td>Configuration</td><td>Read Status</td><td>R</td><td>FRCSR</td><td>rd</td><td></td><td></td></tr>
<tr><td></td><td>Read Rounding Mode</td><td>R</td><td>FRRM</td><td>rd</td><td></td><td></td></tr>
<tr><td></td><td>Read Flags</td><td>R</td><td>FRFLAGS</td><td>rd</td><td></td><td></td></tr>
<tr><td></td><td>Swap Status Reg</td><td>R</td><td>FSCSR</td><td>rd,rs1</td><td></td><td></td></tr>
<tr><td></td><td>Swap Rounding Mode</td><td>R</td><td>FSRM</td><td>rd,rs1</td><td></td><td></td></tr>
<tr><td></td><td>Swap Flags</td><td>R</td><td>FSFLAGS</td><td>rd,rs1</td><td></td><td></td></tr>
<tr><td></td><td>Swap Rounding Mode Imm</td><td>I</td><td>FSRMI</td><td>rd,imm</td><td></td><td></td></tr>
<tr><td></td><td>Swap Flags Imm</td><td>I</td><td>FSFLAGSI</td><td>rd,imm</td><td></td><td></td></tr>
</table>

<table>
<tr><th colspan="4">RISC-V Calling Convention</th></tr>
<tr><th>Register</th><th>ABI Name</th><th>Saver</th><th>Description</th></tr>
<tr><td>x0</td><td>zero</td><td>---</td><td>Hard-wired zero</td></tr>
<tr><td>x1</td><td>ra</td><td>Caller</td><td>Return address</td></tr>
<tr><td>x2</td><td>sp</td><td>Callee</td><td>Stack pointer</td></tr>
<tr><td>x3</td><td>gp</td><td>---</td><td>Global pointer</td></tr>
<tr><td>x4</td><td>tp</td><td>---</td><td>Thread pointer</td></tr>
<tr><td>x5-7</td><td>t0-2</td><td>Caller</td><td>Temporaries</td></tr>
<tr><td>x8</td><td>s0/fp</td><td>Callee</td><td>Saved register/frame pointer</td></tr>
<tr><td>x9</td><td>s1</td><td>Callee</td><td>Saved register</td></tr>
<tr><td>x10-11</td><td>a0-1</td><td>Caller</td><td>Function arguments/return values</td></tr>
<tr><td>x12-17</td><td>a2-7</td><td>Caller</td><td>Function arguments</td></tr>
<tr><td>x18-27</td><td>s2-11</td><td>Callee</td><td>Saved registers</td></tr>
<tr><td>x28-31</td><td>t3-t6</td><td>Caller</td><td>Temporaries</td></tr>
<tr><td>f0-7</td><td>ft0-7</td><td>Caller</td><td>FP temporaries</td></tr>
<tr><td>f8-9</td><td>fs0-1</td><td>Callee</td><td>FP saved registers</td></tr>
<tr><td>f10-11</td><td>fa0-1</td><td>Caller</td><td>FP arguments/return values</td></tr>
<tr><td>f12-17</td><td>fa2-7</td><td>Caller</td><td>FP arguments</td></tr>
<tr><td>f18-27</td><td>fs2-11</td><td>Callee</td><td>FP saved registers</td></tr>
<tr><td>f28-31</td><td>ft8-11</td><td>Caller</td><td>FP temporaries</td></tr>
</table>

RISC-V calling convention and five optional extensions: 10 multiply-divide instructions (RV32M); 11 optional atomic instructions (RV32A); and 25 floating-point instructions each for single-, double-, and quadruple-precision (RV32F, RV32D, RV32Q). The latter add registers f0-f31, whose width matches the widest precision, and a floating-point control and status register fcsr. Each larger address adds some instructions: 4 for RVM, 11 for RVA, and 6 each for RVF/D/Q. Using regex notation, {} means set, so L{D|Q} is both LD and LQ. See risc.org. (8/21/15 revision)

图3.1 RISC-V指令集

3.1.4 CPU的存储

本节的最后一个话题是CPU的存储。前面我们很单纯地把存储设想成了内存，然而实际情况并非如此（即使是在GAME BOY上）。因为存储阶层对于整个系统的性能和成本都非常重要，所以大部分讲计算机架构的书籍会单独分出一两章来解读计算机系统中的存储。本节我们也先开个头，主要以GAME BOY游戏机的情况来分析问题。

单纯地假设所有存储都在内存中，那就会有一个明显的弊端——内存可能太慢了。在GAME BOY上，CPU的频率为1MHz，内存的速度也为1MHz，也就是说，CPU每个周期能够读取或写入1字节。如前面所说，所有的指令也都是以数据的形式存储在内存当中的。以指令ADD (1) (0)为例，指令本身的长度就有3字节，读取指令也就需要3个周期，随后为了得到(1)和(0)两个操作数，又需要花费2个周期，明明一条很简单的指令，却花费了5个周期才完成。

想要减缓这个问题，一方面是减少指令本身的开销，比如把指令长度压缩成1字节，就可以省下2字节。但这种做法有时可行，有时也不一定可行。另一方面，就是减少操作数对内存的依赖。比如，我们可以在CPU当中加入一些额外的触发器，或者说寄存器，用来临时存放数据，这些寄存器的数据线可以在CPU内部直连ALU，一个周期就可以同时读取多个寄存器的数值，或许还可以同时写入寄存器的数值。有了这些寄存器，原本需要放在内存中的东西就可以放在寄存器里，减轻了内存的负担，也就加快了速度。

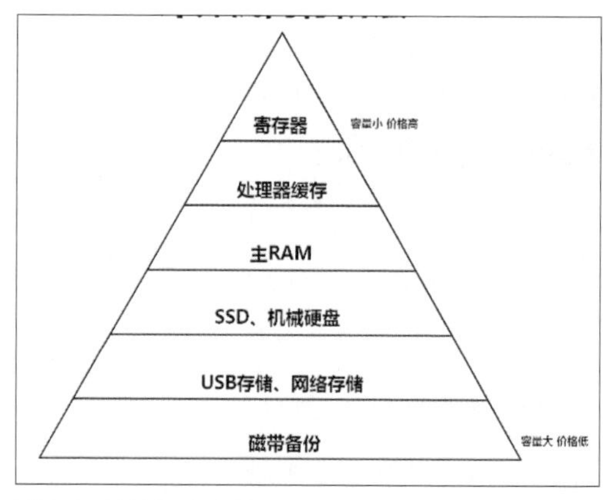

图 3.2 计算机内存阶层

那为什么不把所有东西全部放在寄存器里呢？主要是因为成本。寄存器的成本比内存高很多，在CPU里面加入更大的寄存器不单单需要更多的晶体管，也意味着更高的造价，还有在指令中，表示寄存器地址的开销。假设有64个寄存器，那寄存器地址就需要6位，一个指令至少也就需要有6位，如果指令中要同时指定两个源寄存器和一个目标寄存器，那就至少需要18位长度的指令，别忘了前面提到的，指令太长也会增加内存负担，降低速度。

所以GAME BOY的系统中，现在就有了两级存储空间，一级是寄存器，速度快但是价格高、容量小；另外一级是内存，速度慢但是价格低、容量大。内存一般用于存放寄存器中放不下的东西。

这种按照速度和容量排序的内存模型，在现代计算机上很常见，也就是所谓的内存金字塔/内存阶层模型（见图3.2）。其无非是基于上面的思想，把内存分层，这样就可以同时保证速度和容量。而如何合理地设计内存阶层以获得最大性能，又是一个非常复杂的问题了。好在GAME BOY系统没有那么复杂，在这里也就不用考虑那么多东西啦。

本节内容我们就先到这里，有兴趣的朋友可以试着考虑下一节的内容。我们提出了一个CPU的模型，这个CPU读取二进制的指令，随后按照指令执行相应的操作。但这样的机器应该如何实现呢？我们从下节开始会慢慢介绍如何实现一个简易的CPU，而这个简易CPU也会成为GAME BOY游戏机的基础。

3.2 SM83 CPU介绍

上一节我们简单地介绍了一个完全假想的CPU设计，并以此介绍了一些关于CPU的重要概念。其中最重要的概念大概就是存储程序，其实所有的程序不过是一些存储在存储器中的字节罢了，但不同的位组合可以表示不同的含义，逻辑电路可以根据这些位组合进行不同的操作。我们可以利用组合逻辑设计出解析这些程序的电路，而利用时序电路则可以保存和改变整个系统的状态，并让程序一步步执行。同时，我们也演示了一些更为具体的内容，比如汇编语言、机器语言以及汇编的过程。

不过也正如之前所讲，这些都是假想。真实的CPU架构设计除了要设计出一个能进行计算的架构外，还需要满足很多其他要求，比如速度、能效、成本等。虽然我们上节假想的架构也许确实可以被实现出来，但在各种意义上或许都是很差的设计。因此，如何设计出一个好的CPU架构也就成了一个重要课题，并衍生出了各种流派，比如大家可能听说过的RISC和CISC、冯・诺依曼和图灵，都可以算是CPU设计的不同流派。不过本节我们并不涉及CPU架构的设计，只是实现一个别人已经设计好的架构，并完整地介绍这个架构。

3.2.1 LR35902简介

本书的目标是在FPGA上实现一个GAME BOY，那么具体要实现的CPU，自然就是GAME BOY上的CPU。GAME BOY上的主控芯片，型号叫作LR35902，是夏普专门为GAME BOY定制的芯片。LR35902内部并不只有一个CPU，作为GAME BOY的主芯片，LR35902上还集成了中断控制器、定时器、片上内存、启动ROM、按键扫描电路、串口控制器、音频控制器和视频控制器。从现在的角度来说，它也许更像是一片SoC，而不是CPU或者单片机。当然，LR35902所内置的大部分功能是本书中需要实现的，不过我们现在先只讨论CPU。

从历史角度来讲，GAME BOY是1989年发布的机器，其时间点位于1983年的红白机（FC，美版称为NES）和1990年的超任（SFC，美版称为SNES）之间。NES使用了8位的6502芯片；SNES使用了16位的65816芯片，向下可兼容8位的6502。那么集成在LR35902中的GAME BOY CPU

是不是也是6502呢？完全不是，LR35902中的CPU和6502没有任何关系，而是夏普自己开发的SM83内核，看起来更接近Intel的8080处理器和Zilog的Z80处理器，只不过SM83和它们并不完全兼容。SM83原先是用于工业自动化领域的单片机（如SM8311、SM8320等，它们的数据手册可以在网上找到）的CPU内核，在夏普和任天堂合作之后也就被直接搬了过来，加上了类似于红白机的图形单元和音频单元，成了掌机CPU。至于为什么没有继续采用6502，其中的原因不得而知，但是不难推断更多还是由于整机和夏普大量的商业合作，而不是技术原因。

最后讲讲这个CPU的一些特性：8位的ALU，也就是每个周期可以完成一次8位算术运算；8位的内部、外部数据总线宽度，也就是每个总线时钟周期可以传输一个字节的数据；16位的内部、外部地址总线宽度，也就是最大可以直接寻址64KB的内存空间；不支持独立的I/O地址空间，所有输入/输出需要映射到内存总线上（称为MMIO，简化了CPU的设计，这点特地拿出来说是因为和它相似的i80和Z80都支持I/O总线）；2级流水线设计，分别为取指和执行；不支持缓存（缓存是现代计算机体系结构中非常重要的一个组成部分，不过那么早的CPU显然并没有支持）。

图3.3所示是初代LR35902的晶片照片。虽然直接看看不出太多端倪，但是由于诸如RAM和ROM的设计制约，我们之后还是会以这个照片作为参考。

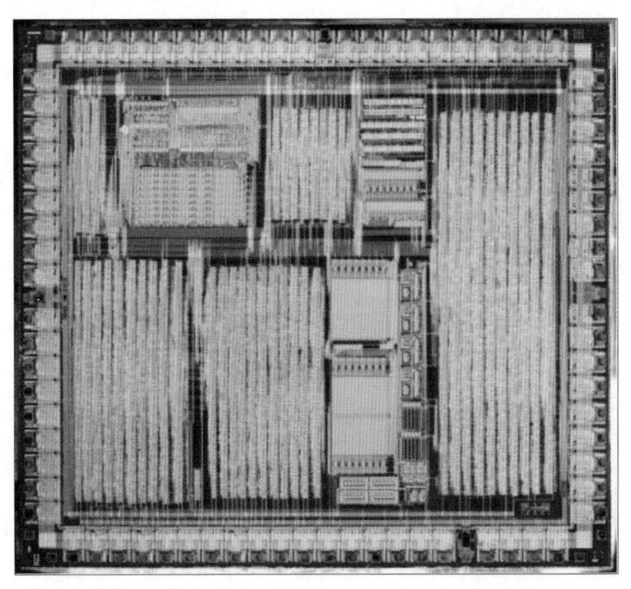
图3.3 初代LR35902晶片照片

3.2.2 SM83指令集架构

如同前面所说，LR35902中集成的是一个SM83 CPU，和基于SM83的其他单片机中使用的内核是基本一致的，所以接下来介绍的内容准确地说并不是只适用于GAME BOY，同样适用于其他SM83设备，只不过其他单片机，作为玩家的我们大概永远也没有机会见到吧。当然，这个CPU内核有的时候也被称为LR35902 core、GBCPU或者GBz80等。

首先来说说SM83的寄存器配置。在上节的假想CPU中，我们并没有强调寄存器这个概念，只是简单地认为，所有的数据总是有地方存放的，而这些地方自然也会有个地址，用地址去访问就可以了。确实，常见的存储数据的地方是内存，内存有内存地址，但在很多情况下，内存太慢了！即使是在19世纪，内存也经常跟不上CPU的速度。CPU从内存里面读取指令，如果还要再存取数据，那对于本来就不那么充裕的内存带宽来说就是雪上加霜。而解决办法就是增加一些用于存放数据的寄存器。现代处理器架构中通常会有数十个通用寄存器。在SM83中就有10个这样的寄存器，分别取名为A、B、C、D、E、H、L、SP、PC和F。其中A、B、C、D、E、H、L和F为8位寄存器，而SP和PC为16位寄存器。最后的SP、PC和F是有特殊功能的，PC（Program Counter）用于指示当前程序执行的内存地址（这样CPU就知道从内存的什么地方读取指令了，上一节的假想CPU向前、向后跳转实际上就是对PC做加减法），SP（Stack Pointer）用于指示当前的栈顶地址（不了解什么是栈的朋友就需要补一下计算机数据结构了，简单来说，栈是一种每次只能访问最近存入数据的数组），而F（Flags）用于指示和计算结果的一些特征（结果是否为0，是否执行了减法计算，是否存在半进位和进位）。在某些条件下，B和C、D和E、H和L可以拼在一起作为BC、DE和HL 3个16位寄存器使用，用于进行一次性的16位存取或者作为内存指针使用。A和F也可以拼在一起成为AF，但是只能用于16位存取，而不能作为指针（因为F是特殊寄存器，AF拼在一起作为指针没有意义，但是可以起到数据备份、还原程序运行状态的作用）。

SM83支持很多不同的指令，大致可以分为数据复制指令、算术和逻辑运算指令、位操作指令、跳转指令和控制指令这5类，接下来我将逐个介绍。以下列举的注记符中，r8表示8位寄存器，r16表示16位寄存器，d8表示8位立即数，d16表示16位立即数，a16表示16位立即地址。立即数表示写在指令里的操作数，不需要从寄存器或内存调取，如“ADD A, 20”表示A←A+20，20就是一个立即数。f表示条件，有一部分指令可以根据特定条件执行，支持的条件有 当Z为1时（Z）、当Z为0时（NZ）、当C为1时（C）和当C为0时（NC）。

数据复制指令可以分为8位和16位两种，各自又有很多种不同的形式，以下按列表列举允许的操作。

- **LD r8, r8** 从一个寄存器复制到另外一个。
- **LD r8, d8** 把立即数复制进寄存器。
- **LD A, (r16)** 把r16（可以为BC、DE或者HL自增/自减）指向的内存中的数据复制进A。
- **LD A, (a16)** 把16位立即数地址指向的内存中的数据复制进A。
- **LD A, ($FF00+a8)** 把8位立即数地址加上FF00后指向的内存中的数据复制进A。
- **LD A, ($FF00+C)** 把C寄存器中的数加上FF00后指向的内存中的数据复制进A。
- **LD (r16), A** 把A中的数据复制进r16（以为BC、DE或者HL自增/自减）指向的内存中。
- **LD (a16), A** 把A中的数据复制进16位立即数地址指向的内存。
- **LD ($FF00+a8), A** 把A中的数据复制进8位立即数地址加上FF00后指向的内存。
- **LD ($FF00+C), A** 把A中的数据复制进C寄存器中的数加上FF00后指向的内存。

- **LD r16, d16** 把16位立即数存入16位寄存器（可以为BC、DE、HL或SP）。
- **LD SP, HL** 把HL的内容存入SP。
- **PUSH r16** 把r16（可以为AF、BC、DE、HL）压入栈。
- **POP r16** 从栈中弹出16位数据存入r16（可以为AF、BC 、DE、HL）。
- **LD HL, SP+r8** 把SP+r8指向的16位数据复制进HL。

算术指令也可以分为8位和16位两种，支持许多不同的运算，以下是允许的操作。

- **ADD A, d8 / ADD A, r8** 把A的内容加上立即数或r8中的内容，存入A。
- **ADC A, d8 / ADC A, r8** 把A的内容加上立即数或r8中的内容和进位，存入A。
- **SUB A, d8 / SUB A, r8** 把A的内容减去立即数或r8中的内容，存入A。
- **SBC A, d8 / SBC A, r8** 把A的内容减去立即数或r8中的内容和进位，存入A。
- **AND A, d8 / AND A, r8** 把立即数或r8中的内容和A进行按位与，存入A。
- **XOR A, d8 / XOR A, r8** 把立即数或r8中的内容和A进行按位异或，存入A。
- **OR A, d8 / AND A, r8** 把立即数或r8中的内容和A进行按位或，存入A。
- **CP A, d8 / CP A, r8** 把立即数或r8中的内容和A进行按位异或，只更新F，不保存结果。
- **INC r8** 对寄存器r8的数值进行自加。
- **DEC r8** 对寄存器r8的数值进行自减。
- **DAA** 把A寄存器r8中的二进制数转换成BCD数。
- **CPL** 反转A寄存器的内容。
- **ADD HL, r16** 把HL的内容加上r16（可以为BC、DE、HL或SP）的内容，并存入HL。
- **INC r16** 对r16的内容进行自加。
- **DEC r16** 对r16的内容进行自减。
- **SWAP r8** 把寄存器r8的高4位和低4位交换。
- **ADD SP, r8** 把堆栈指针的值加上r8。

位操作指令只能操作8位的寄存器。这里出现了旋转和移位两种操作。移位就是C语言里面常用的移位命令。左移没有必要解释，右移出现了算术右移和逻辑右移两种。逻辑右移在右移的时候，左边最高位空出来的位置会使用0填充，而算术右移则会用符号位（即原先的最高位）来填充。这样做是因为假设系统使用2的补码来表示负数，则当结果为负数时符号位为1，非负数是符号位为0。右移因为可以被看作一种除法操作，算术右移就可以在有符号的情况下正确计算除法。

- **RLC r8** 把寄存器r8的内容带符号位向左旋转一位。
- **RL r8** 把寄存器r8的内容向左旋转一位。

- **RRC r8** 把寄存器r8的内容带符号位向右旋转一位。
- **RR r8** 把寄存器r8的内容向右旋转一位。
- **SLA r8** 把寄存器r8的内容向左移动一位。
- **SRA r8** 把寄存器r8的内容向右算术移动一位。
- **SRL r8** 把寄存器r8的内容向右逻辑移动一位。
- **BIT n, r8** 测试寄存器r8的第n位是否为1，如果为0，则Z写入1，否则Z清零。
- **SET n, r8** 把寄存器r8的第n位设置为1。
- **RES n, r8** 把寄存器r8的第n位设置为0。

跳转指令基本可以分为直接跳转和函数调用两种，直接跳转就是直接跳转到某个地址继续执行指令，而函数调用则要复杂一些。大家都在C语言里面用过函数吧？调用一个函数，函数结束执行后会回到调用的地方。调用的时候可以用一个跳转完成，返回则是另外一个跳转。在调用的时候，目的地是明确的，因为调用者肯定知道被调用函数的位置，才能调用；而在返回的时候，被调用函数也得知道当初的调用者是谁，才能跳转回去，然而这是很难在编译时确定的，因为一个函数可能被多个函数调用。为此就需要在函数调用时记录原先的地址，方便之后再跳转回来。这些信息都被保存在栈当中。

- **JP a16** 跳转到16位立即地址。
- **JP HL** 跳转到HL指向的内存。
- **JP f, a16** 按条件跳转到16位立即地址。
- **JR a8** 相对跳转到8位立即地址（新的地址=当前地址+立即地址）。
- **JR f, a8** 按跳转相对跳转到8位立即地址。
- **CALL a16** 调用位于16位立即地址的函数。
- **CALL f, a16** 按条件调用位于16位立即地址的函数。
- **RET** 返回。
- **RET f** 按条件返回。
- **RETI** 从中断返回。
- **RST n** 跳转到某个特定软件中断。

最后剩下的是一些杂项系统控制指令。

- **CCF** 设置进位（C=1）。
- **SCF** 清除进位（C=0）。

- **NOP** 什么都不做。
- **HALT** 关机。
- **STOP** 停机。
- **DI** 禁用中断。
- **EI** 启用中断。

以上就是SM83所支持的所有指令了。很多指令使用了相同的注记符，因为是类似的指令，比如LD，都是数据复制。但是为什么列出了这么多形式呢？并不是为了展示这个指令的可选调用形式有很多，恰恰是为了说明这个指令的调用形式是有限的，不能随意使用。仔细观察，我们不难发现，寄存器到寄存器的传输可以在任意两个寄存器之间进行，而内存传输的操作则大多只能从A读取或者写入到A。这实际上就是设计指令集时做出的妥协。同时也可以发现设计者对常见的情况作了优化，比如其他寄存器都支持8位传输，但是从HL到SP就可以一次进行16位传输。对于地址位于FF00~FFFF的内存访问，可以只指定后8位，前面的FF自动补全，因为FF00~FFFF通常被用作MMIO区域，访问频繁，而只指定8位比指定16位少了1字节，节约了内存也加快了执行速度。不难想象，如果任何操作都能被支持，上面的LD说明也不用这么复杂了，反正随便操作都能支持（寄存器到内存，8位或者16位）；正因为不可能支持所有可能的操作，所以才需要列出可选的操作。

3.2.3 SM83指令编码

SM83的指令编码基本还是参照了i80和Z80的格式，也就是CISC风格的编码，而不是RISC风格。什么是RISC风格呢？ RISC风格通常会选择定长（除了扩展指令集）的指令编码（也就是每个指令的字节长度是一样的），而且不同的指令会遵循相同的几个格式，规定了从第几位到第几位是什么含义。而CISC不一定遵循这种规定，指令不定长，指令编码可能有一定规律，但并非所有指令都遵循规律。既然不容易用规律描述，那最简单的方法还是列出来。好在，SM83所有可能的指令不超过512种，只要两张16 × 16的查找表就能描述完（见图3.4、图3.5）：

SM83的指令长度只能是1字节或者2字节，图3.4里的都是一字节指令，图3.5里的都是双字节指令。双字节指令的第一个字节永远是0xCB，可根据第二个字节按照图3.5查表确认指令。有了这两个表，也就知道了任意字节（假设是机器码）和GB汇编代码的互相转化关系。比如想要知道“LD A, C”对应的机器码，那只要在图里找到“LD A, C”，在第8行，第10列，左边写着7x，上边写着x9，那么这个指令的机器码就是0x79。反之也可以根据机器码反查汇编代码。

	x0	x1	x2	x3	x4	x5	x6	x7	x8	x9	xA	xB	xC	xD	xE	xF
0x	NOP 1 4 ----	LD BC,d16 3 12 ----	LD (BC),A 1 8 ----	INC BC 1 8 ----	INC B 1 4 Z0H-	DEC B 1 4 Z1H-	LD B,d8 2 8 ----	RLCA 1 4 000C	LD (a16),SP 3 20 ----	ADD HL,BC 1 8 -0HC	LD A,(BC) 1 8 ----	DEC BC 1 8 ----	INC C 1 4 Z0H-	DEC C 1 4 Z1H-	LD C,d8 2 8 ----	RRCA 1 4 000C
1x	STOP 0 1 4 ----	LD DE,d16 3 12 ----	LD (DE),A 1 8 ----	INC DE 1 8 ----	INC D 1 4 Z0H-	DEC D 1 4 Z1H-	LD D,d8 2 8 ----	RLA 1 4 000C	JR r8 2 12 ----	ADD HL,DE 1 8 -0HC	LD A,(DE) 1 8 ----	DEC DE 1 8 ----	INC E 1 4 Z0H-	DEC E 1 4 Z1H-	LD E,d8 2 8 ----	RRA 1 4 000C
2x	JR NZ,r8 2 12/8 ----	LD HL,d16 3 12 ----	LD (HL+),A 1 8 ----	INC HL 1 8 ----	INC H 1 4 Z0H-	DEC H 1 4 Z1H-	LD H,d8 2 8 ----	DAA 1 4 Z-0C	JR Z,r8 2 12/8 ----	ADD HL,HL 1 8 -0HC	LD A,(HL+) 1 8 ----	DEC HL 1 8 ----	INC L 1 4 Z0H-	DEC L 1 4 Z1H-	LD L,d8 2 8 ----	CPL 1 4 -11-
3x	JR NC,r8 2 12/8 ----	LD SP,d16 3 12 ----	LD (HL-),A 1 8 ----	INC SP 1 8 ----	INC (HL) 1 12 Z0H-	DEC (HL) 1 12 Z1H-	LD (HL),d8 2 12 ----	SCF 1 4 -001	JR C,r8 2 12/8 ----	ADD HL,SP 1 8 -0HC	LD A,(HL-) 1 8 ----	DEC SP 1 8 ----	INC A 1 4 Z0H-	DEC A 1 4 Z1H-	LD A,d8 2 8 ----	CCF 1 4 -00C
4x	LD B,B 1 4 ----	LD B,C 1 4 ----	LD B,D 1 4 ----	LD B,E 1 4 ----	LD B,H 1 4 ----	LD B,L 1 4 ----	LD B,(HL) 1 8 ----	LD B,A 1 4 ----	LD C,B 1 4 ----	LD C,C 1 4 ----	LD C,D 1 4 ----	LD C,E 1 4 ----	LD C,H 1 4 ----	LD C,L 1 4 ----	LD C,(HL) 1 8 ----	LD C,A 1 4 ----
5x	LD D,B 1 4 ----	LD D,C 1 4 ----	LD D,D 1 4 ----	LD D,E 1 4 ----	LD D,H 1 4 ----	LD D,L 1 4 ----	LD D,(HL) 1 8 ----	LD D,A 1 4 ----	LD E,B 1 4 ----	LD E,C 1 4 ----	LD E,D 1 4 ----	LD E,E 1 4 ----	LD E,H 1 4 ----	LD E,L 1 4 ----	LD E,(HL) 1 8 ----	LD E,A 1 4 ----
6x	LD H,B 1 4 ----	LD H,C 1 4 ----	LD H,D 1 4 ----	LD H,E 1 4 ----	LD H,H 1 4 ----	LD H,L 1 4 ----	LD H,(HL) 1 8 ----	LD H,A 1 4 ----	LD L,B 1 4 ----	LD L,C 1 4 ----	LD L,D 1 4 ----	LD L,E 1 4 ----	LD L,H 1 4 ----	LD L,L 1 4 ----	LD L,(HL) 1 8 ----	LD L,A 1 4 ----
7x	LD (HL),B 1 8 ----	LD (HL),C 1 8 ----	LD (HL),D 1 8 ----	LD (HL),E 1 8 ----	LD (HL),H 1 8 ----	LD (HL),L 1 8 ----	HALT 1 4 ----	LD (HL),A 1 8 ----	LD A,B 1 4 ----	LD A,C 1 4 ----	LD A,D 1 4 ----	LD A,E 1 4 ----	LD A,H 1 4 ----	LD A,L 1 4 ----	LD A,(HL) 1 8 ----	LD A,A 1 4 ----
8x	ADD A,B 1 4 Z0HC	ADD A,C 1 4 Z0HC	ADD A,D 1 4 Z0HC	ADD A,E 1 4 Z0HC	ADD A,H 1 4 Z0HC	ADD A,L 1 4 Z0HC	ADD A,(HL) 1 8 Z0HC	ADD A,A 1 4 Z0HC	ADC A,B 1 4 Z0HC	ADC A,C 1 4 Z0HC	ADC A,D 1 4 Z0HC	ADC A,E 1 4 Z0HC	ADC A,H 1 4 Z0HC	ADC A,L 1 4 Z0HC	ADC A,(HL) 1 8 Z0HC	ADC A,A 1 4 Z0HC
9x	SUB B 1 4 Z1HC	SUB C 1 4 Z1HC	SUB D 1 4 Z1HC	SUB E 1 4 Z1HC	SUB H 1 4 Z1HC	SUB L 1 4 Z1HC	SUB (HL) 1 8 Z1HC	SUB A 1 4 Z1HC	SBC A,B 1 4 Z1HC	SBC A,C 1 4 Z1HC	SBC A,D 1 4 Z1HC	SBC A,E 1 4 Z1HC	SBC A,H 1 4 Z1HC	SBC A,L 1 4 Z1HC	SBC A,(HL) 1 8 Z1HC	SBC A,A 1 4 Z1HC
Ax	AND B 1 4 Z010	AND C 1 4 Z010	AND D 1 4 Z010	AND E 1 4 Z010	AND H 1 4 Z010	AND L 1 4 Z010	AND (HL) 1 8 Z010	AND A 1 4 Z010	XOR B 1 4 Z000	XOR C 1 4 Z000	XOR D 1 4 Z000	XOR E 1 4 Z000	XOR H 1 4 Z000	XOR L 1 4 Z000	XOR (HL) 1 8 Z000	XOR A 1 4 Z000
Bx	OR B 1 4 Z000	OR C 1 4 Z000	OR D 1 4 Z000	OR E 1 4 Z000	OR H 1 4 Z000	OR L 1 4 Z000	OR (HL) 1 8 Z000	OR A 1 4 Z000	CP B 1 4 Z1HC	CP C 1 4 Z1HC	CP D 1 4 Z1HC	CP E 1 4 Z1HC	CP H 1 4 Z1HC	CP L 1 4 Z1HC	CP (HL) 1 8 Z1HC	CP A 1 4 Z1HC
Cx	RET NZ 1 20/8 ----	POP BC 1 12 ----	JP NZ,a16 3 16/12 ----	JP a16 3 16 ----	CALL NZ,a16 3 24/12 ----	PUSH BC 1 16 ----	ADD A,d8 2 8 Z0HC	RST 00H 1 16 ----	RET Z 1 20/8 ----	RET 1 16 ----	JP Z,a16 3 16/12 ----	PREFIX CB 1 4 ----	CALL Z,a16 3 24/12 ----	CALL a16 3 24 ----	ADC A,d8 2 8 Z0HC	RST 08H 1 16 ----
Dx	RET NC 1 20/8 ----	POP DE 1 12 ----	JP NC,a16 3 16/12 ----		CALL NC,a16 3 24/12 ----	PUSH DE 1 16 ----	SUB d8 2 8 Z1HC	RST 10H 1 16 ----	RET C 1 20/8 ----	RETI 1 16 ----	JP C,a16 3 16/12 ----		CALL C,a16 3 24/12 ----		SBC A,d8 2 8 Z1HC	RST 18H 1 16 ----
Ex	LDH (a8),A 2 12 ----	POP HL 1 12 ----	LD (C),A 2 8 ----			PUSH HL 1 16 ----	AND d8 2 8 Z010	RST 20H 1 16 ----	ADD SP,r8 2 16 00HC	JP HL 1 4 ----	LD (a16),A 3 16 ----				XOR d8 2 8 Z000	RST 28H 1 16 ----
Fx	LDH A,(a8) 2 12 ----	POP AF 1 12 ZNHC	LD A,(C) 2 8 ----	DI 1 4 ----		PUSH AF 1 16 ----	OR d8 2 8 Z000	RST 30H 1 16 ----	LD HL,SP+r8 2 12 00HC	LD SP,HL 1 8 ----	LD A,(a16) 3 16 ----	EI 1 4 ----			CP d8 2 8 Z1HC	RST 38H 1 16 ----

图 3.4 SM83 指令集（1）

	x0	x1	x2	x3	x4	x5	x6	x7	x8	x9	xA	xB	xC	xD	xE	xF
0x	RLC B 2 8 Z00C	RLC C 2 8 Z00C	RLC D 2 8 Z00C	RLC E 2 8 Z00C	RLC H 2 8 Z00C	RLC L 2 8 Z00C	RLC (HL) 2 16 Z00C	RLC A 2 8 Z00C	RRC B 2 8 Z00C	RRC C 2 8 Z00C	RRC D 2 8 Z00C	RRC E 2 8 Z00C	RRC H 2 8 Z00C	RRC L 2 8 Z00C	RRC (HL) 2 16 Z00C	RRC A 2 8 Z00C
1x	RL B 2 8 Z00C	RL C 2 8 Z00C	RL D 2 8 Z00C	RL E 2 8 Z00C	RL H 2 8 Z00C	RL L 2 8 Z00C	RL (HL) 2 16 Z00C	RL A 2 8 Z00C	RR B 2 8 Z00C	RR C 2 8 Z00C	RR D 2 8 Z00C	RR E 2 8 Z00C	RR H 2 8 Z00C	RR L 2 8 Z00C	RR (HL) 2 16 Z00C	RR A 2 8 Z00C
2x	SLA B 2 8 Z00C	SLA C 2 8 Z00C	SLA D 2 8 Z00C	SLA E 2 8 Z00C	SLA H 2 8 Z00C	SLA L 2 8 Z00C	SLA (HL) 2 16 Z00C	SLA A 2 8 Z00C	SRA B 2 8 Z000	SRA C 2 8 Z000	SRA D 2 8 Z000	SRA E 2 8 Z000	SRA H 2 8 Z000	SRA L 2 8 Z000	SRA (HL) 2 16 Z000	SRA A 2 8 Z000
3x	SWAP B 2 8 Z000	SWAP C 2 8 Z000	SWAP D 2 8 Z000	SWAP E 2 8 Z000	SWAP H 2 8 Z000	SWAP L 2 8 Z000	SWAP (HL) 2 16 Z000	SWAP A 2 8 Z000	SRL B 2 8 Z00C	SRL C 2 8 Z00C	SRL D 2 8 Z00C	SRL E 2 8 Z00C	SRL H 2 8 Z00C	SRL L 2 8 Z00C	SRL (HL) 2 16 Z00C	SRL A 2 8 Z00C
4x	BIT 0,B 2 8 Z01-	BIT 0,C 2 8 Z01-	BIT 0,D 2 8 Z01-	BIT 0,E 2 8 Z01-	BIT 0,H 2 8 Z01-	BIT 0,L 2 8 Z01-	BIT 0,(HL) 2 12 Z01-	BIT 0,A 2 8 Z01-	BIT 1,B 2 8 Z01-	BIT 1,C 2 8 Z01-	BIT 1,D 2 8 Z01-	BIT 1,E 2 8 Z01-	BIT 1,H 2 8 Z01-	BIT 1,L 2 8 Z01-	BIT 1,(HL) 2 12 Z01-	BIT 1,A 2 8 Z01-
5x	BIT 2,B 2 8 Z01-	BIT 2,C 2 8 Z01-	BIT 2,D 2 8 Z01-	BIT 2,E 2 8 Z01-	BIT 2,H 2 8 Z01-	BIT 2,L 2 8 Z01-	BIT 2,(HL) 2 12 Z01-	BIT 2,A 2 8 Z01-	BIT 3,B 2 8 Z01-	BIT 3,C 2 8 Z01-	BIT 3,D 2 8 Z01-	BIT 3,E 2 8 Z01-	BIT 3,H 2 8 Z01-	BIT 3,L 2 8 Z01-	BIT 3,(HL) 2 12 Z01-	BIT 3,A 2 8 Z01-
6x	BIT 4,B 2 8 Z01-	BIT 4,C 2 8 Z01-	BIT 4,D 2 8 Z01-	BIT 4,E 2 8 Z01-	BIT 4,H 2 8 Z01-	BIT 4,L 2 8 Z01-	BIT 4,(HL) 2 12 Z01-	BIT 4,A 2 8 Z01-	BIT 5,B 2 8 Z01-	BIT 5,C 2 8 Z01-	BIT 5,D 2 8 Z01-	BIT 5,E 2 8 Z01-	BIT 5,H 2 8 Z01-	BIT 5,L 2 8 Z01-	BIT 5,(HL) 2 12 Z01-	BIT 5,A 2 8 Z01-
7x	BIT 6,B 2 8 Z01-	BIT 6,C 2 8 Z01-	BIT 6,D 2 8 Z01-	BIT 6,E 2 8 Z01-	BIT 6,H 2 8 Z01-	BIT 6,L 2 8 Z01-	BIT 6,(HL) 2 12 Z01-	BIT 6,A 2 8 Z01-	BIT 7,B 2 8 Z01-	BIT 7,C 2 8 Z01-	BIT 7,D 2 8 Z01-	BIT 7,E 2 8 Z01-	BIT 7,H 2 8 Z01-	BIT 7,L 2 8 Z01-	BIT 7,(HL) 2 12 Z01-	BIT 7,A 2 8 Z01-
8x	RES 0,B 2 8 ----	RES 0,C 2 8 ----	RES 0,D 2 8 ----	RES 0,E 2 8 ----	RES 0,H 2 8 ----	RES 0,L 2 8 ----	RES 0,(HL) 2 16 ----	RES 0,A 2 8 ----	RES 1,B 2 8 ----	RES 1,C 2 8 ----	RES 1,D 2 8 ----	RES 1,E 2 8 ----	RES 1,H 2 8 ----	RES 1,L 2 8 ----	RES 1,(HL) 2 16 ----	RES 1,A 2 8 ----
9x	RES 2,B 2 8 ----	RES 2,C 2 8 ----	RES 2,D 2 8 ----	RES 2,E 2 8 ----	RES 2,H 2 8 ----	RES 2,L 2 8 ----	RES 2,(HL) 2 16 ----	RES 2,A 2 8 ----	RES 3,B 2 8 ----	RES 3,C 2 8 ----	RES 3,D 2 8 ----	RES 3,E 2 8 ----	RES 3,H 2 8 ----	RES 3,L 2 8 ----	RES 3,(HL) 2 16 ----	RES 3,A 2 8 ----
Ax	RES 4,B 2 8 ----	RES 4,C 2 8 ----	RES 4,D 2 8 ----	RES 4,E 2 8 ----	RES 4,H 2 8 ----	RES 4,L 2 8 ----	RES 4,(HL) 2 16 ----	RES 4,A 2 8 ----	RES 5,B 2 8 ----	RES 5,C 2 8 ----	RES 5,D 2 8 ----	RES 5,E 2 8 ----	RES 5,H 2 8 ----	RES 5,L 2 8 ----	RES 5,(HL) 2 16 ----	RES 5,A 2 8 ----
Bx	RES 6,B 2 8 ----	RES 6,C 2 8 ----	RES 6,D 2 8 ----	RES 6,E 2 8 ----	RES 6,H 2 8 ----	RES 6,L 2 8 ----	RES 6,(HL) 2 16 ----	RES 6,A 2 8 ----	RES 7,B 2 8 ----	RES 7,C 2 8 ----	RES 7,D 2 8 ----	RES 7,E 2 8 ----	RES 7,H 2 8 ----	RES 7,L 2 8 ----	RES 7,(HL) 2 16 ----	RES 7,A 2 8 ----
Cx	SET 0,B 2 8 ----	SET 0,C 2 8 ----	SET 0,D 2 8 ----	SET 0,E 2 8 ----	SET 0,H 2 8 ----	SET 0,L 2 8 ----	SET 0,(HL) 2 16 ----	SET 0,A 2 8 ----	SET 1,B 2 8 ----	SET 1,C 2 8 ----	SET 1,D 2 8 ----	SET 1,E 2 8 ----	SET 1,H 2 8 ----	SET 1,L 2 8 ----	SET 1,(HL) 2 16 ----	SET 1,A 2 8 ----
Dx	SET 2,B 2 8 ----	SET 2,C 2 8 ----	SET 2,D 2 8 ----	SET 2,E 2 8 ----	SET 2,H 2 8 ----	SET 2,L 2 8 ----	SET 2,(HL) 2 16 ----	SET 2,A 2 8 ----	SET 3,B 2 8 ----	SET 3,C 2 8 ----	SET 3,D 2 8 ----	SET 3,E 2 8 ----	SET 3,H 2 8 ----	SET 3,L 2 8 ----	SET 3,(HL) 2 16 ----	SET 3,A 2 8 ----
Ex	SET 4,B 2 8 ----	SET 4,C 2 8 ----	SET 4,D 2 8 ----	SET 4,E 2 8 ----	SET 4,H 2 8 ----	SET 4,L 2 8 ----	SET 4,(HL) 2 16 ----	SET 4,A 2 8 ----	SET 5,B 2 8 ----	SET 5,C 2 8 ----	SET 5,D 2 8 ----	SET 5,E 2 8 ----	SET 5,H 2 8 ----	SET 5,L 2 8 ----	SET 5,(HL) 2 16 ----	SET 5,A 2 8 ----
Fx	SET 6,B 2 8 ----	SET 6,C 2 8 ----	SET 6,D 2 8 ----	SET 6,E 2 8 ----	SET 6,H 2 8 ----	SET 6,L 2 8 ----	SET 6,(HL) 2 16 ----	SET 6,A 2 8 ----	SET 7,B 2 8 ----	SET 7,C 2 8 ----	SET 7,D 2 8 ----	SET 7,E 2 8 ----	SET 7,H 2 8 ----	SET 7,L 2 8 ----	SET 7,(HL) 2 16 ----	SET 7,A 2 8 ----

图 3.5 SM83 指令集（2）

3.2.4 关于指令集设计

前面提到了如何设计好的CPU架构，以及关于CISC和RISC的流派之争，你可能会问CPU架构的影响真的那么大吗？同样是从历史角度讲，最初的MIPS处理器作为RISC处理器的先锋，在性能上一举击败了基于CISC架构的VAX大型机，建立了RISC处理器性能更好的观念。在随后的一段时间内，用于高性能计算平台的处理器均为RISC设计。然而随着Intel x86处理器（CISC）的发展，特别是在P5核心加入了超标量内核，高端CISC处理器与高端RISC处理器的绝对性能差距在逐渐缩小。学术界从此认定，在激进的微架构优化下，CISC处理器的性能可以接近RISC处理器。在之后，由于x86 CPU在市场上的巨大成功，逐步蚕食了RISC的市场。昔日占领性能高地的RISC，只能把这个宝座让给了CISC，从而转战Intel不那么在意的低功耗领域。慢慢地，声音也就从“RISC的性能更高”变成了“RISC的功耗更低”。这是由于CISC本身设计的限制，想要达到同样的性能就需要比RISC处理器有更高的能耗。然而，近期的一个基于x86和ARM的研究指出，不管指令集是CISC（x86）还是RISC（ARM），在现在的环境（代码使用编译器编译，CPU微架构研究已经进行了数十年）下，对于性能和功耗没有直接的影响。这两点都是由微架构中不和指令集有直接关联的部分影响的。换言之，如果提高性能，ARM会和现有的x86一样费电，而如果设计得当，低功耗的x86也能实现和ARM一样的性能。CPU的绝对性能要有多高？是否要兼顾节能？这些都是实现CPU（设计CPU微架构）的人需要考虑的，而不是设计指令集的人太需要关心的。

3.2.5 作业

上面已经给出了SM83的指令集，一条条指令最终将会组织起来构成程序。上一节中，我们已经简单展示了用假想CPU的指令集做一些计算，那这里就布置一个简单的作业，要用SM83来实现一个1循环累加到100的程序需要怎么做呢？请用汇编语言实现程序。附加分：查表汇编成机器码（用十六进制数字表示）。

提示

- 可以使用地址跳转。比如：

  ```
  0000: NOP
  0001: JP $0000
  ```

  即可从JP这行跳转到NOP。

- 为了方便起见，允许使用标签跳转，示例如下。

  ```
  Start:
  ADD A, C
  INC B
  JP Start
  ```

  则会从JP这行跳转到ADD。

- 循环需要使用条件跳转。常见的判断如下，比如当B从100循环到0后跳出循环。

```
LD B, 100
Loop:
DEC B
JP NZ, Loop
```

- 本程序使用的指令不应该需要超出以下范围：LD、ADD 、SUB、INC、DEC、JP、JR。
- 请将最终结果保存进内存地址8000。

3.3 实现CPU基本部件

在介绍了CPU的基本知识后，这次我们终于开始正式实现这个CPU了。虽说SM83不是一个特别复杂的CPU核心，但对于初学者而言也是比较复杂了，所以本节我们就先只考虑一部分SM83的指令集，简化任务，初步实现CPU模型后再考虑如何解决剩下的指令。（注：这里只是为了演示和学习的目的才选择先只考虑一部分指令，在实际设计时，应当考虑所有指令，因为其他指令很可能会大幅度地影响整个CPU的设计。我们之后也会看到，完整的CPU和这次实现的简易CPU有很大的不同。）

3.3.1 目标

本节的目标是做一个简易CPU，不需要有流水线，假定有一切需要的资源，而且也不用考虑和SM83的兼容性，只是实践一些基本的概念。

虽然说是简易CPU，但是我也不希望这个CPU过于简陋，以至于没有办法执行任何有意义的代码。下面就是这次简易CPU需要实现的指令。

- *** LD r8, r8** 从一个寄存器复制到另外一个。
- **LD r8, d8** 把立即数复制进寄存器。
- **ADD A, d8 / * ADD A, r8** 把A的内容加上立即数或r8中的内容，存入A。
- **ADC A, d8 / * ADC A, r8** 把A的内容加上立即数或r8中的内容和进位，存入A。
- **SUB A, d8 / * SUB A, r8** 把A的内容减去立即数或r8中的内容，存入A。
- **SBC A, d8 / * SBC A, r8** 把A的内容减去立即数或r8中的内容和进位，存入A。
- **AND A, d8 / * AND A, r8** 把立即数或r8中的内容和A进行按位与，存入A。
- **XOR A, d8 / * XOR A, r8** 把立即数或r8中的内容和A进行按位异或，存入A。
- **OR A, d8 / * OR A, r8** 把立即数或r8中的内容和A进行按位或，存入A。
- **CP A, d8 / * CP A, r8** 把立即数或r8中的内容和A进行按位异或，只更新F，不保存结果。
- **RLC r8** 把寄存器r8的内容带符号位向左旋转一位。

- **RL r8** 把寄存器r8的内容向左旋转一位。
- **RRC r8** 把寄存器r8的内容带符号位向右旋转一位。
- **RR r8** 把寄存器r8的内容向右旋转一位。
- **JR a8** 相对跳转到8位立即地址（新的地址＝当前地址＋立即地址）。
- **JR f, a8** 按标志位相对跳转到8位立即地址。
- *** NOP** 什么都不做。
- **HALT** 关机。
- ***:** 该指令行为和SM83不符。

在实现完成后，我们就可以在这个CPU上运行一些简易的程序（如计算斐波那契数列），并通过仿真和FPGA来测试它的工作情况。

3.3.2 分析

接下来，我们就来分析一下上面这些指令的特点。在SM83原本支持的大量指令中，这里只挑出了一部分来实现。可以看到，原本支持的大量LD调用形式，这里只保留了两种，一种是寄存器对寄存器的传输，另一种是立即数对寄存器的传输。注意这里没有保留任何与内存操作相关的LD指令，也就是说这个简易CPU将没有办法支持内存读写，这个CPU将只拥有指令内存而没有数据内存（所有数据只能存在寄存器里）。随后我选择了支持大量的ALU指令，包括位操作指令。听起来这对于学习设计CPU而言像是没有必要的重复劳动，然而之后就会提到，其实这么多不同的指令可以只当成两三种情况来处理。随后我又加入了跳转和条件跳转指令，让这个CPU有了逻辑判断和循环能力，当然只有这样才算是个CPU吧。至于NOP，看起来是个没有什么意义的指令，但你可能注意到了我有很多指令标注和SM83不符吧，这些指令要求在指令字节后增加一个NOP才能正确执行（甚至包括NOP本身，如果想要单独表示NOP，则需要两个NOP）。HALT则是用于执行结束后停止执行的指令。

其次是指令长度，上面大部分指令原本就是2字节的，比如带有一个立即数的指令，或者是0xCB开头的位操作指令（参考上节，SM83中不包括立即数的指令字节长度可能为1字节或2字节，其中2字节的均为0xCB开头的位操作指令，第2个字节才表示真正的指令）。也有一些指令是1字节的，但是因为我上面写的指令要在后面附加NOP，所以所有指令都成了2字节。这将降低之后的设计难度。

说完指令，我们来考虑一下寄存器。CPU内部的寄存器组和SM83类似：有一个A累加器，用于执行所有算术操作；有一个F标志寄存器，在跳转时会用到；还有B、C、D、E、H、L共6个通用寄存器；SP不作支持，因为我们的指令里没有任何能够读写SP的指令；最后需要一个PC寄存器，用来指示当前在执行哪一条指令。

对于CPU，计算功能还是不能少的，这个CPU也确实支持了大量的算术指令。准确地说，一共有12种操作，操作数可能为1个或者2个，操作数和结果最大宽度都为8位（1字节），计算之后保存结果的目标一定为A累加器，还需要能够根据计算结果产生标志位，这些都可以用一个ALU来完成。另外这个CPU还需要考虑计算PC的需求，为了简化设计，这里使用一个独立的16位加法器来处理计算PC的任务。

随后我们来考虑一下所有可能的数据流向。所有的指令都存放在指令内存中，系统中没有数据内存，有之前提到的寄存器组和ALU，这些就是所有数据可以到达的地方了。在这些部分之间，数据可以怎么走呢?

- 指令中的立即数可以从指令内存进入ALU或者寄存器。
- 寄存器中的数据可以进入另一个寄存器。
- 累加器的数据可以进入通用寄存器。
- 累加器的数据可以进入ALU。
- 寄存器中的数据可以进入ALU。
- ALU的结果只能进入A累加器。
- 标志寄存器进入ALU的标志输入。
- ALU的标志输出进入标志寄存器。
- PC中保存的地址可以进入地址总线。
- PC中的地址可以每周期+1，或者加上指令中的有符号立即数。

我们可以看到数据的交换还是比较灵活的。但就设计而言，我们需要了解的是哪些操作是可能冲突的，怎么解决冲突。比如所有相同目标位置的操作会造成冲突，两个完全不相关的操作（源和目标都不同）则必须在两组独立的总线上进行。解决前者，需要确定两个操作的先后关系，分别进行；而解决后者，则需要增加额外的总线。

依照这里的情况，相同目标可能会是：（1）立即数进入寄存器，寄存器进入寄存器；（2）立即数进入ALU，寄存器进入ALU。然而仔细考虑，会发现，（1）和（2）其实都不可能发生，因为两种情况的来源是两种不同的指令，而这个简易CPU同时只能执行一条指令。另外要注意到累加器和寄存器会同时进入ALU，但是ALU本身就有两个输入端，所以它们其实并没有进入相同的目标。

而不相关操作的情况就比较多了，这里只讲确实可能发生的情况：（1）立即数或寄存器进入ALU，ALU结果进入累加器；（2）PC操作和其他所有操作。其解决方法也很明显，避免让它们共享总线即可。比如ALU的输入和输出分成两组数据线分别连接，而不是输出到同一个总线上；地址总线和数据总线分开，数据总线上单独放置16位加法器用于计算新的PC。

最后总结一下整个设计中需要实现的部分：一个8位的ALU用于实现需要的12种运算操作；一个寄存器组，包括B、C、D、E、H、L共6个8位寄存器；一个独立的累加器A；一个独立的标志寄存器F；一个16位的PC寄存器；一个16位的加法器，专门用来计算新的PC；最后还有一块指令内存。

3.3.3 设计数据路径

设计的流程大致就是，把所有需要的部件放在设计图上，考虑它们之间的连接应该如何进行。给定一条指令，观察这个设计能否处理这条指令，如果不行就回去修改设计。在设计的时候，通常需要增加一些原本CPU架构中不存在的寄存器。原本CPU架构中就存在的寄存器被称为架构寄存器（如所有上面提到的寄存器），而架构中不存在的寄存器就被称为非架构寄存器。

这里也采用这样的流程，首先把所有的部件都画出来，如图3.6所示。随后就是把它们连接起来了。我们可以逐条考虑上面提到的数据流向，其每个部分都有输入口和输出口，比如寄存器通常有写入口和读取口；ALU有2个数据输入、1个数据输出、个符号输入、1个符号输出；内存则是有地址输入、数据输入和数据输出。注意以上只考虑了数据信号，没有考虑控制信号，我们之后再考虑控制信号。

- 指令中的立即数可以从指令内存进入ALU或者寄存器：为了区分指令内存中的操作码（opcode）和立即数（immediate），需要分配两个新的非架构寄存器，一个用来存储操作码，另一个用来存储立即数。随后便可以把立即数寄存器连接到ALU的输入和寄存器的输入。
- 寄存器中的数据可以进入另外一个寄存器：考虑上面输入到寄存器的情况和这个不可能同时发生，可以用一个2:1数据选择器（mux）来选择要写入寄存器的数据。
- 累加器的数据可以进入通用寄存器：同样，因为不可能同时发生，把上面的寄存器输入改成4:1数据选择器，累加器的数据输出成为选项之一即可。
- 累加器的数据可以进入ALU：观察指令，ALU必然是累加器和另外一个数据（立即数或寄存器）操作，为此累加器数据直接进入ALU的一个输入。
- 寄存器中的数据可以进入ALU：根据上面的观察，立即数和寄存器不能同时进入ALU，所以立即数和寄存器经过一个2:1选择器进入ALU的输入。
- ALU的结果只能进入A累加器：直接将ALU的结果接上累加器的写入口。
- 标志寄存器进入ALU的标志输入：直接连接。

- ALU的标志输出进入标志寄存器：直接连接。
- PC中保存的地址可以进入地址总线：将PC的输出连接到指令内存的地址输入。
- PC中的地址可以每周期+1，或者加上指令中的有符号立即数：将PC的输出连接到地址加法器（蓝色）的一个输入，另外一个输入放上一个2:1 MUX，从立即数寄存器和1（常数）之间选择。

完成上述连接后的CPU大致如图3.7所示。是不是觉得CPU已经初步成型了呢？是的，其实结构图到这里就已经只剩下一个部分了：控制单元。

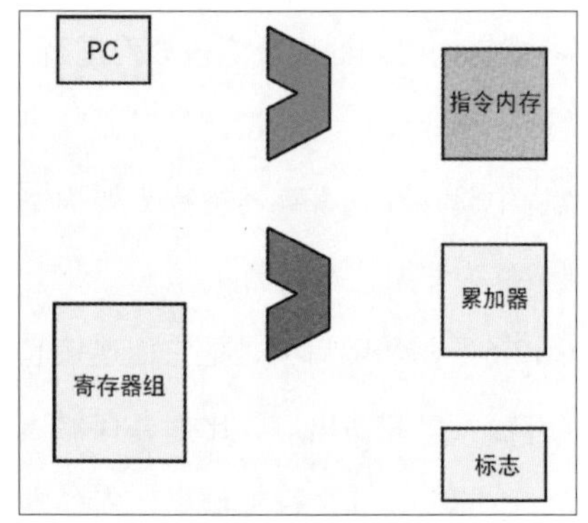

图3.6 CPU部件

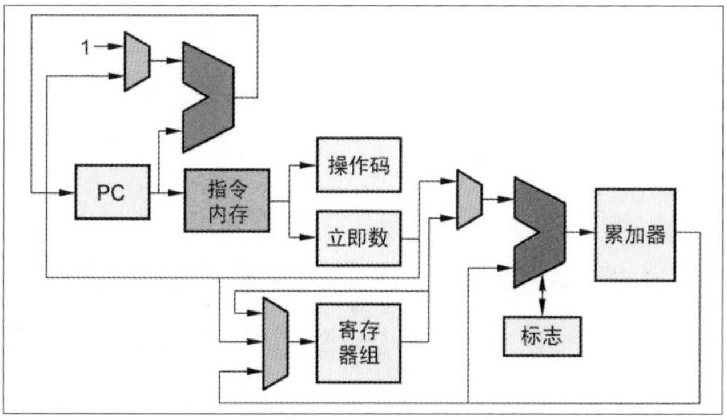

图3.7 完成连接后的CPU

3.3.4 设计控制单元

上面的CPU结构看起来已经能处理所有的指令了，然而到目前为止，这些东西的工作和指令其实还没有什么关系。比如，二进制的操作码按照上面的路径进入了操作码寄存器之后，就没有下一步了。其实也没有东西来控制它们怎么工作，比如上面出现了大量的选择器，每个时钟应该如何选择呢？我们知道寄存器组并不是所有指令都需要写入的，怎么选择这个时钟要不要写入呢？这些都是控制单元的任务。

在我了解计算机架构之前，我觉得CPU很神奇，它能够自己思考，能控制其他所有硬件的运行。后来了解了一些计算机架构的知识，我才发现CPU里控制单元的神奇之处在于其他东西都是“被动”的，只有控制单元是主动在控制它们工作。然而，直到我自己实现了一个CPU，我才知道，控制单元比其他的东西更加低科技。控制单元最简单的时候可能只是一堆导线，更常见的情况也只是一个状态机加上一堆组合逻辑罢了。当然，现代CPU为了提高性能，控制单元通常十分复杂，但是复杂的控制单元并不是执行程序的必要部分。

我们还是来讲讲这里的控制单元需要做什么工作。其实工作上面已经讲过了，就是从操作码寄存器得到输入，给数据选择器提供选择信号，给寄存器提供写入使能信号。我们来讲几个例子，看看合理的输出应该是什么样的。

第一个例子，ADD A, 30。这个例子是个加法指令，操作数是A和30（立即数），目标是A。来看看整个框图中各部分需要怎么工作。首先PC写入使能是需要的，因为需要执行下一个指令。而PC加法器的来源应该选择常量“1”，因为不是在跳转。寄存器组不需要写入，这个指令没有寄存器组什么事。主ALU，第一个操作数的选择器选择立即数，而另一个永远是累加器，也动不了。标志位也需要写入使能，因为这是个算术指令，需要更新标志位（这是指令集规定的，可以参考上一节的指令表，里面写了哪些指令需要更新标志，哪些不需要）。最后，累加器需要更新，需要提供写入使能。

第二个例子，LD B, C。这个例子是寄存器复制指令，源寄存器是C，目标寄存器是B。PC部分和之前的指令一样。寄存器组这次需要写入，寄存器读取源选择为C，写入目标选择为B，启用写入使能。ALU这次完全用不到，输入选择可以随意，确保ALU的工作不会影响其他寄存器即可（禁用标志寄存器和累加器的写入使能）。

总结下来，其实就是根据指令需要的数据路径，让控制器打开这条通路即可。而这些信号只需要有指令码就能产生。

不过在上面的例子中，我故意漏了操作码和立即数这两个寄存器没讲。因为这两个寄存器确实不能只依靠操作码来决定操作。这两个寄存器保存的都是来自指令内存的内容，而控制单元需要决定的是什么时候保存到操作码寄存器，什么时候保存到立即数寄存器。内存一个周期最多只能进行一次访问，也就是说如果有两个数字，必然需要两个时钟周期才能填满两个寄存器。而上面讲的那些操作，其实也是以操作码和立即数都已经在这两个寄存器里为前提进行的，如果数字根本不在寄存器里，那当然无法进行操作。也就是说，实际的指令执行需要在填满两个寄存器之后才能进行。

经过上述讨论我们可以知道，一条指令要执行，至少需要分成3部分：取操作码、取立即数、执行。其实这也是前面我人为要求所有单字节指令必须加一个00的原因，这样所有指令都是两字节，对于没有立即数的指令立即数就会是0。当然，之后在真正设计完整的SM83 CPU时不能这么做，毕竟那个规范我们不能改。分成3个部分后，我们可以设计一个状态机，分为3个状态，分别对应上面3个部分。在取操作码状态下，只进行指令内存到操作码寄存器的读取；在取立即数状态下，只进行指令内存到立即数寄存器的读取；而在执行状态下，则是按照前面讲的，根据指令码打开对应的数据通路。

3.3.5 总结

出于篇幅的考虑，本节内容就到这里为止了。这次我们已经设计好了整体结构，下一步就是具体实现这个CPU。下一节就讲解如何用Verilog语言来描述这个设计。

在讲解下一节内容之前，我还有几道练习题留给大家：

（1）尝试根据上面的指令实现要求，自己重新设计一遍这里讨论的数据路径。

（2）如果要让这个CPU支持INC/ DEC（自增/自减)指令，需要怎么做？（不需要改变结构。）

（3）如果要让这个CPU支持基本的内存读取指令（LD A, [HL]），需要怎么做？（需要改变结构。）

（4）我们这里假设CPU所有的指令都是2字节长，3周期完成执行，然而在原始SM83中并不是这样。最短的指令只有1字节，最长的是3字节，而执行时间则是从1周期到6周期。这样的情况下我们需要什么样的结构呢？（最终会需要设计这样的CPU。）

3.4 实现CPU数据路径

上节我们已经进行了简易CPU模型设计，按照设想，这个CPU应该可以处理要求中需要实现的指令。虽然这个简易CPU所支持的指令只是最终目标SM83需要实现的一部分，但是作为学习的第一步，直接实现SM83还是过于复杂，先从简单的模型开始更为合理。本节的内容是按照上一节的设计，用Verilog把整个CPU模型实现出来。

3.4.1 设计

我们先来回顾一下CPU的设计。上一节，我们先设计了数据路径（见图3.8），随后介绍了控制单元如何设计，最终的结论是我们需要设计一个有3个状态的状态机,且3个状态分别为取指令、取立即数和执行。

3.4.2 实现数据路径

实现步骤还是一样，先考虑数据路径再考虑控制器。控制器的主要作用是控制数据路径的信号，在实现数据路径前显然还没有这些信号，因此凭空设计或实现控制器就会比较困难。

有了设计好的原理框图，实现数据路径无非是用Verilog语言把其中的每部分分别表示出来罢了。现在我们来考虑一下哪些需要写成Verilog模块：绿色和黄色的寄存器可以只用reg变量来表示；浅蓝色的多路复用器可以用一条三目运算assign语句来实现；深蓝色的ALU永远只是执行加法操作，功能较为简单，没有必要写成单独的模块；紫色的ALU和橙色的指令内存则可以写成单独的模块。我们就从指令内存开始实现吧！

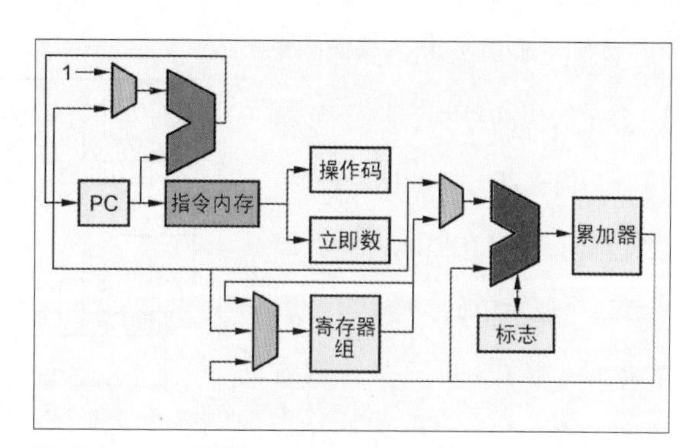

图3.8 CPU数据路径

3.4.3 实现指令内存

之前在讨论Verilog语言的时候，我们并没有提及内存这个问题。Verilog中的内存有两种类型，一种是wire，另一种是reg。有人会说，reg可以保存数据，所以要用Verilog来表示内存，用大量的reg就行了吧？确实可以。比如GAME BOY拥有8KB的主内存，内存宽度为8位（1字节为8位），那么整个内存无非就是8192个8位的reg。不过，在开始声明大量的reg来当内存之前，请考虑一个问题，将这么多reg放到FPGA上，会发生什么？

FPGA作为可编程逻辑器件，可以在器件内实现不同的逻辑电路。然而FPGA并不是魔法芯片，不可能通过简单编程直接改变芯片的内部构造。FPGA内部有大量的可配置逻辑单元，每个逻辑单元的行为在一定程度上可以进行调整，用来模拟不同的门电路效果。reg类型变量，在时序电路中通常会被综合成D触发器。之前说过，D触发器也可以用数个简单的门电路来实现，不过在FPGA中，FPGA并不会用数个逻辑单元来模拟数个逻辑门，也不会用这些逻辑门来实现D触发器。通常每个逻辑单元都带有1位的D触发器。那么，1个1位的reg就需要1个逻辑单元，1个8位的reg则需要8个逻辑单元，那GAME BOY的8KB内存，一共需要65536位的reg，也就是说需要65536个逻辑单元。是不是听起来觉得好像不太对？本书用于演示的两款FPGA开发板配备的FPGA大约有50000个逻辑单元，这根本就放不下。

在FPGA设计当中，用上内存是很常见的需求。作为FPGA的设计者，需要解决这个问题，该用什么方法呢？有两个思路。第一个思路是加大每个逻辑单元集成的D触发器数量；第二个思路是在FPGA里面加入独立的内存块，供逻辑单元使用。主流的FPGA厂商都选择第二个思路，比如本书使用的两款FPGA——XC5VLX50T和10M50DA就分别集成了1.7Mbit和1.6Mbit的内存块，用来放64Kbit的内存完全不成问题。第一种思路，在一个逻辑单元内放下更多的触发器效率并不高，但我们可以把第一种和第二种思路结合一下，在逻辑单元之间插入一些小内存块（通常为数十比特），Xilinx称之为分布式内存，而Intel称之为MLAB。XC5VLX50T拥有500kbit的分布式内存，10M50DA上则没有配备MLAB。（Xilinx自Spartan-3以来的全系列FPGA都配备了分布式内存，而Intel只有在Arria和Stratix这两个旗舰系列上配备了MLAB。）

图3.9所示为Spartan-3E中一个逻辑块的结构。每个逻辑块分为内存部分（SLICEM）和逻辑部分（SLICEL），每个部分有2个逻辑单元，合计4个逻辑单元。由图3.9可见，左侧内存部分的2个单元中各自有一个16位的分布式内存块。

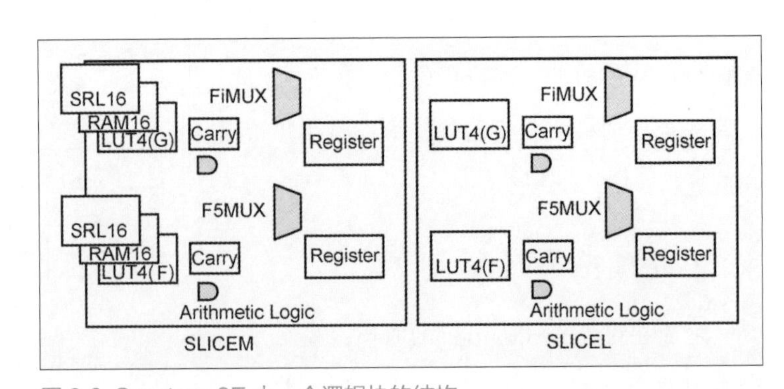

图3.9 Spartan-3E中一个逻辑块的结构

在知道了可以用内存块之后，接下来的问题就是要不要用、怎么用。要不要用主要是基于容量的考虑，XC5VLX50T一个内存块的容量是18kbit或36kbit，而10M50DA一个内存块的容量是9kbit。一个内存块通常可以拆分成两个单口RAM使用，如果需要使用的内存容量远小于一个内存块的容量，那可能还不如不用，不然绝大多数的内存块空间是未被使用的。如果设备具有分布式内存或者MLAB，就可以直接使用它们。当然"浪费"是相对的，一个内存块只用一部分当然是浪费，但是用大量逻辑单元去实现用一个内存块就能实现的功能也是一种浪费。

如果决定要用，有两种可行的办法。一种是直接实例化FPGA提供的内存块实例模板，或者利用FPGA工具提供的IP生成向导生成内存IP，告诉工具你希望使用内存块。另一种方法还是按照reg写，但让FPGA的工具来决定要不要用内置的内存块来实现。通常第二种方法的可移植性更好，但是也有场合会希望直接使用第一种。这一节我们只介绍第二种方法，关于IP核的使用，在之后讨论时钟的时候会进行介绍。一个用reg声明内存的例子如下。

```
module ram(
    input wire clk,
    input wire wen,
    input wire [7:0] addr,
    input wire [7:0] wdata,
    output reg [7:0] rdata
);
    reg [7:0] mem [0:255];
    always @(posedge clk) begin
        if (wen) mem[addr] <= wdata;
    end
    always @(posedge clk) begin
        rdata <= mem_0[addr];
    end
endmodule
```

上述代码中定义了名为mem的reg数组，每个元素的宽度为8位，一共有256个元素。代码中一共有两个always块，一个负责读取，另一个负责写入。负责读取的always块会在每周期从当前地址对应的内存位置复制内容到rdata输出寄存器中；负责写入的always块会在每周期检查wen是否为高，如果是，就把当前wdata中的数据写入内存中。

这样的设计说明了，如果地址是在上升沿更新，那么需要等到下一个上升沿才会输出新的数据，写入也是一样。这和一般的异步内存不符：一般的异步内存（如SRAM、NOR Flash）是在地址有效一定时间后（设备延迟，通常为15~80ns），在数据总线上输出数据。也就是说，如果CPU

在一个上升沿输出了地址，在两个上升沿间隔大于延迟的情况下，下一个上升沿就可以得到输出数据。而对于同步的内存块来说，则需要等到第三个时钟才可以输出数据（第一个时钟CPU输出地址，第二个时钟内存输出数据，第三个时钟CPU收到数据）。

如果希望避免时钟延迟，我们可以考虑使当块内存以2倍的频率工作，或者使用反向时钟（下降沿输出数据）。当然，这些都会使允许的延迟上限减半。比如系统时钟是100MHz，也就是一个周期为10ns，如果CPU在上升沿输出地址，内存也在上升沿输出数据，那么CPU和内存各自分别有10ns的时间来准备地址和数据；如果CPU在上升沿输出地址，内存在下降沿输出数据，那么CPU和内存各自将只有5ns的准备时间。不过，本书涉及的内容频率都非常低，用不着考虑这些问题。

可能你会问，那为什么不写成和一般异步内存一样的异步读出呢？这是因为FPGA内部的内存块都是同步而非异步的，如果需要异步，就只能使用逻辑单元实现而不能使用内存块。

一般需要在FPGA内部使用内存时，大家可以使用上面的这个模板，并在模板的基础上进行修改。如果合适，FPGA工具会自动利用FPGA内部的内存块。

3.4.4 实现寄存器组

寄存器组和指令内存很像，也是reg数组，但是寄存器组通常会有多个读写口，既可以同时从多个不同的地址读出，也可以同时向多个不同的地址写入。但这里的寄存器组只有一个读取口和一个写入口，注意这两个口的地址是独立的。

```
module regfile(
  input wire clk,
  input wire wen,
  input wire [2:0] wraddr,
  input wire [2:0] rdaddr,
  input wire [7:0] wdata,
  output reg [7:0] rdata
);
  reg [7:0] mem [0:7];
  always @(posedge clk) begin
    if (wen) mem[wraddr] <= wdata;
  end
  assign rdata = mem[rdaddr];
endmodule
```

地址独立就可以称为双口，内存虽然也可以进行读写，但只能称为单口。

3.4.5 实现算术逻辑单元

上节的要求中，算术逻辑单元需要实现以下指令：加法、带进位加法、减法、带进位减法、与运算、异或运算、或运算、比较运算（即不保留结果的异或或者减法运算）、带符号左旋转、左旋转、带符号右旋转和右旋转。

在之前的内容中已经提过，在Verilog中实现各种运算非常简单，只需要写出表达式，剩下的让综合器处理即可。比如要令c等于a+b的结果：

```
assign c = a + b;
```

所以实现算术逻辑单元的一种思路就是，执行所有可能的运算，选择需要的输出。不过也没有必要在意那么仔细，用Verilog写一个case语句描述需要做的事情即可。

首先还是先来考虑算术逻辑单元应有的接口，肯定有输入数、输出数，以及需要的操作。考虑到还有进位相关的操作，再加上标志输入和输出（进位信息是保存在标志位中的），大致就这些了。知道有哪些输入/输出后，还需要知道这些输入/输出的细节：输入数和输出数都是8位的整数；标志位是SM83手册里面定义的，一共有4个，其中有一个就是进位符号。但是需要的操作怎么表示呢？答案是自己定义。这里选取一个简单的方式，直接列举。

```
localparam OP_ADD = 4'b0000;
localparam OP_ADC = 4'b0001;
localparam OP_SUB = 4'b0010;
localparam OP_SBC = 4'b0011;
localparam OP_AND = 4'b0100;
localparam OP_XOR = 4'b0101;
localparam OP_OR = 4'b0110;
localparam OP_CP = 4'b0111;
localparam OP_RLC = 4'b1000;
localparam OP_RRC = 4'b1001;
localparam OP_RL = 4'b1010;
localparam OP_RR = 4'b1011;
```

如上所示，一共12种操作，使用4位数进行表示，顺便用Verilog定义局部常量的方式定义了出来，方便之后在代码中使用。现在我们要写出ALU已经不困难了（注：符号位只考虑了是否为0和是否进位，并没有实现半进位和减法位）。

```
module alu(
  input [7:0] alu_b,
  input [7:0] alu_a,
  output reg [7:0] alu_result,
```

```
  input [3:0] alu_flags_in,
  output reg [3:0] alu_flags_out,
  input [3:0] alu_op
);
  localparam F_Z = 2'd3;
  localparam F_C = 2'd0;
  // 额外的一位用来保存进位
  reg [8:0] result;
  // 进位输入，当需要考虑进位时等于输入进位，否则为0
  reg carry;
  assign bit_index = alu_bit_index;
  always@(*) begin
   alu_flags_out = 4'b0;
   carry = 1'b0;
   case (alu_op)
    OP_ADD, OP_ADC: begin
     carry = (alu_op == OP_ADC) ? alu_flags_in[F_C] : 1'b0;
     result = alu_a + alu_b + carry;
     alu_result = result[7:0]
     alu_flags_out[F_C] = result[8];
     alu_flags_out[F_Z] = (alu_result == 8'd0) ? 1'b1 : 1'b0;
    end
    OP_SUB, OP_SBC, OP_CP: begin
     carry = (alu_op == OP_SBC) ? alu_flags_in[F_C] : 1'b0;
     // 将操作数补到9位后进行二位补码计算
     result = {1'b0, alu_a} + ~({1'b0, alu_b} + {8'b0, carry}) + 9'b1;
     alu_flags_out[F_C] = result[8];
     // 如果为比较运算，不保留结果
     alu_result = (alu_op == OP_CP) ? (alu_b[7:0]) : {result_high[3:0], result_low[3:0]};
     alu_flags_out[F_Z] = ({result_high[3:0], result_low[3:0]} == 8'd0) ? 1'b1 : 1'b0;
    end
    OP_AND: begin
     alu_result = alu_a & alu_b;
     alu_flags_out[F_Z] = (alu_result == 8'd0) ? 1'b1 : 1'b0;
    end
    OP_OR: begin
     alu_result = alu_a | alu_b;
     alu_flags_out[F_Z] = (alu_result == 8'd0) ? 1'b1 : 1'b0;
    end
```

```
    OP_XOR: begin
      alu_result = alu_a ^ alu_b;
      alu_flags_out[F_Z] = (alu_result == 8'd0) ? 1'b1 : 1'b0;
    end
    OP_RLC: begin
      alu_result[0] = alu_a[7];
      alu_result[7:1] = alu_a[6:0];
      alu_flags_out[F_C] = alu_a[7];
      alu_flags_out[F_Z] = (alu_result == 8'd0) ? 1'b1 : 1'b0;
    end
    OP_RL: begin
      alu_result[0] = alu_flags_in[F_C];
      alu_result[7:1] = alu_a[6:0];
      alu_flags_out[F_C] = alu_a[7];
      alu_flags_out[F_Z] = (alu_result == 8'd0) ? 1'b1 : 1'b0;
    end
    OP_RRC: begin
      alu_result[7] = alu_a[0];
      alu_result[6:0] = alu_a[7:1];
      alu_flags_out[F_C] = alu_a[0];
      alu_flags_out[F_Z] = (alu_result == 8'd0) ? 1'b1 : 1'b0;
    end
    OP_RR: begin
      alu_result[7] = alu_flags_in[F_C];
      alu_result[6:0] = alu_a[7:1];
      alu_flags_out[F_C] = alu_a[0];
      alu_flags_out[F_Z] = (alu_result == 8'd0) ? 1'b1 : 1'b0;
    end
    default: begin
      alu_result = alu_b;
      alu_flags_out = alu_flags_in;
    end
  endcase
 end
endmodule
```

思路大致就是分情况进行不同的计算。注意这是一个组合逻辑case，也就是生成的电路最终会是一个数据选择器，并没有存储能力，也就是说永远需要输出新的数据（相比之下，时序逻辑允许保留旧的数据）。为此，在写case的时候，一定要给所有输出变量设定好默认情况，通常做法就是在开头先赋上默认值。有必要的话，编写default情况，写上当输入没有匹配时的默认输出。如果不这样做，FPGA工具在综合的时候就必须要生成锁存器（Latch）来实现需要的效果，通常出现锁存器并不是预期的效果。

3.4.6 实现主数据路径

主数据路径的实现无非是按照结构框图把需要的东西连接起来，并确定具体有哪些信号需要控制单元来控制。我们首先从左上角开始（见图3.10）。

这里有一个刚刚已经实现的部件——指令内存，还有一些没有实现的部件。我们可以先从定义每条线开始，这样之后只需要把线连起来。简单列举：这里浅蓝色选择器到深蓝色加法器直接有一条线，位宽应该为8位，不如称为pc_adder_addend；深蓝色加法器的结果也是8位，可以简单地称为pc_adder_result；而PC寄存器的读出可以简单地称为current_pc（不直接称为pc是为了避免和寄存器本身重名）；指令内存的读出则可以称为instruction。图3.10中出现的一条从外部输入的线现在先忽略，因为这条线必然是从一个地方输出到多个地方，而不是从多个地方输入到一个地方（除非使用三态门，但是FPGA内部走线是没有三态门的），为此从输出端命名比较合理。用Verilog写出定义如下：

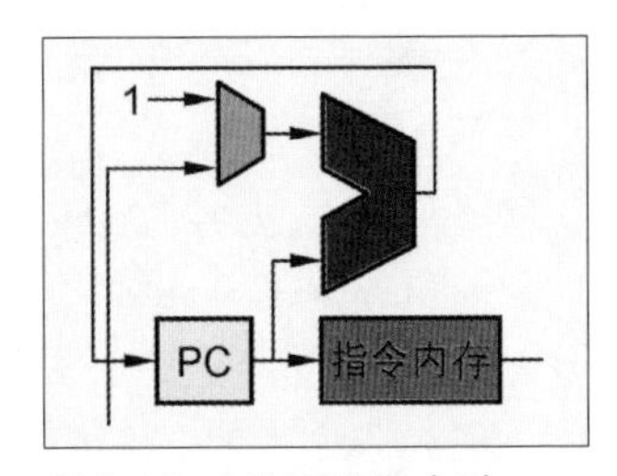

图3.10 主数据路径（1）

```
wire [7:0] pc_adder_addend;
wire [7:0] pc_adder_result;
wire [7:0] cuurent_pc;
wire [7:0] instruction;
```

随后，我们就可开始进行线路的连接。首先是PC寄存器，这个之前没有单独介绍如何设计，不过它的设计很简单。

```
reg [7:0] pc;
assign current_pc = pc;
always@(posedge clk)
    pc <= pc_adder_result;
```

它有3个部分：一个定义、一个输出，还有一个输入。而且输出其实是不必要的，pc这个名字本身也可以用于输出，这里只是定义了一个别名。接下来，我们来实例化之前定义的指令内存。

```
ram instruction_memory(
  .clk(clk),
  .wen(0),
```

```
    .addr(current_pc),
    .wdata(0),
    .rdata(instruction)
);
```

因为这里用不上写入功能，wen和wdata部分就都写了0，剩下的也就是简单的连线了，时钟接上主时钟，地址接上pc读出，然后数据接上指令码。说到这里，还记得之前提到的同步内存带来的一个时钟延迟的问题吗？考虑一下这里的情况，执行第三阶段的上升沿，新的PC写入了PC寄存器，而下一个上升沿，CPU就需要读取新的指令。然而在第三阶段写入PC，也就是说指令内存需要等到下一个时钟才能输出新的指令，而CPU在下个指令已经需要新的指令了，所以是不行的。这里有两个解决方法，一是让ram工作在反相的时钟下，另外一个是把ram的地址输入直接接上pc的输入，这样第三阶段的上升沿，ram会和pc寄存器一起锁存新的地址。这里我们选取第二种做法，把第三行修改为：

```
.addr(pc_adder_result),
```

注意，所有涉及同步内存的设计都需要事先考虑好如何应对时钟延迟的问题。

接着，我们来考虑PC加法器。首先是输入选择器，可以从1和一个外部的输入之间选择，这个外部输入的名字我们现在还不知道，姑且先称为unnamed_1，可以知道的是，它应该是一个8位输入。但我们还缺一个信号，2至1数据选择器需要3个输入：两个输入数和一个选择数。选择数决定了输出是输入1还是输入2，所以，这里也就出现了数据路径需要的第一个控制输入：pc加法器加数选择，我们不妨称之为pc_adder_addend_select，这是一个1位的整数。接着定义这个新的数字，随后就能写出数据选择器和加法器的定义了。

```
wire pc_adder_addend_select;
assign pc_adder_addend = (pc_adder_addend_select) ? (unknown_1) : (8'd1);
assign pc_adder_result = current_pc + pc_adder_addend;
```

注意，由于数据选择器和加法器都是组合逻辑部件，所以都使用了assign语句。我们继续考虑数据路径中剩下的部分（见图3.11）。

这里出现了更多还没定义的信号，但也定义了一个之前没定义的信号（unknown_1），我们现在知道了unknown_1是立即数读出，不妨直接称之为immediate。注意，操作码这里没有画任何输出线，这是因为操作码是输出到控制单元的，这里可以把它称为opcode。ALU数据选择器的第二个输入这里还没定义，可以先称之为unknown_2，输出称为alu_a；而ALU的第二个输入，现

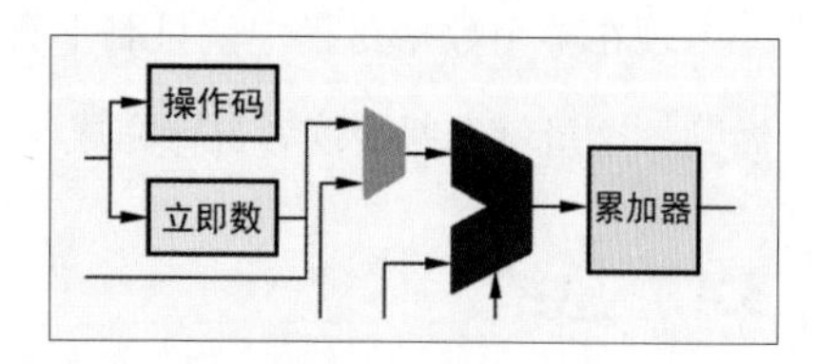

图3.11 主数据路径（2）

在也还不知道名称，就先称之为unknown_3；alu的符号输入/输出现在同样还未定义，可称之为unknown_4和unknown_5；alu的输出可称为alu_result，累加器的输出也可直接称为acc。两个黄色寄存器需要新的控制信号来控制是否需要写入，将其分别称为opcode_we和immediate_we。累加器一样需要写入使能，我称之为acc_we。和之前一样，将数据选择器的输入称为alu_a_select。最后alu的操作选择需要由控制器产生，我们称之为alu_op。这部分用Verilog描述出来就是：

```
reg [7:0] opcode;
reg [7:0] immediate;
wire opcode_we;
wire immediate_we;
always@(posedge clk) begin
  if (opcode_we) opcode <= instruction;
  if (immediate_we) immediate <= instruction;
end
wire [7:0] alu_a;
wire [7:0] alu_result;
wire [3:0] alu_op;
assign alu_a = (alu_a_select) ? (immediate) : (unknown_2);
alu alu(
  .alu_a(alu_a),
  .alu_b(unknown_3),
  .alu_result(alu_result),
  .alu_flags_in(unknown_4),
  .alu_flags_out(unknown_5),
  .alu_op(alu_op)
);
reg [7:0] acc;
wire acc_we;
always@(posedge clk) begin
  if (acc_we) acc <= alu_result;
end
```

注意：记得将之前的unknown_1重新命名为immediate。

现在整个数据路径中就只剩下寄存器组和标志寄存器没有定义了，按照之前的步骤应该不难做到，这里就先留给读者自行完成，下节我会给出完成的代码。

3.4.7 总结

本节的主要内容是用Verilog实现上节设计的数据路径，顺带介绍了一些和FPGA内存相关的知识点。下节我们将开始介绍如何用Verilog实现控制单元，并编写一个简单的程序来测试这个简易CPU。在这之前，有兴趣的朋友，可以先试试完成本节末尾给出的数据路径的最后一部分，也可考虑控制单元应该如何设计，或查阅自己的FPGA数据手册了解FPGA除了逻辑单元外，还提供哪些资源（如本节提到的内存块）。

3.5 实现CPU控制单元

上节演示了如何实现简易CPU的部分数据路径，本节将继续讲解如何实现这个简易CPU的控制单元。你可能已经注意到，上节我们并没有太在意具体的指令：数据路径的行为确实需要根据当前执行的指令发生变化，但是数据路径本身并不需要知道当前执行的指令具体是什么，数据单元只需要根据控制信号来调整就可以了。控制单元才真正负责解码指令，产生控制信号。

在开始之前，首先给出上节作业的答案（剩下没有完成的数据路径）。

```
reg [7:0] acc;
wire acc_we;
always@(posedge clk) begin
  if (acc_we) acc <= alu_result;
end
wire regfile_we; // From CU
wire [2:0] regfile_wraddr; // From CU
wire [2:0] regfile_rdaddr; // From CU
wire [7:0] regfile_wdata;
wire [7:0] regfile_rdata;
wire [1:0] regfile_wrsel; // From CU
regfile regfile(
  .clk(clk),
  .we(regfile_we),
  .wraddr(regfile_wraddr),
  .rdaddr(regfile_rdaddr),
  .wdata(regfile_wdata),
  .rdata(regfile_rdata)
);
assign regfile_wdata =
  (regfile_wrsel == 2'b00) ? (regfile_rdata) :
  (regfile_wrsel == 2'b01) ? (immediate) :
  (regfile_wrsel == 2'b10) ? (acc) : (8'hxx);
```

之前留下的unknown信号中，unknown 2是regfile_rdata，unknown 3是acc，unknown 4是flags_in，unknown 5是flags_out。

3.5.1 控制单元

控制单元负责管理整个CPU的执行。在开始写之前，同样也需要分析清楚控制单元具体的结构会是什么样的。在前面的介绍中，有这么一个结论：执行一条指令，可分成3个阶段——取操作码、取立即数、执行。我们这里也按照这个思路来实现：把控制单元设计成一个状态机，3个阶段就是状态机的3个状态，将这3个状态分别称为IF1、IF2和EX。这种一个指令分为多个阶段，同时只能执行一条指令的CPU通常被称为多周期CPU。还有一个指令不分阶段，同时只能执行一条指令的单周期CPU；以及把指令分为多个阶段，但是通过复用不同阶段的电路从而能同时执行多条指令的流水线CPU。

3.5.2 控制单元模块定义

之前的数据路径内部使用了很多信号（wire）将不同的部件连接在一起。另外也有相当一部分信号需要由控制单元产生，或者提供给控制单元。在设计控制单元之前，我们最好先把这些信号列个表格，而这个列表其实就是控制单元的模块定义，控制单元的任务就是处理这些信号。

简单收集一下之前出现过的控制信号，写成模块定义的形式，我们就会得到如下控制单元模块定义：

```
module control(
 input wire clk,
 input wire rst,
 input wire [7:0] opcode,
 input wire [7:0] immediate,
 input wire f_c,
 input wire f_z,
 output reg pc_we,
 output reg pc_adder_addend_select,
 output reg opcode_we,
 output reg immediate_we,
 output reg flags_we,
 output reg [3:0] alu_op,
 output reg alu_a_select,
 output reg acc_we,
 output reg regfile_we,
```

```
    output reg [2:0] regfile_rdaddr,
    output reg [2:0] regfile_wraddr,
    output reg [1:0] regfile_wrsel
);
```

注意：因为控制单元需要根据操作码、立即数和符号位进行决策，所以这里它们成了进入控制单元的输入信号。接下来的任务就是根据执行阶段来产生这些信号。

3.5.3 状态机框架

状态机大家应该已经写过好几次了。这里采用的状态机采取把状态转换写在一个时序always块中，把信号输出写在一个组合always块中的做法，框架如下。

```
reg [1:0] state;
localparam STATE_IF1 = 2'd0;
localparam STATE_IF2 = 2'd1;
localparam STATE_EX = 2'd2;
localparam STATE_INVALID = 2'd3;
always@(posedge clk, posedge rst) begin
  if (rst)
    state <= STATE_IF1;
  else
    if (state != STATE_EX)
      state <= state + 2'd1;
    else
      state <= STATE_IF1;
end
always@(*) begin
  case (state)
  STATE_IF1: begin
  end
  STATE_IF2: begin
  end
  STATE_EX: begin
  end
  endcase
end
```

因为这是一个组合always块，所以建议在always语句块的开始就为所有的输出值设置默认值。一是防止生成不必要的锁存器，二是之后的代码中如果不需要修改默认状态就不需要重写，方便代码的编写。

```
pc_we = 1' b0;
pc_adder_addend_select = 1' bx;
opcode_we = 1' b0;
immediate_we = 1' b0;
flags_we = 1' b0;
alu_op = 4' bx;
alu_a_select = 1' bx;
acc_we = 1' b0;
regfile_we = 1' b0;
regfile_rdaddr = 3' bx;
regfile_wraddr = 3' bx;
regfile_wrsel = 2' bx;
```

3.5.4 取操作码阶段/取立即数阶段

取操作码阶段，CPU的主要工作是把指令内存输出的内容保存到操作码寄存器中。因为下一个阶段需要内存下一个地址的数据，所以PC需要进行自加以让内存地址指向下一个地址。还没有到执行阶段，所以ALU的结果还是无效的，不应该写入任何地方。注意，写入这个操作发生在目标地，而不是发生在源地。所以如果需要禁用ALU的写入，ALU只是数据源，并不能直接在ALU上动手，而是应该禁用所有ALU连接到的部件的写入使能。

取指令阶段控制单元的行为代码如下。

```
pc_we = 1' b1;
pc_adder_addend_select = 1' b0;
opcode_we = 1' b1;
```

取立即数阶段也是类似的，PC继续自加，这次自加之后，PC应该指向下一条指令的开始处。设置立即数寄存器的写入使能，清除操作码的写入使能。其他部分的内容和现在都还无关，一样也只需要几个语句，代码如下。

```
pc_we = 1' b1;
pc_adder_addend_select = 1' b0;
immediate_we = 1' 'b1;
```

这样前两个阶段的代码就完成了。

3.5.5 执行阶段

接下来就是执行阶段，也是遵循一样的套路。现在操作码和立即数都已经在寄存器当中了，只要根据操作码产生对应的操作就行了。这里就逐个指令来解决。

首先要解决的是LD r8, r8和LD r8, d8这两个指令。前者是寄存器到寄存器复制，后者是立即数到寄存器复制。参考之前的操作码表（见本书第73页图3.4和图3.5），可以看到LD r8, r8的指令范围是0x40~0x7F，除了一个例外：0x76是HALT而不是LD [HL], [HL]。也就是说，如果操作码前两位是01且不等于7F，我们就可以知道这是LD r8, r8指令。随后操作码的第5到3位表示目标寄存器编码，第2到0位表示源寄存器。编码按顺序分别指向B、C、D、E、H、L、[HL]和A。其中[HL]表示HL寄存器所指向的数据，这个简易CPU中没有支持任何数据的内存操作，所以自然也不会支持[HL]相关的东西。于是我们就可以得出如下代码。

```
if (opcode[7:6] == 2'b01) begin
  // A as destination is not supported
  if (opcode[2:0] == 3'b111)
    // A as source
    regfile_wrsel = 2'b10;
  else
    // Regfile as source
    regfile_wrsel = 2'b00;
  regfile_wraddr = opcode[5:3];
  regfile_rdaddr = opcode[2:0];
  regfile_we = 1'b1;
end
```

LD r8, d8也可以用类似的方法来实现，所有LD r8, d8指令的前2位都是00，后3位都是110，这样就能把这些指令区分出来了。中间的3位和之前一样，表示目标寄存器。

```
else if ((opcode[7:6] == 2'b00) && (opcode[2:0] = 3'b110)) begin
  regfile_wrsel = 2'b01; // immediate as source
  regfile_wraddr = opcode[5:3];
  regfile_we = 1'b1;
end
```

接下来是算数操作指令。首先考虑ADD、ADC、SUB、SBC、AND、XOR、OR、CP这8个操作。观察指令编码，可以发现它们和之前的LD很接近：寄存器操作占据了64个操作码，编码格式前2位为固定，后3位为源寄存器，只是中间3位从目标寄存器变成了算术操作编码。立即数操作只占据了8个操作码，前2位和后3位都为固定，中间3位一样表示算术操作编码。还是按照一样的思路编写代码：根据指令产生对应的控制信号。别忘了算术指令是需要更新标志位的。

```
else if (opcode[7:6] == 2'b10) begin
```

```
    alu_op = {1'b0, opcode[5:3]};
    alu_a_select = 1'b0; // select regfile
    acc_we = 1'b1;
    regfile_rdaddr = opcode[2:0];
    flags_we = 1'b1;
  end
    else if ((opcode[7:6] == 2'b11) && (opcode[2:0] == 3'b110)) begin
    alu_op = {1'b0, opcode[5:3]};
    alu_a_select = 1'b1; // select immediate
    acc_we = 1'b1;
    flags_we = 1'b1;
  end
```

随后是移位指令。具体是RLC、RL、RRC、RR这4个。在原始的SM83处理器中，这4个都是CB前缀指令，也就是操作码有2字节，第一个字节是固定的0xCB，第二个字节才是真正的操作码。然而这里限制了第一字节是操作码，第二字节是立即数，怎么办呢？其实没关系，因为操作码和立即数都传入了控制单元，控制单元完全可以按照立即数（第二字节）进行决策。

```
  else if ((opcode == 8'hCB) && (immediate[7:5] == 3'b000)) begin
    alu_op = {2'b10, immediate[4:3]};
    alu_a_select = 1'b0;
    acc_we = 1'b1;
    regfile_rdaddr = immediate[2:0];
    flags_we = 1'b1;
  end
```

需要表示第二字节的时候用immediate就可以了。当然到了完整的CPU中，这不一定是最好的解决办法。

现在就剩下两类指令了，一类是跳转（JP），另一类是停止执行（HALT）。NOP不需要进行额外的处理，当前所有的未定义指令都等同于NOP。

先来考虑JR，JR其实无非是控制PC的操作（条件执行在if中直接完成了）。

```
  else if ((opcode == 8'h18) || // JR
    ((opcode == 8'h20) && !f_z) || // JR NZ
    ((opcode == 8'h30) && !f_c) || // JR NC
    ((opcode == 8'h28) && f_z) || // JR Z
    ((opcode == 8'h38) && f_c)) begin
    pc_adder_addend_select = 1'b1;
    pc_we = 1'b1;
  end
```

最后就剩下一个HALT。需要注意的是，因为HALT的操作码和LD重合了，所以要把HALT的情况放在最前面处理。在这里，HALT的含义就是停止执行，具体而言，可以是输出一个done信号，然后在仿真中，如果发现这个信号为高就停止仿真。实际硬件中为方便起见，可以用死循环来代替停止执行。在控制单元的定义中添加done输出信号，然后在这个if串的最前面加入如下判断。

```
if (opcode == 8' h76) begin
    done = 1;
end
```

至此，整个控制单元就设计完成了。最后别忘了在CPU中实例化控制单元。

3.5.6 测试程序

现在整个CPU都写好了，怎么确认这个CPU写得对不对呢？这里有两种可行的思路：一种是通过仿真来测试CPU，看工作状态是否符合预期；另一种是通过形式化验证来验证CPU的行为是否会一直符合预期。这两种思路前者更为直观，毕竟就是让它运行起来观察运行状态和结果；后者更容易发现潜在Bug，因为测试绝大多数情况下不能覆盖所有可能的情况，而形式化验证则可以保证CPU在任何情况下都和定义的行为一致——前提是有准确的定义。（注：这里讲的都是RTL功能性仿真或者验证，即只讨论逻辑正确，而不讨论是否可以正确用物理硬件实现。）这次就先使用仿真来测试这个CPU。

要测试CPU，还需要有测试程序。让CPU运行这段程序，观察运行结果是否正确。这里就来手写一段简单的程序：计算斐波那契序列任意项。规定第一项和第二项均为1，之后每一项均为前两项的和。

作为参考，首先用C语言来实现这个程序。

```
int fib(int n) {
    int first = 1;
    int second = 1;
    int third;
    do {
        third = first + second;
        first = second;
        second = third;
        n--;
    } while (n != 0);
    return first;
}
```

熟悉C语言的朋友可能会觉得这个写法有些奇怪，这是为了让C语言程序尽可能和这个简易CPU的汇编语言程序接近。接下来，我们把这个程序翻译成汇编语言程序。

```
FIB:
    ; first in B
    ; second in C
    ; third in A
    ; n in E
    NOP
    LD B, 1
    LD C, 1
    LD E, 5
    ; start of loop
LOOP:
    AND A, 0 ; A = 0
    ADD A, B ; A = A + B
    ADD A, C ; A = A + C
    LD B, C  ; B = C
    LD C, A  ; C = A
    AND A, 0 ; A = 0
    OR A, E  ; A = E
    SUB A, 1 ; A = A - 1
    LD E, A  ; E = A
    JR NZ, LOOP ; if A != 0 goto loop
    ; finished, result in B
    HALT
```

注意一开始A = B + C的部分，因为一次只能指定一个操作数，所以必须要分为3次进行，首先清除A，随后分别加上B和C。n = n - 1的部分，因为这个CPU没有实现DEC（自减）指令，运算必须在累加器（A）中进行，又没有LD A, r8的支持（从通用寄存器复制到累加器，虽然有这个指令，但是没有支持），所以首先用AND A, E和OR A, E两条指令来实现了LD A, E的功能，随后用SUB A, 1指令来进行减一，最后用LD E, A保存结果回存放n的E寄存器。

然而这样还是不够，CPU能执行的是二进制，而不是汇编语言程序。所以程序还需要把汇编语言程序翻译成二进制代码。当然更方便的方式是使用一个汇编器进行翻译工作，但是考虑这里的这个CPU只是本节使用一次作为示范，我就没有单独费力开发汇编语言程序器了，而是选择直接人工把汇编语言程序翻译成二进制代码。

大部分情况下只是简单地查表，参考之前的指令表（见2019年2月刊），不难得到这些指令的二进制编码。具体的方法在2019年2月刊中已经介绍过了，这里直接给出翻译完成的程序以供参考。

```
0x00, 0x00, ; NOP
0x06, 0x01, ; LD B, 1
0x0e, 0x01, ; LD C, 1
0x1e, 0x05, ; LD E, 5
0xe6, 0x00, ; AND A, 0
0x80, 0x00, ; ADD A, B
0x81, 0x00, ; ADD A, C
0x41, 0x00, ; LD B, C
0x4f, 0x00, ; LD C, A
0xe6, 0x00, ; AND A, 0
0xb3, 0x00, ; OR A, E
0xd6, 0x01, ; SUB A, 1
0x5f, 0x00, ; LD E, A
0x20, 0xed, ; JR NZ, LOOP
0x76, 0x00  ; HALT
```

最后把这个编码保存成FPGA仿真工具能读取的mif格式：每行1个符合内存位宽的十六进制数（比如8位内存就是每行1个2位的十六进制数），行数需要等于内存深度（比如内存是256字节，就需要256行）。这里就选择内存位宽为8，深度为32（所以是32字节）。mif文件每行1个十六进制数，最后用00补齐到32行。比如前4行应该如下。

```
06
01
0e
01
```

之后把文件保存成rom.mif，备用。

3.5.7 仿真

终于到了仿真步骤了。这里使用ISE进行演示，Quartus的操作方法可以参考先前内容。首先还是和常规一样建立一个工程，目标设备不重要，这里还是选择Virtex5来演示。把以前介绍过的CPU的完整代码全部导入工程中（见图3.12）。

把先前准备好的rom.mif一并复制到工程文件夹内，但是不需要加入工程。找到之前存指令内存的地方，把内存数组的深度改为32（和mif中的深度相同），随后加入如下代码。

```
initial begin
    $readmemh("rom.mif", mem, 0, 31);
end
```

按照之前介绍过的方法建立基本的testbench：在ISE中用向导给cpu模块建立一个testbench（见图3.13）。

在testbench文件中，加入代码为cpu提供时钟和复位，并在检测到done信号变高时结束仿真。完整的testbench应该如下。

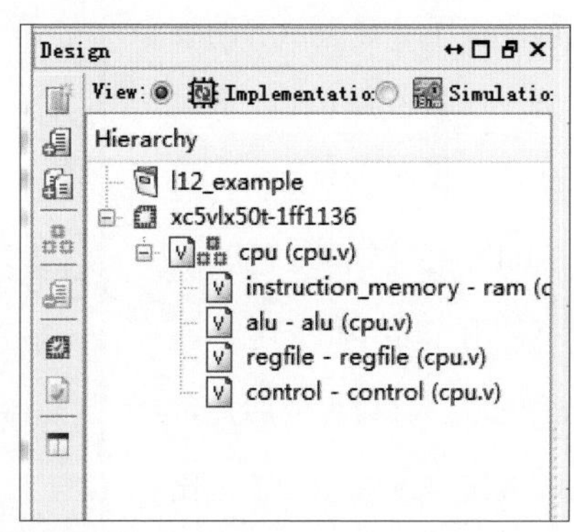

图3.12 建立工程

```
module cpu_testbench;
  // Inputs
  reg clk;
  reg rst;
  // Outputs
  wire done;
  // Instantiate the Unit Under Test (UUT)
  cpu uut (
   .clk(clk),
   .rst(rst),
   .done(done)
  );
  always begin
   #5 clk = !clk;
  end
  initial begin
   //Initialize Inputs
   clk = 0;
   rst = 1;
   // Wait 100 ns
   #100;
   rst = 0;
   wait(done == 1);
   $finish();
  end
endmodule
```

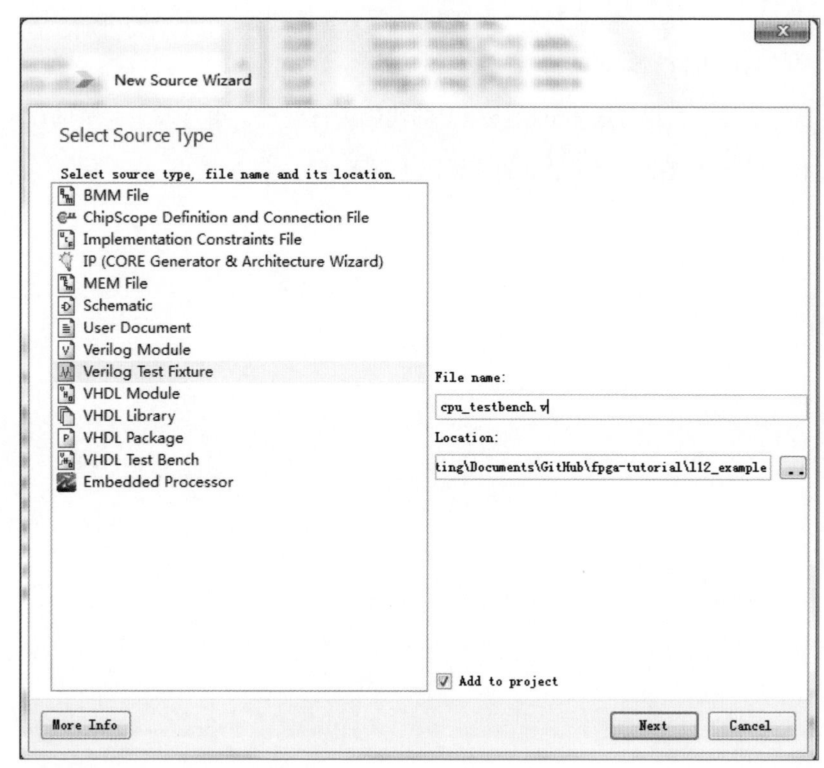

图3.13 建立testbench

在仿真窗口中输入run 1us，程序应该在计算完成结果后自动停下，此时可以查看B寄存器中的数值观察是否与预期一致。如这里计算出的结果是0x08，就是斐波那契序列的第6项。可以修改程序中开头LDE的数值，如修改成6，就可以计算出序列的第7项，为0x0d（见图3.14）。

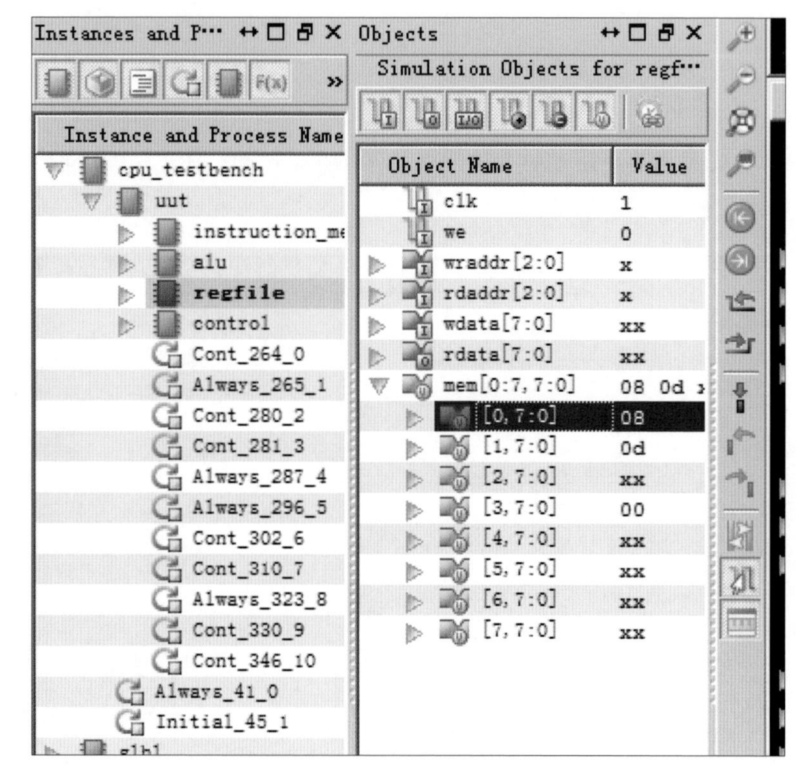

图 3.14 观察 B 寄存器中的数值是否与预期一致

本节的内容到此就结束了。有兴趣的朋友可以继续修改这个CPU，比如把它连接到LED上在FPGA上运行，或者去掉第二周期占位立即数的要求等。另外，我将这几节设计CPU的代码进行整理，组合成了完整的CPU代码，需要的朋友可到本书目录页扫描云存储平台的二维码进行下载。

3.6 SM83设计细节

在之前的章节中，我们已经对SM83处理器的架构以及对应的设计有了一定的了解。这里再补充介绍一些关于SM83处理器的设计细节。这些设计细节并不会像之前介绍过的ISA（架构）一样对程序指令的定义有影响，只是会影响到最终设计需要的资源和最终实现的速度。就像同一件事总有许多不同的做法，这里同样一种ISA也可以有多种不同的实现。本节所要给大家讲的，就是SHARP原先是怎么做这件事的。由于我并没有原有处理器的实现代码，这里只能按照对处理器可以观测到的行为进行推测。

3.6.1 SM83微架构设计

前面介绍了那么多常见的微架构设计，那么SM83属于哪一种呢？ SM83大致属于多周期CPU，但是又不同于一般的多周期CPU。在之前出现过的SM83指令表中，每个指令下方都注明了这条指令需要执行的时间，以时钟周期为单位。比如说一般的ADD、SUB算术指令需要4个周期，而如果需要操作立即数则需要增加4个周期。SM83中所有的时钟周期数都可以被4整除，这其实并不算是什么常见设计。以下则是对该设计的进一步解读。

首先，通过对CPU外部信号的观察，我们不难注意到，CPU对于外部内存读写的速度被限制在了1MHz。更准确的说法是，在4个周期的周期组中，CPU会在第一周期建立地址，并在第三周期读取数据。由于每条指令至少需要读取一次内存（取指令），每条指令需要4周期也是合理的。同理，每增加一次内存操作就需要额外的4个周期。比如需要8位立即数的指令需要额外的4个周期，而需要16位立即数的指令则需要额外的8个周期，需要写入内存的指令也需要额外的4个周期。

然而内存操作不是唯一需要额外周期的理由。比如INC BC这类的16位整数操作也需要8个周期才能完成。这也说明了SM83另一个设计特点：每4个周期只能执行一次8位运算。然而这并不完全准确。在所有指令中，存在一个不那么明显的例外：POP指令。POP指令的用途是从内存的栈中取出两个字节（16位）的数据。其做法为：读取SP所指向的内存，计算SP+1，再次读取SP所指向的内存，计算SP+1，则完成。这个指令只需要12周期就能完成执行。然而这个指令进行了两次16位运算，如果之前每4周期进行一次8位运算的假设是正确的，那么这条指令必然需要至少16周期才能完成，而实际上只需要12个周期。这是为什么呢？因为CPU中除了主ALU之外，还有别的东西需要计算加法，那就是PC。我们前面讲过，PC是程序计数器，永远指向当前需要执行的指令地址。每从内存对应位置读取一个字节，PC就需要自加1。比如读取完了指令操作码，无论下一个周期需要读取下一条指令还是立即数，PC都需要加1来指向内存中的下一个字节。而PC本身是一个16位寄存器。这也就意味着，每4个周期，除了需要进行一次8位整数运算外，还需要进行一次16位整数运算。这样也就解开了之前的谜团，对于PUSH和POP指令，PC不需要自加，为此这个16位计算单元可以用来计算SP。达到这种效果有两种方法：一种是再加入一个额外的单元进行16位计算；另一种方法也是给定这些设计下比较合理的设计，使用现有的8位ALU进行这些额外的计算。4个周期进行一次8位计算，如果ALU是一个8位ALU的话，那么4个周期可以进行4次计算。这样的情况下不妨用另外的几个空闲周期来进行PC和SP的计算。

下一个关于SM83微架构设计的细节，前面介绍多周期处理器的时候也提到了，双周期处理器可以分为取指和执行两部分。这么做的原因很简单，CPU必然需要有操作码才能执行，而读取内存是一件很慢的事情，所以不妨分开来做。SM83当中也是如此，我们知道了SM83需要4周期才能读取一次内存。然而这里又有一个之前没有讨论的问题，如果说SM83要等到第三周期才能从内存得到数据，也就是说最快第三周期才能得到指令，那么指令只有1 ~ 2周期可执行吗？如果指令需要操作SP（需要额外的两个周期进行16位计算）呢？听起来并不太可行。所以在SM83中，使用了类似流水线的设计（或者也可以理解为预取）。具体就是在每条指令的最后4个周期读取下一条指令。这样在下一条指令开始时，指令就已经准备好了。这样的设计可以让大部分指令不需要额外等待4个周期来取指，但是在分支跳转或是中断事件发生时，由于无法预知下一条指令的位置，则会出现额外4周期的延迟。

知道了这些基本内容后，大家就可以根据已知的指令执行时钟数来推测处理器内部每个时钟具体的行为了。遗憾的是这些具体的细节并没有被公开，如果真的想要做到完全的周期精确实现，还需要进行更多对实机的测试。

3.6.2 设计建议

各位在自己设计SM83兼容处理器的时候，通常也需要把一些奇怪的执行计时考虑在内。下面是我提出的一些设计建议，大家可以参考。

首先，建议把每个指令在每个机器周期（每4个时钟周期）的行为确定下来。这部分并没有太多的参考资料，只能根据已知的微架构设计和每个指令需要的时长去猜测，好在大部分并不困难。

这部分同样包括中断处理流程、中断响应准备期间每个周期CPU所要完成的事情。

具体的实现方面，考虑到架构的特殊性，我们可以考虑把整体控制的状态机分为两个：一个状态机用于控制每个机器周期内4个时钟周期具体的行为（比如建立地址、读取数据、让ALU计算PC低位、PC高位等）；另一个状态机用来控制每个机器周期要做的事情（比如第一个机器周期读取立即数，第二个周期进行计算等）。

在设计时，记得多写汇编测试，尤其要对指令执行情况进行测试。测试可以配合之前介绍过的Verilator完成，还可以设计成自动CI测试，具体的测试方法就不多介绍，但是大家一定要善用仿真和测试，这能够大幅提高调试的效率。

3.6.3 总结

本节讲了一些SM83处理器中比较特殊的设计。我自己也阅读过很多开源的GAME BOY CPU的实现，其中大部分开发者在设计的时候并没有考虑到这些细节上的事情，当然这也和相关资料的缺失有关，每个人只能根据自己所了解到的信息去尽力设计兼容的处理器。这里和大家分享一些我对于SM83内部设计的观察和思考，希望能够给大家带来一些启发。

第4章　外围

4.1 视频信号

前几章一直在介绍CPU的相关知识，我们从最基础的CPU架构开始逐渐实现了一个简易CPU，并且这个CPU可以执行一些简单程序。虽然还没有实现完整的GB CPU，但本节我们先把CPU相关的东西放一放，来谈一谈视频输出。

虽然现今主流的彩色显示技术只有LCD和OLED两种，但是不同的接口非常多。常见的显示器接口包括VGA、DVI、HDMI和DP，而常见的显示屏接口则有DBI（包括8/16位并行总线、SPI、I^2C）、DPI（也被称为RGB或者TTL）、DSI、FlatLink（也被称为LVDS）和eDP等。这么多接口类型，主要用途都是一致的——传输像素数据。如何产生这样的图像信号并将其传输出去，是本节所要涉及的。

4.1.1 像素数据

无论如何传输，像素数据都是相同的，所以我们先从像素数据说起。关于像素数据，有几个重要参数：分辨率、色深和扫描方式。

分辨率也就是画面的像素数量，对于显示器而言这就是显示器的分辨率大小，比如：1920像素 × 1080像素。通常，传输的分辨率会大于实际需要显示的分辨率，这个问题在之后讨论发送方式的时候会再提到。

色深复杂一些，需要分为RGB和YUV两种情况来讨论。对于RGB，每个像素都有自己对应的颜色值，以红（R）、绿（G）、蓝（B）三个分量的亮度值来表示。每个分量可以有不同的位深度，比如常见的8位，也就是说每个分量可以有256级不同的亮度，合计每个像素24位，一共可以有1600万种不同的颜色。许多中低端显示器内部采用了每通道6位的色深来表示色彩，一共只能显示2.6万种色彩。色深在表示的时候通常采用合计的位深度。常见的位深度有16位（RGB565）、18位、24位、30位和36位。

虽然目前所有的显示技术都是基于RGB色彩的，但YUV仍然广泛应用于图像和视频编码，HDMI也支持直接传输YUV视频而不必将其转换成RGB视频。RGB把一个像素的颜色分为红、绿、蓝3个分量，YUV把它分为明度和两种色度3个分量，图4.1所示为YUV中的UV色域。这样有一个重要的好处：人眼对于明度变化更为敏感，而对色度变化就不那么敏感，所以一张图像中就可以存储相对更少的色度信息来压缩空间。YUV常见的采样格式有YUV444、YUV422和YUV420。第一个数字4表示采样块的宽度，按照传统固定为4。第二个数字表示第一行采样的色度数，第三个数字表示第二行采样的色度数。后两个数字加起来就是一个4像素 ×2像素采样块中采样的色度数，比如422就是采样4个色度，420则是采样2个色度。注意这些都只是像素数，和深度无关。明度和色度可以为每通道8位/10位/12位。在同样为每通道8位的情况下，YUV420能比RGB节约一半的带宽。

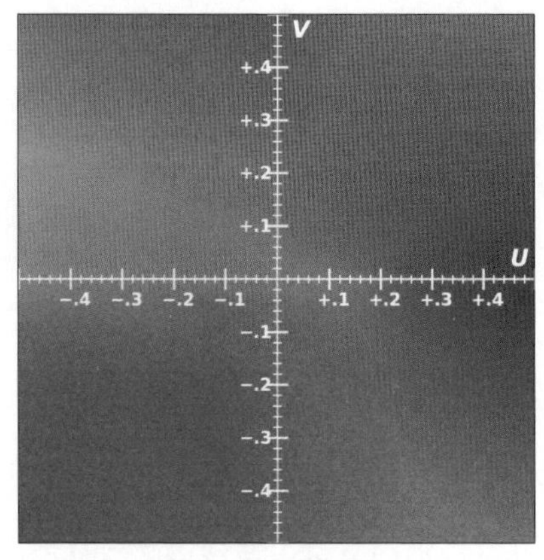

图4.1 YUV中的UV色域

扫描方式分为逐行扫描和隔行扫描两种。逐行扫描曾经是CRT电视机上主流的扫描方式，原因是带宽有限，但又需要足够高的刷新率以避免严重的闪烁。逐行扫描下，一行分为两场输出，一场只输出奇数行，一场只输出偶数行。目前，PC、手机、平板电脑等数码产品均采用逐行扫描方式，而电视广播（包括高清电视广播）仍在使用隔行扫描。

本节中我们就只考虑RGB色域和逐行扫描的情况。

4.1.2 视频扫描

现在知道了分辨率、色深和扫描方式，也就知道了一场输出会有多少像素，每个像素需要如何表示。下一个需要解决的问题是这些像素应该如何发送给显示设备。有趣的是，这么多种显示接口，除了DP和DBI，剩余的都采用了非常接近的行场同步+像素数据的方式来传输。然而这个方式最初却是给CRT设计的。

CRT的基本原理很简单（见图4.2）：CRT的电子枪射出电子，电子击中屏幕上的荧光粉，荧光粉发亮。通过调节电压就能调整击中的电子数量，进而调节亮度。使用磁场使电子束发生偏转，就可以让屏幕的不同地方发光。让电子束在屏幕上快速移动，同时调节电子束的强度，就可以显示出各种画面。

接下来，我们讲讲驱动这样一个显像管，外部需要提供哪些信号。首先最直观的，我们需要一个信号来指定当前电子束的亮度。如果是RGB彩色显像管，则需要RGB这3个分量的3个单独亮度信号。电子束从左到右扫描，一行结束就移动到下一行继续扫描；所有行扫描完成后，电子束需要移动到左上角开始下一场扫描。返回到一行的开始和返回到一场的开始分别被称为水平回扫（horizontal retrace）和垂直回扫（vertical retrace）（见图4.2）。CRT本身并没有分辨率的概念，它也不知道当前显示了多少像素或者多少行，所以我们需要一个视频信号来告诉它是不是已经到了一行的结尾或者是一场的结尾。这个信号就是行同步和场同步，前者告诉CRT一行的开始，后者告诉CRT一场的开始。RGB这3个分量的亮度信号，加上行同步、场同步，一共是5个信号，这5个信号就是VGA接口的信号了。VGA中行、场同步是数字信号，R、G、B三种颜色信号则是0 ~ 0.7V的模拟信号，如果把它们也换成并行的数字信号，那就是DPI接口了。如果进一步把这些信号序列化用差分对传输，那就是LVDS接口。如果对传输进行TMDS调制，那就是DVI/HDMI接口。如果把行、场同步信号的数值和像素数据的数值封成数据包再传输，那就是DSI接口。除了DP之外，其他接口和VGA都是直接对应的关系，而且它们都遵循同一套扫描时序规范。下面就来讲讲这个规范。

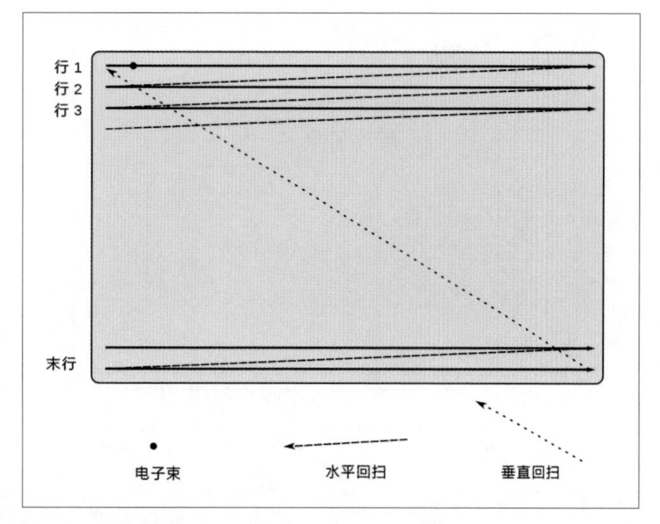

图 4.2 水平回扫和垂直回扫

电子束是从左到右、从上到下扫描，那么最简单的想法就是连续发送像素，发送完一行后，给下一行的行同步继续发送下一行的像素，一场完成后给下一场的场同步发送像素，然后开始下一场的扫描。你可能会问：总共就这么几个信号，是不是只能这么做了？并不完全是。前面提到了扫描到一行和一场的最后会有回扫的过程。这个过程虽然不慢，但也不是瞬间完成的。视频信号就需要给这些操作留出时间，避免在回扫的时候发送有效的像素数据，这段时间被称为消隐。通常同步前和同步后都有一些消隐时间。同步前的消隐时间被称为前肩（Front Porch，FP），同步后的消隐时间被称为后肩（Back Porch，BP），行和场同步有各自的前肩和后肩。加上同步信号本身的有效时间，实际需要传输的图像尺寸为（横向前肩+横向同步+横向后肩+横向有效）×（垂直前肩+垂直同步+垂直后肩+垂直有效）。每个时钟一个像素，再乘以帧率，则为需要的像素时钟。以上的时序如果画为示意图，大致如图4.3所示。

因为同步信号是对齐之后才开始，所以应该是先有后肩，再有前肩（后肩仍然是紧邻同步之后，前肩紧邻同步之前。）

总结一下，发送一行像素的流程如下：水平同步有效，数据线保持无效HS个时钟，水平同步无效，数据线保持无效HBP个时钟，数据线发送HACT个时钟的有效数据，每个时钟一个像素，

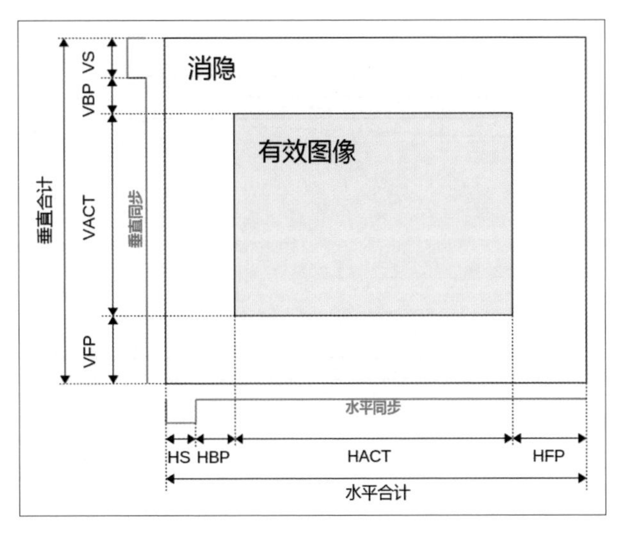

图 4.3 时序示意

数据线保持无效HFP个时钟。发送一场像素的流程如下：垂直同步有效，发送VS行无效数据，垂直同步无效，发送VBP行无效数据，发送VACT行有效数据，发送VFP行无效数据。

仔细看这个流程图，你会发现一个问题：虽然有信号来表明什么时候同步，但是没有信号来表明什么时候消隐。因此发送端和接收端（屏幕）需要事先约定好一个固定的消隐长度，需要一个标准。各种各样的标准有很多，但如果是输出到VGA，那基本就是使用VESA DMT或者CTA标准。表4.1所示是几个常见分辨率的消隐长度。

如果算上消隐时间，传输640像素 ×480像素的有效画面实际上需要传输800像素 ×525像素，而为了传输1920像素 ×1080像素的有效画面，则实际需要传输2200像素 ×1125像素。这也是为什么前面说实际传输的像素数需要比实际显示的要多一些。

其实最简单的方法应该是增加一个单独的信号来表示当前是消隐还是有效像素，这个信号就是DE。虽然VGA中并没有这个信号，但是DPI、DSI、LVDS和HDMI等都会传输这个数据有效信号。在DPI中这个信号是可选的，有了这个信号则消隐长度可以不等同于预定义的值。

表4.1　常见分辨率的消隐长度

水平分辨率（像素）	垂直分辨率（像素）	刷新率（Hz）	像素时钟（MHz）	水平前肩（像素）	水平同步（像素）	水平后肩（像素）	垂直前肩（行）	垂直同步（行）	垂直后肩（行）
640	480	59.94	25.175	16	96	48	10	2	33
1024	768	60	65.000	24	136	160	3	6	29
1280	720	60	74.250	110	40	220	5	5	20
1920	1080	60	148.500	88	44	148	4	5	36

4.1.3 视频信号

对于VGA和DPI信号，一场的信号示意如图4.4所示。

图4.4中的4个信号分别是数据、水平同步、数据有效和垂直同步。在VGA中信号线有3条，每条信号线传输一个分量的模拟值，而DPI中信号线有18 ~ 24条，即3组并行数据线。数据有效信号只有在DPI中有，VGA中并不传输这个信号。水平同步和垂直同步是2个数字信号，分别用来

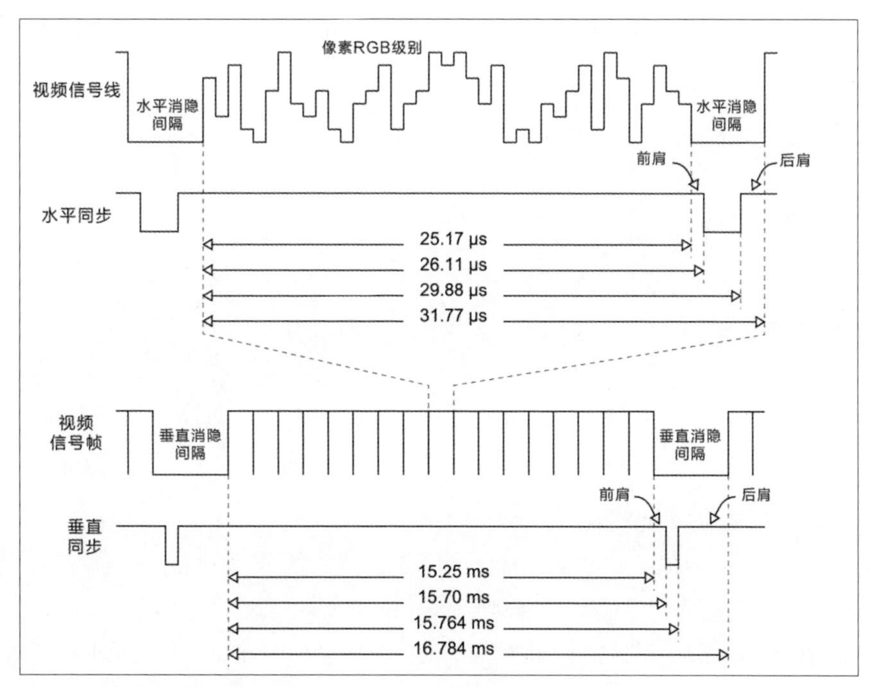

图 4.4 一场的信号示意

表示一行和一场的结束（也可以认为是开始）。

图4.4中的时间是根据之前的时序计算出来的。在用FPGA产生信号的时候，通常也都是按照时钟来计算时间，只要主时钟频率是对的，那么整体的计时就是正确的。通常显示器可以接受稍微有一些偏差的信号，比如标准VGA的时钟频率是25.175MHz，在PLL无法产生完全准确的频率时，可以选择接近的频率，如25MHz也是可行的，但帧率会对应的降低到25000000/800/525=59.52Hz。

4.1.4 用FPGA产生视频信号

用FPGA产生视频信号，无非就是产生3个信号：行同步、场同步和像素数据。我们可以设计一个视频输出模块，一边是视频接口，输出行、场同步和数据；另一边是到信号源的接口。到信号源的接口有两种常见设计：第一种是输出当前的坐标，输入像素数据；第二种是设计成一个FIFO（先入先出缓冲器），信号源在缓冲区没有满的情况下，不断地将要显示的数据存储进缓冲器，而视频输出模块则在合适的时候从缓冲区读取数据。两种接口分别适用于不同的场合，前者的视频输出模块相当于一个总线主设备，能够主动请求数据；后者是一个总线从设备，不能够主动请求数据，只能被动接收数据。前者通常只要增加一个FIFO就可以修改为后者。这里我们只讨论前者的设计。

首先定义一些与计时相关的参数，直接使用上面表格中640像素 ×480像素的参数。

```
//水平
parameter H_FRONT = 16; //前肩
parameter H_SYNC  = 96; //同步
parameter H_BACK  = 48; //后肩
parameter H_ACT   = 640;//有效像素
parameter H_BLANK = H_FRONT+H_SYNC+H_BACK; //总空白
parameter H_TOTAL = H_FRONT+H_SYNC+H_BACK+H_ACT; //总行长
//垂直
parameter V_FRONT = 11; //前肩
parameter V_SYNC  = 2;  //同步
parameter V_BACK  = 31; //后肩
parameter V_ACT   = 480;//有效像素
parameter V_BLANK = V_FRONT+V_SYNC+V_BACK; //总空白
parameter V_TOTAL = V_FRONT+V_SYNC+V_BACK+V_ACT; //总场长
```

随后定义两个计数器，分别进行X坐标和Y坐标方向坐标的计数，并且根据计数值产生相应的同步信号。

```
always @(posedge V_REFCLK or negedge RST_N)
begin
  if(!RST_N)
  begin
    H_Cont <= 0;
    VGA_HS <= 1;
  end
  else
    if(H_Cont<H_TOTAL)
      H_Cont <= H_Cont + 1'b1;
    else
      H_Cont <= 0;
    if(H_Cont==H_FRONT-1)
      VGA_HS <= 1'b0;
    else if(H_Cont==H_FRONT+H_SYNC-1)
      VGA_HS <= 1'b1;
  end
end
always@(posedge VGA_HS or negedge RST_N)
begin
  if(!RST_N)
```

```
  begin
    V_Cont <= 0;
    VGA_VS <= 1;
  end
  else
  begin
    if(V_Cont<V_TOTAL)
      V_Cont <= V_Cont+1'b1;
    else
      V_Cont <= 0;
    if(V_Cont==V_FRONT-1)
      VGA_VS <= 1'b0;
    else if(V_Cont==V_FRONT+V_SYNC-1)
      VGA_VS <= 1'b1;
  end
end
```

其实很简单，只是让X(H)和Y(V)的计数器自加，如果达到最大值就复位回0。而HS和VS则是各自设置了两个比较器，当满足条件时写入特定的值。计数器使用的时钟就是VGA像素时钟，这里为25.175MHz。在VGA中像素时钟并不会输出给显示器，因为CRT并不需要这个时钟，而现代的液晶显示器则需要显示器自己根据同步信号调整PLL的产生。在DPI中是需要传输这个时钟的。注意这里的做法并没有完全参照之前图示里的情况，图示里同步总是在最开始，随后是后肩、有效数据和前肩，这里是前肩、同步、后肩和有效数据。当然无论如何，输出的信号是等效的。

最后实现到信号源的接口。

```
assign IN_X = (H_Cont>=H_BLANK) ? H_Cont-H_BLANK : 11'h0;
assign IN_Y = (V_Cont>=V_BLANK) ? V_Cont-V_BLANK : 11'h0;
assign IN_Address = N_Y*H_ACT+N_X;
assign IN_Enable = ((H_Cont>=H_BLANK && H_Cont<H_TOTAL)&&(V_Cont>=V_BLANK && V_Cont<V_
TOTAL));
```

其中IN X、Y指示的是目前扫描的位置，而IN Address则是VRAM的地址，Enable是数据有效信号。注意，上面根本没有写任何和视频信号相关的代码，因为在这种模式下，输出像素永远是直接等于输入像素的，所以没有必要单独写。这里可以简单地用IN_Address来产生输出信号。

```
assign VGA_R[9:7] = IN_Address[7:5];
assign VGA_R[6:4] = IN_Address[7:5];
assign VGA_R[3:1] = IN_Address[7:5];
assign VGA_G[9:7] = IN_Address[4:2];
```

```
assign VGA_G[6:4] = IN_Address[4:2];
assign VGA_G[3:1] = IN_Address[4:2];
assign VGA_B[9:8] = IN_Address[1:0];
assign VGA_B[7:6] = IN_Address[1:0];
assign VGA_B[5:4] = IN_Address[1:0];
assign VGA_B[3:2] = IN_Address[1:0];
assign VGA_B[1:0] = IN_Address[1:0];
```

准备好需要的时钟，把对应的线连接到板子上的VGA信号引脚，烧写后就应该能看到测试信号的输出了，如图4.5所示。

这样基本的显示输出就完成了。有兴趣的朋友可以尝试使用之前在CPU中已经用过的办法：定义一块内存，初始化内容，随后让显示输出数据从内存读取，而不是现在简单地用一个变化的数据来实现变化的颜色。

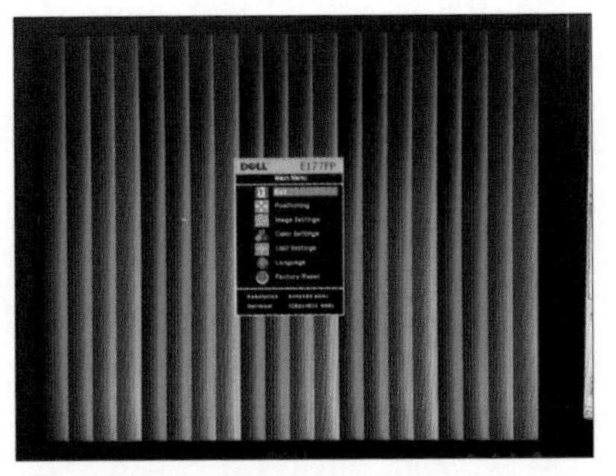

图4.5 测试信号的输出

4.1.5 总结

本节简单解释了一些视频信号中的基本概念，也给出了一些信号参考，最后附上了一个在FPGA中产生视频信号的例子。虽然现在显示技术和各种显示接口早已数字化，但是不难发现这些东西里仍然藏着CRT时代遗留下来的影子，也有着非常相似的特性。不过无论规范如何，作为开发者，我们照做就是了。本节内容到这里就结束了，下节我们将在本节内容的基础上做一些更有趣的东西！

4.2 视频发生器介绍

上一节我们介绍了如何利用FPGA输出视频信号，不过输出的内容只是一些变化的颜色而已。这是因为上一节主要介绍的是图像是如何编码的、图像是如何传输的、如何产生标准的视频信号，但是没有解释如何产生需要传输的图像。本节我们将通过介绍GAME BOY（简称GB）的像素处理单元（Pixel Processing Unit，PPU）来回答这个问题。

4.2.1 图像的来源

虽然一直在说产生图像，但实际上说PPU的工作是产生图像并不准确。PPU只能拼接已有的图像，有些像照片后期软件。要处理照片，首先需要有照片才能处理，PPU也是一样，用户需要提供原始素材，如地图的贴图图块、人物贴图等。随后PPU可以把这些素材按照设置组合在一起形成一张完整的图像。那么原始素材是从哪来的呢？通常是游戏设计人员预先绘制好，存储在游戏当中的。这种做法在游戏中一直被沿用，即使是到了现在，商用GPU依然可以根据设置实时“产生”图像，这些用于产生图像的顶点数据、着色数据就是由游戏设计人员预先设计好、存储在游戏当中的。本节要介绍的也只是PPU如何拼接现有的图像，而不是真的从头产生图像（更何况能从头产生的只有噪声了）。

4.2.2 图层

一个典型的游戏画面需要同时显示许多不同的元素，如地图、花草树木、人物、怪物、云彩、状态文字和图标等。在用Photoshop一类的工具绘制这类画面的时候，最常见的做法是把这些不同的元素分别画在不同的图层上，最后叠加在一起。PPU渲染也是类似的原理：把不同的元素分在不同的图层中，叠加后输出显示，如图4.6所示。

不难看出图4.6（a）可以分为3个图层：背景、状态和人物。我们先一个一个图层分别进行介绍，最后再解释这3个图层是如何叠加的。

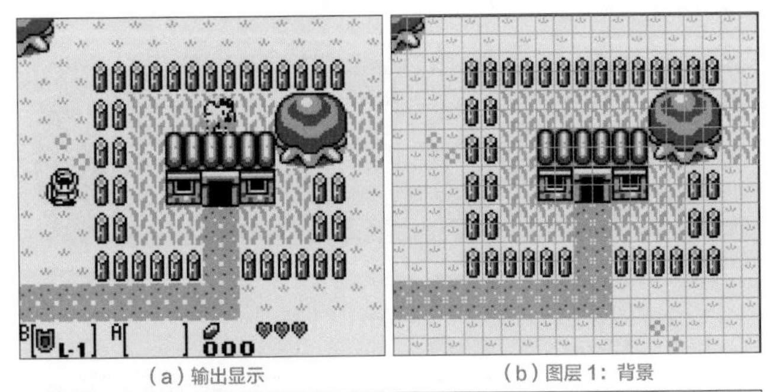

（a）输出显示　　（b）图层1：背景

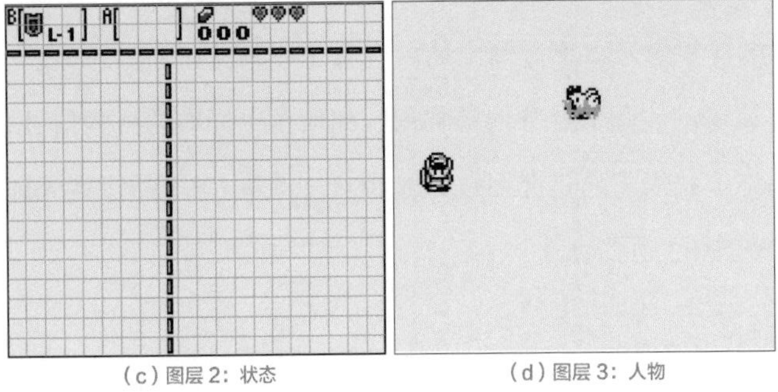

（c）图层2：状态　　（d）图层3：人物

图4.6 PPU渲染

4.2.3 背景

背景图层通常用来显示地图。对于PPU而言，所有的地图都是由8像素×8像素的小地图块拼接而成的。这些小地图块通常被称为砖块或图块（tile），而一张地图中所使用到的所有tile则被称为tileset。一张地图只能使用一块tileset，这就限制了单张地图可以呈现的元素数量。对于PPU而言，tileset的数量限制是每张地图只可以有256种不同的tile。不过考虑到GB全屏其实也不过有(160/8)×(144/8)=360个tile，这个限制还是比较宽松的。通常，2D游戏中需要3个背景图层，一个用来显示基本的地图，一个用来显示地图上的元素，最后一个用来修复重叠元素的重叠部分。而在GB中，PPU最大只能支持一个背景图层，这就给画面所能表现的内容带来了限制。首先，地图背景和地图元素必须合并到一个图层中。比如在通常的3个背景图层的情况下，最下层的图块是地面的材质，比如草地、泥地、地砖等，而树木、箱子、栅栏一类的东西则会放在第2层或第3层，如图4.7所示。

注意图4.7中下方树木的顶部被放在了第3层上，这样前方树木的顶部就可以和后方树木的中部正确叠加。而在GB最大只支持一个图层的情况下，首先是对于放在不同地面上的同一种物品，现在需要准备两个不同的贴图来应对这种情况，或者是直接让物品永远完全遮盖地面；其次是避免出现重叠，或者是让物品的顶部永远完全遮盖背后物体的中部。当然这些只是对于斜上方投影的画面而言的，正视/侧视图直角投影的游戏通常没有这些问题，因为其本身就很少出现这些重叠情况。

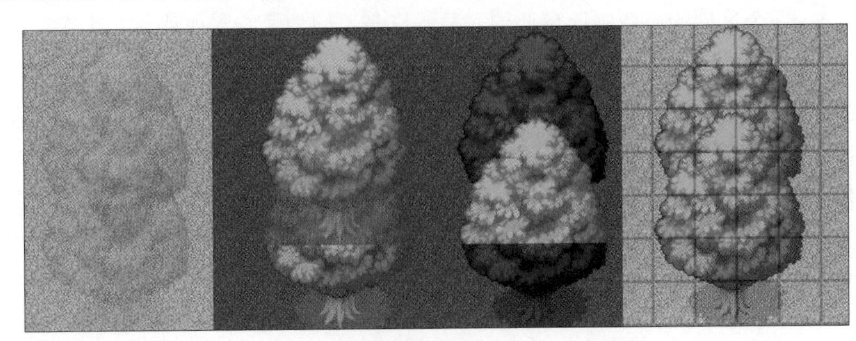

图4.7 3层图层

GB的屏幕分

辨率为160像素 ×144像素，对应tile的尺寸就是20tile×18tile，其能够显示的背景范围最大也就是20tile×18tile。然而游戏地图需要大于屏幕可以显示的尺寸，GB的背景图层在内存中的尺寸达到了256像素 ×256像素（32tile×32 tile），显示区域为从中任意截取的160像素 ×144像素。对于尺寸足够小的游戏，可以一次性在内存中载入完整的地图，随后在内存区域中滚动显示。而对于无法完整载入的游戏，则可以随滚动及时载入内容（见图4.8）。如果滚动超出边界，则可设置为右侧超出边界会滚回左侧，下侧超出边界会滚回上侧，新的内容可以按需要存储在左侧或者上侧。

4.2.4 精灵

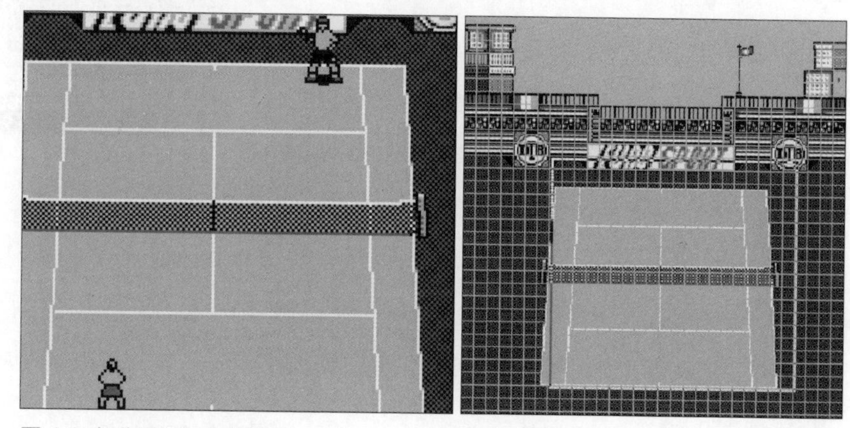

图4.8 部分显示和全部显示

精灵（Sprite）指的是显示人物的图层。Sprite有时也被译为活动块，因为精灵是可以自由在地图上活动（移动）的图块（tile），其取决于使用场景也会被称为Cursor（光标）或者Object（对象）。在GB中，单个精灵的尺寸为8像素 ×8像素（单个tile）或8像素 ×16像素（两个tile）。由于8像素 ×8像素或8像素 ×16像素对于大部分游戏而言都是不够用的，因此，我们会选择并排放置多个tile来实现更大的精灵显示。GB最多支持显示40个精灵，同一行最多同时显示10个精灵。精灵在叠加到背景时，可以根据背景的颜色进行透明处理，启用透明模式的精灵只会叠加到非0的像素上，这样就可以让部分背景显示在精灵之上，达到前景的效果。

4.2.5 窗口

窗口是用于显示状态信息的部分。使用方法和背景类似，同样是使用tile组成画面，只是其大小被限制在了20tile×18tile（屏幕大小），而不是背景的32tile×32tile。窗口没有滚动属性，但是它可以被放置在屏幕的任意位置。正常情况下窗口从设置的起始位置开始向右下方显示，但不能设置显示大小。常见的窗口显示做法有3种：全屏显示、显示在右侧、显示在下方。第一种通常用于显示全屏的游戏UI，如开始界面、背包界面等。后两种则用来显示游戏的状态信息，如关卡数、剩余生命等。直接使用后两种显示做法的话其实并不能实现只在上方显示的效果，因为显示高度不可设置，永远为144行，如果在上方显示则会一直显示到最下方。然而由于GB的屏幕渲染是按行进行而不是按帧进行的，因此可以在渲染到一定行数时关闭窗口功能，这样从下一行开始就不会有窗口了，这也间接实现了对显示高度的控制。

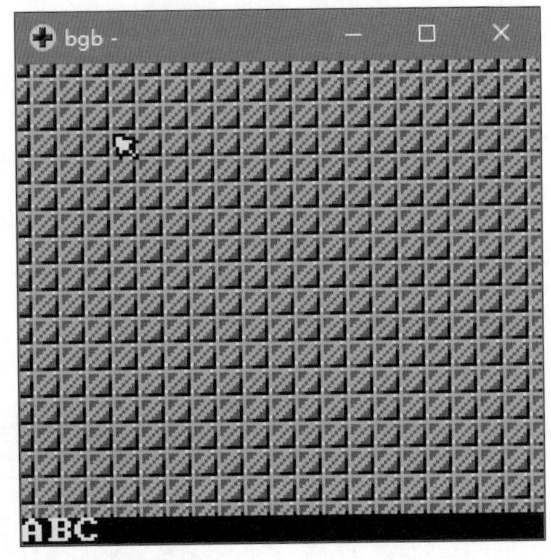

图4.9 场景示例

4.2.6 使用

和之前的CPU一样，想要知道如何设计，首先需要知道如何使用。对于CPU而言，使用就是编写汇编代码并转换成可执行的二进制机器码。而PPU本身并不能执行代码，它只是一些状态机的组合。对于PPU的控制是通过控制状态机的输入实现的，也就是写入PPU相关的寄存器以及显存。

PPU一共有12个寄存器，有些是全局性的，有些则只和某个特定图层有关。作为练习，我们可以尝试用汇编语言来编写一个显示图4.9所示场景的代码，寄存器相关的内容我将会在编写的过程中进行介绍。

这个场景包含了背景、精灵和窗口。背景是重复的砖块图案，精灵是一个鼠标指针，而窗口则是在下方显示一些文字。接下来，我们将逐步完成这个画面显示代码的编写，代码会使用rgbds进行汇编，用bgb进行测试，也可以使用其他工具。

4.2.7 程序模板

由于这是本书中第一次编写使用汇编器汇编的可执行GB程序，所以这里介绍一个最小化的程序模板。为了能够在模拟器中执行程序，这个模板是很有必要的，但实际上这个模板并没有太多内容，只是为程序头预留了一些空间，在可执行部分的最开始跳过头部而已。

```
; IRQs
SECTION "vblank", ROM0[$0040]
    reti
SECTION "lcdc", ROM0[$0048]
    reti
SECTION "timer", ROM0[$0050]
    reti
SECTION "serial", ROM0[$0058]
    reti
```

```
SECTION "keypad", ROM0[$0060]
    reti
SECTION "start", ROM0[$0100]
    nop
    jp begin


; Header
    ds 76
begin:
    halt
; add your code here
```

将它保存成demo.asm，确保rgbds已经安装（取决于操作系统，复制到/usr/bin/或者C:\Windows\），在源文件文件夹下执行以下命令汇编程序并生成二进制代码：

```
rgbasm -o demo.o demo.asm
rgblink -o demo.gb demo.o
rgbfix -jv -p 0x00 demo.gb
```

如果顺利，我们会得到名为demo.gb的ROM镜像。用bgb打开这个镜像，应该可以看见任天堂的Logo，也就是正常GB开机之后的画面。现在，我们可以开始实现自己的功能了。

4.2.8 背景图层显示

前面说了PPU的渲染任务并不是产生图形，而是拼接图形。比如显示地砖，无非就是将大量地砖图案拼接在一起。要让PPU拼接这些地砖，CPU大致需要做两件事，第一是把地砖的图案放进显存，第二是在显存中指定PPU拼接地砖。有了基本图案后，画面渲染完全是由PPU完成的，CPU并不需要处理图形。

首先来看第一步。前面已经提过，每个tile的尺寸是8像素×8像素，这里也让一块地砖的大小为8像素×8像素。8像素×8像素的尺寸，每个像素最大为4级灰度（屏幕只有4级灰度），也就是1像素需要2bit编码，那么整个tile需要占用的内

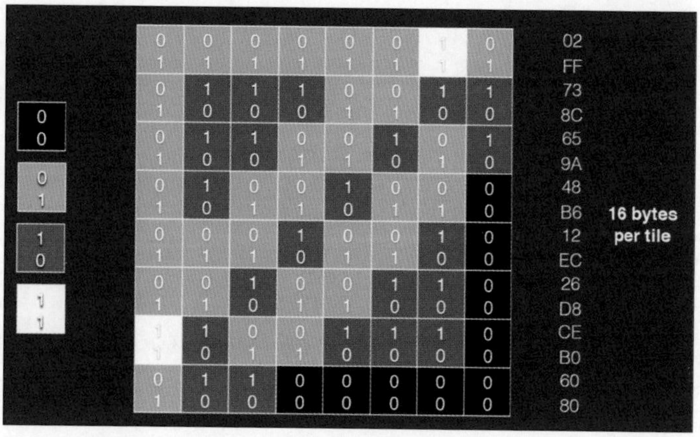

图 4.10 tile 的编码方式

存空间为16字节。和一般的按像素顺序编码不太一样，这里tile的编码方式是每个像素的高位和低位分别编码进两个字节，如图4.10所示。

这样，我们就获得了地砖这个tile的编码，接下来就是把它写入显存中正确的位置。GB的显存容量为8KB。前面提到了tileset允许一张地图最多使用256种tile。一个tile的像素需要16字节，256个tile就是4KB的容量。除去地图（也就是存储某个特定位置应该选用哪个tile的地方）需要的空间，留给tileset的可用空间为6KB，也就是足够存储384种tile，一个tileset可以选择占据前4KB，也可以占据后4KB。有这个选项是因为背景和精灵可以选用不同的tileset地址，也就是说两者可以共享同样的256种tile，或是共享128种tile，再分别独立拥有128种tile，合计384种。这里我们选择使用前一个地址。第0种tile贴图的地址为0x8000，第1种tile贴图的地址是0x8010。这里保持第0种地址为空白，把地砖的贴图存入第一种。以下代码是把定义的16个字节复制到目标地址0x8010。

```
; memcpy, hl - source, de - dest, bc - count
memcpy::
    inc b
    inc c
    jr  .skip
.loop   ld  a,[hl+]
    ld  [de],a
    inc de
.skip   dec c
    jr  nz,.loop
    dec b
    jr  nz,.loop
    ret
tiledata:
    db $02, $ff, $73, $8c, $65, $9a, $48, $b6
    db $12, $ec, $26, $d8, $ce, $b0, $60, $80
begin:
    ld hl, tiledata
    ld de, $8010
    ld bc, $0010
    call memcpy
```

下一步是设置地图。让整个背景都使用这个贴图，其实也就是把整个背景map中的数据都设置为01（使用第一种tile贴图）。代码如下。

```
; memset, hl - dst, bc - count, a - value
memset::
    inc b
    inc c
    jr  .skip
.loop   ld  [hl+],a
.skip   dec c
    jr  nz,.loop
    dec b
    jr  nz,.loop
    ret
begin:
    ld a, $01
    ld hl, $9800
    ld bc, $1000
    call memset
```

然而，如果简单地把上面的代码加在源文件里，很有可能不能使用。因为在原始GB设计中，显存的带宽很有限，PPU本身的工作就需要用完所有的显存带宽。所以，在PPU工作的时候没有空闲带宽让CPU访问，此时所有写入都会被忽略，所有读取都会返回FF。CPU如果需要访问显存，就必须等到PPU空闲时。PPU何时会空闲呢？你还记得前面讲过的行场消隐吗？在消隐期间PPU是不渲染像素的，也就是说，此时PPU是空闲的，CPU可以自由访问VRAM（可以通过寄存器来判断当前是否处于消隐状态，或者直接使用中断通知CPU进入消隐，并在GBC上特别加入HDMA用于自动在消隐期间复制数据）。虽然这些办法都可行，但这里我们将使用一种更简便的方法：直接关闭PPU，等待完成后再开启PPU。这种方法会在一些游戏初始化场景时使用，游戏过程中才使用消隐时间进行画面更新。所以，主程序的代码如下（重复部分已被省略）。

```
begin:
    ; turn off the LCD
    ld a, $00
    ld [$ff00+$40], a
    ; load tile texture
    ld hl, tiledata
    ld de, $8010
    ld bc, $0010
    call memcpy
    ; load tile map
    ld a, $01
```

```
ld hl, $9800
ld bc, $0400
call memset
; set palette and enable lcd
ld a, $1b
ld [$ff00+$47], a
ld a, $91
ld [$ff00+$40], a
halt
```

接着使用和之前相同的步骤汇编生成ROM镜像。在bgb中运行这个镜像，你就能看见画面被砖块填满了，如图4.11所示。

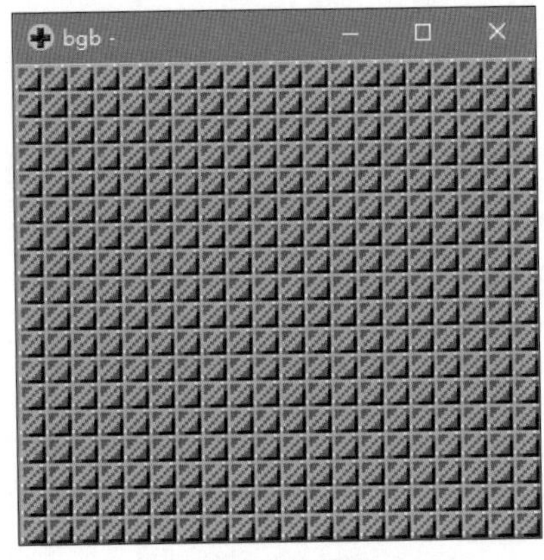

图 4.11 被砖块填满的画面

4.2.9 窗口显示

因为窗口和背景比较相似，这里就先介绍窗口。前面已经说了窗口只有屏幕大小，所以整个地图只有20 × 18=360字节。不过这里并不需要让画面完整显示在全屏上，只需要在底部显示几个字符。使用方法和之前类似，首先是载入需要的tile，随后填充。为方便起见，让每个字符都为8像素 × 8像素大小，这样一个字符正好占用1个tile。大多数游戏也选择了这种方法，以方便编写代码。但是这种方法只适合英文和日文假名，并不适用于汉字。针对汉字，一种方法是使用16像素 × 16像素的字符大小，这样一个汉字就是4个tile。早期的汉化游戏通常选用了这个做法，因为这样便于实现。但是在160像素 × 144像素的屏幕上，16像素 × 16像素的字符大小实在是有些奢侈。另一种方法就是使用12像素 × 12像素的字符大小，2行字符占用3行的8tile × 8tile，tile数据需要由CPU动态生成，在一些近期的汉化作品中可以看见这种做法。因为这里是显示英文，所以可以一次性把所有字母和符号的tile全都载入内存中，不过这里我就不浪费篇幅写全这些数组定义了，只给出了必要的数组定义。

```
; memcpy_mono, hl - source, de - dest, bc - count
memcpy_mono::
    inc b
    inc c
    jr  .skip
.loop   ld  a,[hl+]
    ld  [de],a
    inc de
    ld [de],a
```

```
    inc de
.skip   dec c
    jr  nz,.loop
    dec b
    jr  nz,.loop
    ret
chardata:
    db $30, $78, $cc, $cc, $fc, $cc, $cc, $00
    db $fc, $66, $66, $7c, $66, $66, $fc, $00
    db $3c, $66, $c0, $c0, $c0, $66, $3c, $00
begin:
    ; load charset
    ld hl, chardata
    ld de, $8020
    ld bc, $0018
    call memcpy_mono
    ; set window map
    ld hl, $9c00
    ld a, $02
    ld [hl+], a
    inc a
    ld [hl+], a
    inc a
    ld [hl+], a
    ; set window position
    ld a, $88
    ld [$ff00+$4a], a
    ld a, $07
    ld [$ff00+$4b], a
    ; set palette and enable lcd
    ld a, $1b
    ld [$ff00+$47], a
    ld a, $f1
    ld [$ff00+$40], a
    halt
```

上面出现的几个额外的寄存器设定，是用于开启窗口的。这些寄存器的定义会在稍后给出。代码运行效果如图4.12所示。

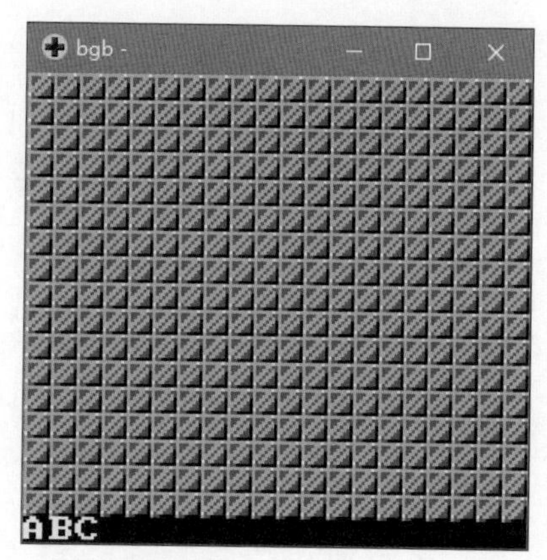

图 4.12 显示窗口

4.2.10 精灵显示

终于到了最后一个图层了。这里需要显示一个鼠标指针，第一步还是载入tile，这个例子中我们选择让精灵和背景共享同一个tileset，前面地砖占用了位置1，ABC分别占用了2、3、4，指针这里就占据第5个位置，显示效果如图4.13所示。

如果是背景或者窗口，那么下一步就应该是写入映射表。然而所有精灵的位置都是任意的，所以它并不存在这种映射表，而是每个精灵都有自己对应的一组属性（4字节），其中包括了*X*坐标和*Y*坐标、使用的tile贴图编号、是否进行*X*轴/*Y*轴翻转、显示在背景之上还是之下，以及要使用的调色板。这些内容并不保存在显存中，而是保存在一块独立的内存中，这块内存被称为OAM（Object Attribute Memory，对象属性内存）。它位于CPU片内，容量为160字节，位宽为16位。OAM不放在显存中可能是出于速度考虑，否则VRAM的速度需要提高到4MHz。前面说的GB最多支持显示40个精灵在这里也得到了印证，一个精灵的属性需要4字节，40×4正好是160字节。OAM和显存一样，只有在PPU空闲时可以使用。虽然OAM确实可以直接从CPU访问，但PPU也额外提供了一个OAM DMA功能，该功能可以快速把数据复制进OAM，速度为1字节/时钟，或者说1MB/s。虽然这个速度快于任何CPU内存复制方法，但代价是，OAM DMA进行的时候CPU不能访问同一个总线上的内存（因为总线被OAM独占），即CPU无法继续从内存中执行代码（如果占用的总线是CPU内存总线，包括ROM和WRAM）。因此，通常的做法是把一段等待程序复制到高位内存（HRAM）中，随后从高位内存中执行代码，高位内存的总线永远是CPU独享。大多数游戏都会选择在场消隐中断里开始OAM DMA传输，不过这里只有一个精灵，一共只要传输4字节的数据，所以完全没有使用OAM DMA的必要。但在更为复杂的情况下，OAM DMA是非常有用的。

```
; load cursor
ld hl, cursordata
ld de, $8050
ld bc, $0010
call memcpy
; clear oam
ld a, $00
ld hl, $fe00
ld bc, $00a0
call memset
; set cursor
ld a, $25
ld hl, $fe00
```

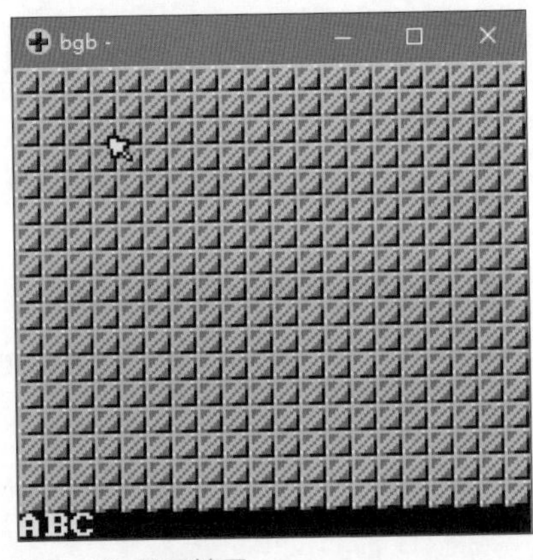

图4.13 显示精灵

```
ld [hl+], a
ld [hl+], a
ld a, $05
ld [hl+], a
; set palette and enable lcd
ld a, $1b
ld [$ff00+$47], a
ld a, $0c
ld [$ff00+$48], a
ld a, $f3
ld [$ff00+$40], a
halt
```

4.2.11 寄存器设定

最后要介绍的是一些寄存器设定，附表中是所有的PPU寄存器设定。大多数寄存器的作用还是比较直白的，结合上面的代码就能理解，比如从只有背景，到背景+窗口，到最后的全部启用，LCDC寄存器的变化都是什么含义。其实只是启用了不同的图层渲染开关而已。

表4.2中的SCX和SCY就是之前提过的滚动功能的设置，你可以试试在程序里面把这它们设置成不同的值，运行ROM后观察一下画面的变化。在实际使用时，甚至还可以通过修改每行的SCX值来实现一些特殊的效果，如图4.14所示。

表4.2　PPU寄存器设定

地址	名称	作用
FF40	LCDC	LCD总控制
FE40.7		启用LCD显示
FE40.6		窗口地图地址（0~9800, 1 ~ 9c00）
FE40.5		启用窗口图层显示
FE40.4		背景贴图地址（0~8800, 1~ 8000）
FE40.3		背景地图地址（0~9800, 1 ~ 9c00）
FE40.2		精灵大小（0~8x8, 1~ 8*16）
FE40.1		启用精灵图层显示
FE40.0		启用背景图层显示
FE41	STAT	LCD控制器状态
FE41.6		LYC=LY中断
FE41.5		模式2 OAM中断
FE41.4		模式1 垂直同步中断
FE41.3		模式0 水平同步中断
FE41.2		LYC=LY标志
FE41.1-0		模式
FE42	SCY	垂直滚动
FE43	SCX	水平滚动
FE44	LY	当前渲染*Y*坐标（只读）
FE45	LYC	LY比较器
FE46	DMA	DMA源地址
FE47	BGP	背景调色板
FE48	OBP0	精灵调色板0
FE49	OBP1	精灵调色板1
FE4A	WY	窗口*Y*坐标
FE4B	WX	窗口*X*坐标

最后讲讲调色板。前面假定了00表示黑色，01表示深灰色，10表示浅灰色，11表示白色（这其实是和GB默认的颜色相反，GB默认00为白色，11为黑色）。这些是可以通过调色板设置的，也就是允许在4种编码和4种颜色之间进行任意映射。这样做有两个好处，一

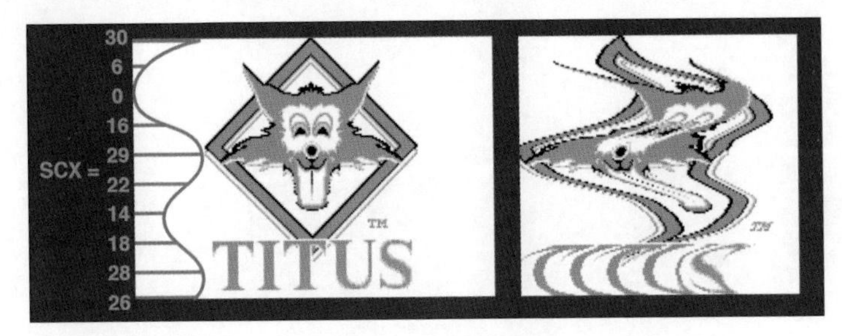

图 4.14　特殊效果

是切换场景调色（如从白天切换到晚上）时不需要重新载入新的tile，二是在透明模式下，可以自由选择一种透明色（00编码固定为透明，但是其他可用的3种颜色是可以通过调色板设置的）。如演示中的光标，同时具有白色、黑色，以及一个透明色。调色板的设置很简单，每个调色板是1个字节，8位分别表示4个2位的颜色，分别对应4种目标颜色。比如这个演示中OBP0设置成了0C，也就是00001100，4个颜色分别是00、00、11、00，也就是01编码表示黑色，其余均为白色。各位可以通过模拟器的调试功能自行设置BGP和OBP，观察一下画面变化。

4.2.12 总结

本节简单介绍了PPU，也就是GB中用于产生图形的硬件。之后我们将继续介绍如何在FPGA上实现PPU，并将画面输出到VGA显示器上。在那之前，各位可以想想要如何具体实现PPU，或者继续玩玩本次给出的代码，比如在代码中加入场中断触发的更新，加入使用按键移动指针，或是地图滚动等，也可以用模拟器的调试器功能看看其他游戏是怎么利用这些功能的。

4.3 视频发生器设计

上节介绍了GAME BOY（简称为GB）中像素处理单元（PPU）的功能与使用方法。在对PPU的功能有了初步了解后，我们就可以开始着手自己用Verilog实现一个PPU了。笔者阅读过很多不同的Verilog的PPU实现，不同版本的实现思路都非常不一样，需要的资源和编写难度也不同，本节就先介绍一种PPU的实现思路和方法。

4.3.1 大体设计

设计任何模块，最简单的起步就是先定义输入和输出。这里可以认为输入就是从CPU进入的总线信号写入，而输出则是输出到LCD的信号。从CPU进入的总线信号可能是对寄存器写入，也可能是对显存写入，而这两部分都可以在PPU内部实现。输出给LCD的信号则是1个时钟周期1个像素，共160列144行（不包括消隐）的输出。要设计的话，我们可以从1个时钟周期1个像素这个输出开始考虑。

在4MHz时钟下，有一个always@(posedge clk)语句块，每个时钟来临时这个语句块都能产生1个像素的输出。那么产生像素需要什么呢，单独考虑背景图层的话，首先要根据这个像素的坐标去读取VRAM，得到这个像素所在砖块的贴图ID，然后再根据这个贴图ID去读取VRAM，得到当前坐标在这个贴图中对应的像素颜色，最后进行输出。因为PPU的速度有4MHz，而VRAM速度只有2MHz，所以1个时钟周期只能完成“半次”读取，两个时钟周期才能完成一次VRAM读取。1个时钟周期要输出1个像素是完全做不到的。

但是如果换一个思路呢？比如4个时钟周期读取4个像素，或者8个时钟周期读取8个像素，然后通过FIFO缓冲输出，这样速度依然是1个时钟周期1个像素。你可能会问，1个时钟周期1个像素做不到，难道8个时钟周期8个像素就做得到了吗？确实可以。因为1个砖块的宽度是8个像素，也就是对于对齐到砖块边缘的8个像素而言，只需要读取一次砖块ID就可以了（它们在一个砖块里，自然是一个砖块ID）。随后对同一个ID，进行两次内存读取就能获得所有8个像素的颜色。这样加起来，一共只进行了3次内存读取，合计6个时钟周期，甚至还低于8个时钟周期的目标。

接着再来考虑精灵的问题。即使是在精灵开启时，也仍然需要1时钟周期1像素的速度。精灵的信息存储在OAM中，OAM速度可以达到1个时钟周期22字节，而且每行的开始会有额外的OAM查找阶段，这里就先假设渲染精灵不需要读取OAM，只需要读取VRAM。那么读取VRAM需要多久呢？需要多久呢？和背景渲染一样，2次内存读取（4个时钟周期）可以读取到8个像素。但麻烦的是，VRAM只有一块，背景读取和精灵读取是共享带宽的，即同时只能有一个读取内存。当遇到8个像素内背景和精灵叠加时，就需要10个时钟周期才能读取完所有的内容。

这就麻烦了，不过这里有几种解决办法。一种是不允许这种事情发生，16个像素内最多只能有1个精灵，这样16个时钟周期就可以读取到16个像素，刚刚好。然而根据测试，很明显GB中不存在这种限制，16个像素中可以有2个甚至更多的精灵，唯一的限制是一行最多10个精灵。160个像素最多10个精灵，和16个像素1个精灵是类似的要求，我们完全可以预取精灵的数据，保存在片上内存中。不过既然都预取了，不如在每行开始渲染前就预取完10个精灵的像素，这样逻辑会变得简单很多。还可以用更简单的解决方法，直接加快RAM的速度，或者把RAM做成双口RAM，同样也能解决问题。

那么在原始GAME BOY中是怎么解决这个问题的呢？答案是不解决。当需要渲染精灵的时候，PPU会直接暂停输出几个时钟周期，之后再继续。也就是说，一行的平均输出速度，在这行有精灵的时候是小于1像素/时钟周期的。这样的做法也确实让逻辑实现起来更为简单，并且避免了引入额外的预取内存。

最后考虑窗口渲染的事情。既然允许暂停，事情就好办了。等输出达到窗口起始坐标后，直接清空当前输出FIFO的内容，重置状态机，让状态机从窗口开始读取内容。等待6个时钟周期后就能输出了。

4.3.2 实现

设计好了之后就可以开始实现了。既然是一个模块，那这里还是先从模块头定义开始，也就是模块的输入/输出信号定义。

1. 模块头

PPU的输入/输出信号在前面已经讨论过了，输入是总线读写信号，输出则是液晶像素。液晶像素信号这里基本参考VGA的信号，并行的还有像素数据、像素时钟、行场同步，以及为了能够暂停而加上的使能信号。使能信号有效时像素有效，否则这个像素就是被废弃的，PPU以此来实现“暂停”。其实通过跳过这个周期的时钟输出来暂停也是可行的，但是在FPGA中不建议做clock gating这一类的东西，如果可能，应该使用使能信号来实现。同时，这里选择把MMIO、VRAM

和OAM的总线操作分在3个接口，其原因是在真实的GB中这3条确实是独立的总线：OAMDMA在进行VRAM到OAM复制的情况下，CPU仍然可以访问WRAM/ROM，并从中执行代码或者读写MMIO。这说明三者是可以互不冲突同时使用的。模块头的参考代码如下：

```
module ppu(
 input clk,
 input rst,
 // MMIO 总线, 0xFF40 - 0xFF4B, CPU始终访可访问
 input wire [15:0] mmio_a,
 output reg [7:0]  mmio_dout,
 input wire [7:0]  mmio_din,
 input wire        mmio_rd,
 input wire        mmio_wr,
 // VRAM 总线, 0x8000 - 0x9FFF
 input wire [15:0] vram_a,
 output wire [7:0] vram_dout,
 input wire [7:0]  vram_din,
 input wire        vram_rd,
 input wire        vram_wr,
 // OAM 总线,  0xFE00 - 0xFE9F
 input wire [15:0] oam_a,
 output wire [7:0] oam_dout,
 input wire [7:0]  oam_din,
 input wire        oam_rd,
 input wire        oam_wr,
 // 中断接口
 output reg int_vblank_req,
 output reg int_lcdc_req,
 input int_vblank_ack,
 input int_lcdc_ack,
 // 像素输出
 output cpl, // Pixel Clock, = ~clk
 output reg [1:0] pixel, // 像素输出
 output reg valid, // 像素有效信号
 output reg hs, // Horizontal Sync, 水平同步, 高电平有效
 output reg vs, // 垂直同步, 高电平有效
 //调试输出
 output [7:0] scx,
 output [7:0] scy,
```

```
  output [4:0] state
);
```

2. 内存

设计中VRAM和OAM都位于PPU内部，原因是PPU对这两者访问永远具有优先权：当PPU在进行渲染或者进行精灵查找的时候，CPU不能访问这两者。这里就直接把这两者放在PPU模块内部，CPU需要访问这两者必须通过PPU，而PPU可以根据自己的工作状态来决定是否允许访问。

这里姑且先定义几个信号，用来代表是否允许CPU访问VRAM和OAM：

```
wire vram_access_ext; // 允许CPU访问VRAM
wire oam_access_ext; // 允许CPU访问OAM
```

随后可以开始定义内存，同时把读写操作映射到对应的信号上。这里可以先定义一个通用的RAM模块，方便在CPU中共用一样的RAM代码。

```
module singleport_ram #(
  parameter integer WORDS = 8192,
  parameter ABITS = 13
)(
  input clka,
  input wea,
  input [ABITS - 1:0] addra,
  input [7:0] dina,
  output reg [7:0] douta
);
  reg [7:0] ram [0:WORDS-1];
  always@(posedge clka) begin
    if (wea)
      ram[addra] <= dina;
    end
    always@(posedge clka) begin
      douta <= ram[addra];
  end
endmodule
```

可以看到，RAM代码只是对普通的reg数组进行了一下封装，这里还可以通过两个parameter来自定义容量。随后便可以在这个单口RAM模块的基础上定义VRAM：

```
// 8 bit WR, 8 bit RD, 8KB VRAM
wire  vram_we;
wire [12:0] vram_addr;
```

```
wire [7:0]  vram_data_in;
wire [7:0]  vram_data_out;
singleport_ram #(
  .WORDS(8192)
) br_vram (
  .clka(~clk),
   .wea(vram_we),
  .addra(vram_addr[12:0]),
  .dina(vram_data_in),
  .douta(vram_data_out));
assign vram_addr_ext = vram_a[12:0];
assign vram_addr = (vram_access_ext) ? (vram_addr_ext) : (vram_addr_int);
assign vram_data_in = vram_din;
assign vram_we = (vram_wr)&(vram_access_ext);
assign vram_dout = (vram_access_ext) ? (vram_data_out) : (8'hFF);
```

以上的VRAM代码中，在模块定义前的代码都是信号定义，而模块定义之后的代码则是在控制是由PPU还是CPU/DMA访问VRAM。

OAM的代码要复杂不少，原因是OAM同时允许8位或者16位读出，而写入则永远是8位。所以我们可以将其看作两块共享地址的8位内存，可以只读写一块，也可以同时读出两块内存的数据。这里并没有继续使用前面的单口RAM模块，而是直接使用数组实现：

```
// 8 bit WR, 16 bit RD, 160Bytes OAM
reg [7:0] oam_u [0: 79];
reg [7:0] oam_l [0: 79];
reg [7:0] oam_rd_addr_int;
wire [7:0] oam_rd_addr;
wire [7:0] oam_wr_addr;
reg [15:0] oam_data_out;
wire [7:0] oam_data_out_byte;
wire [7:0] oam_data_in;
wire oam_we;
always @ (negedge clk)
begin
  if (oam_we) begin
    if (oam_wr_addr[0])
      oam_u[oam_wr_addr[7:1]] <= oam_data_in;
    else
      oam_l[oam_wr_addr[7:1]] <= oam_data_in;
```

```
    end
    else begin
     oam_data_out <= {oam_u[oam_rd_addr[7:1]], oam_l[oam_rd_addr[7:1]]};
    end
  end
  assign oam_wr_addr = oam_a[7:0];
  assign oam_rd_addr = (oam_access_ext) ? (oam_a[7:0]) : (oam_rd_addr_int);
  assign oam_data_in = oam_din;
  assign oam_data_out_byte = (oam_rd_addr[0]) ? oam_data_out[15:8] : oam_data_out[7:0];
  //assign oam_we = (wr)&(oam_access_ext);
  assign oam_we = oam_wr; // What if always allow OAM access?
  assign oam_dout = (oam_access_ext) ? (oam_data_out_byte) : (8'hFF);
```

这样，所有需要使用的内存就都定义完成了，后面可以使用。不过别忘了回来定义oam_access_ext和vram_access_ext的成立条件。

3. 控制寄存器

前面讲过，CPU控制PPU主要通过两种手段，一种是操作PPU的寄存器，另一种是写入VRAM和OAM。VRAM和OAM的写入在上面已经实现好，现在轮到寄存器了。寄存器和RAM的不同在于：RAM一大块内存一个时钟周期只能访问一个地址；而寄存器则没有硬性限制，可以同时有多个电路使用不同寄存器的值。

这里的实现使用组合读出-时序写入的规则，即读取行为是组合逻辑，不需要等到下一个时钟就可以得到数据；写入行为是时序逻辑，时钟到来时写入内容。虽然这种做法比较符合GAME BOY中的设计，但是这么做的风险就是可能带来过长的组合路径长度，影响能够达到的最大频率。

受限于篇幅，以下代码只列出了两个寄存器的定义，剩余的重复内容就不完整给出了。

```
// Bus RW
// Bus RW - Combinational Read
always @(*)
begin
  // MMIO Bus
  mmio_dout = 8'hFF;
  case (mmio_a)
    16'hFF40: mmio_dout = reg_lcdc;
    16'hFF41: mmio_dout = reg_stat;
    // 其他寄存器省略
  endcase
end
```

```
// Bus RW - Sequential Write
always @(posedge clk, posedge rst)
begin
  if (rst) begin
    reg_lcdc <= 8'h00;
    reg_stat[7:3] <= 5'h00;
    // 其他寄存器省略
end
else
 begin
   if (mmio_wr) begin
    case (mmio_a)
      16'hFF40: reg_lcdc <= mmio_din;
      16'hFF41: reg_stat[7:3] <= mmio_din[7:3];
      // 其他寄存器省略
    endcase
   end
  end
end
```

由于寄存器的MMIO总线与显存和OAM的总线独立，所以这里不需要担心会发生冲突。

wire给寄存器中的一些位域（bitfield，即在一个寄存器内由数个二进制位所组成的更小的功能单位）起一些别名，下面是对第一个LCDC寄存器的别名设置：

```
wire reg_lcd_en = reg_lcdc[7]; //0=Off, 1=On
wire reg_win_disp_sel = reg_lcdc[6];     //0=9800-9BFF, 1=9C00-9FFF
wire reg_win_en = reg_lcdc[5];           //0=Off, 1=On
wire reg_bg_win_data_sel = reg_lcdc[4]; //0=8800-97FF, 1=8000-8FFF
wire reg_bg_disp_sel = reg_lcdc[3];      //0=9800-9BFF, 1=9C00-9FFF
wire reg_obj_size = reg_lcdc[2];         //0=8x8, 1=8x16
wire reg_obj_en = reg_lcdc[1];           //0=Off, 1=On
wire reg_bg_disp = reg_lcdc[0];          //0=Off, 1=On
```

之后的代码中如果需要引用这些位域的值，就可以直接使用别名而不需要手动指定使用reg_lcdc的某一个特定位。如果要进一步追求代码的可读性，减少魔法数字（即在代码中直接出现的、没有解释的数字），我们可以进一步把位域的值定义为常量（localparam），比如：

```
localparam PPU_MODE_H_BLANK = 2'b00;
localparam PPU_MODE_V_BLANK = 2'b01;
localparam PPU_MODE_OAM_SEARCH = 2'b10;
localparam PPU_MODE_PIX_TRANS = 2'b11;
```

这是reg_stat[1:0]的模式位定义，这里定义了PPU的4种工作状态：行消隐、场消隐、精灵查找和像素传输。利用这个状态定义就可以定义先前的VRAM/OAM读写源了（当然reg_stat中的模式还是需要由PPU的逻辑来产生）。

```
wire vram_access_ext = ((reg_mode == PPU_MODE_H_BLANK)||
  (reg_mode == PPU_MODE_V_BLANK)||
  (reg_mode == PPU_MODE_OAM_SEARCH));
wire oam_access_ext = ((reg_mode == PPU_MODE_H_BLANK)||
  (reg_mode == PPU_MODE_V_BLANK));
```

按照同样的方法，对所有寄存器进行定义，这部分就算完成了。

4. 渲染状态机

现在开始设计主状态机。渲染状态机的用途就是渲染像素，每8个时钟周期产生8个像素。那么一个简单的想法就是把状态机分成9个状态：空闲和渲染过程1 ~ 8时钟周期。1 ~ 2时钟周期从显存读取砖块ID，3 ~ 6时钟周期从显存读取砖块颜色，最后两个时钟周期是不做任何事情的。我们可以在代码中直接对状态进行定义（当然，不定义也没关系，常量定义只是为了方便对状态进行修改，比如在两个状态中间插入一个新的状态。如果要完整实现PPU的功能，这里确实还需要插入别的状态）。

```
localparam S_IDLE = 5'd0;
localparam S_FTIDA = 5'd1; // Fetch Read Tile ID Stage A (Address Setup)
localparam S_FTIDB = 5'd2; // Fetch Read Tile ID Stage B (Data Read)
localparam S_FRD0A = 5'd3; // Fetch Read Data 0 Stage A
localparam S_FRD0B = 5'd4; // Fetch Read Data 0 Stage B
localparam S_FRD1A = 5'd5; // Fetch Read Data 1 Stage A
localparam S_FRD1B = 5'd6; // Fetch Read Data 1 Stage B
localparam S_FWAITA = 5'd7; // Fetch Wait Stage A (Idle)
localparam S_FWAITB = 5'd8; // Fetch Wait Stage B (Idle)
```

由于这里需要维护的状态不单单是总体的渲染流程，还有坐标、临时数据等，所以我没有选取传统的三段式状态机。这里采用按照功能区分的办法：一段用于访问内存；一段用于输出；一段用于进入状态转移。

首先是第一段，用于访问内存。访问内存的方法无非就是操作之前定义的那些内存控制信号。由于PPU只对内存进行读取而没有写入，所以只是简单地给出地址然后读取数据。地址在之前定义内存的时候已经使用过了，是vram_addr_int，而读出数据则是vram_data_out。首先从读取内存的部分开始（每一步的两个时钟永远是第一个时钟周期给出地址，第二个时钟周期读取数据）。

```
wire [12:0] bg_map_addr = (reg_bg_disp_sel) ? (13'h1C00) : (13'h1800); // 背景地图起始地址
wire [12:0] bg_window_tile_addr = (reg_bg_win_data_sel) ? (13'h0000) : (13'h0800); // 砖块贴图起始地址
reg [7:0] current_tile_id;
reg [7:0] current_tile_data_0;
reg [7:0] current_tile_data_1;
reg [7:0] h_pix_render; // 当前渲染的X坐标
wire [4:0] line_in_tile_v = v_pix[7:3]; // 当前渲染的砖块Y坐标
wire [2:0] line_to_tile_v_offset = v_pix_in_map[2:0]; // 当前渲染砖块内Y坐标
wire [4:0] h_tile = h_pix_render[7:3]; // 当前渲染的砖块X坐标
wire [12:0] current_map_address = bg_map_addr + (line_in_tile_v) * 32 + {8'd0, h_tile};
wire [7:0] current_tile_id_adj = {~((reg_bg_win_data_sel)^(current_tile_id[7])), current_tile_id[6:0]}; // 8800寻址模式调整
wire [12:0] current_tile_address_0 = (bg_window_tile_addr) + current_tile_id_adj * 16 + (line_to_tile_v_offset * 2);
wire [12:0] current_tile_address_1 = (current_tile_address_0) | 13'h0001;
reg [4:0] r_state = 0;
always @(posedge clk)
begin
 case (r_state)
  // 在S_IDLE状态下不进行任何操作
  S_IDLE: begin end
  S_BLANK: h_pix_render <= 8'd0; // Render pointer
  S_FTIDA: vram_addr_bg <= current_map_address;
  S_FTIDB: current_tile_id <= vram_data_out;
  S_FRD0A: vram_addr_bg <= current_tile_address_0;
  S_FRD0B: current_tile_data_0 <= vram_data_out;
  S_FRD1A: vram_addr_bg <= current_tile_address_1;
  S_FRD1B: begin
   current_tile_data_1 <= vram_data_out;
   h_pix_render <= h_pix_render + 8'd8;
  end
  // 在S_FWAITA, S_FWAITB状态下不进行任何操作
  S_FWAITA: begin end
  S_FWAITB: begin end
  default: begin
   $display("Invalid state!");
  end
 endcase
end
```

这里使用了大量的wire定义生成地址的组合逻辑，在状态机里只是把这些值写入触发器而已。当然这些定义也可以直接写在状态机内，只是个人喜好问题罢了。那现在状态机的第一部分就完成了，这些代码可以根据当前的坐标和PPU寄存器设计从VRAM中读取像素并保存在触发器当中。下一步就是如何输出这些像素了。

5. 像素输出

如之前所说，现在的渲染思路是8个时钟周期渲染8个像素，8个像素被保存在current_tile_data中。下一步是给这些像素应用调色板设置，然后输出。这并不是一个移位寄存器就能解决的，在最初的几个时钟周期里，我们还没有渲染好任何像素，所以这时候不能输出任何像素。考虑之后精灵叠加的问题，在渲染好的像素少于等于8个的时候也不能进行输出，因为精灵叠加操作会要求叠加到还未输出的8个像素上。所有渲染好的像素会被存储在一个称为像素FIFO的结构中。每个像素用4位表示：2位像素，2位调色板。同时像素FIFO有3种状态：空、填满8个像素和填满16个像素。所以，我们在这里定义一个状态用于表示当前像素缓冲（Pixel FIFO）的状态。

```
reg [1:0] pf_status; // 指示像素FIFO是否为空
localparam PF_EMPTY = 2'd2; // 当流水线被清空后
localparam PF_HALF  = 2'd1; // 流水线已被清空，已存入8个像素
localparam PF_FULL  = 2'd0; //正常情况
```

前面从VRAM中读出的像素数据并不包括调色板信息，需要预先加上调色板ID才能复制进像素FIFO中，我们用下面这段组合逻辑来实现。

```
// 会被写入像素FIFO的数据
// 每个像素占用4位，2位像素，2位调色板（对于背景图层和窗口永远为背景调色板，只有叠加精灵才会写入别的值）
reg [31:0] current_fetch_result;
always@(current_tile_data_1, current_tile_data_0) begin
 for (i = 0; i < 8; i = i + 1) begin
 current_fetch_result[i*4+3] = current_tile_data_1[i];
 current_fetch_result[i*4+2] = current_tile_data_0[i];
 current_fetch_result[i*4+1] = PPU_PAL_BG[1];
 current_fetch_result[i*4+0] = PPU_PAL_BG[0];
 end
end
```

接着，就可以开始编写实际的像素输出逻辑了。

```
reg [7:0] h_pix_output; // 当前输出X坐标
// 输出逻辑
always @(posedge clk)
```

```
begin
 if (r_state == S_BLANK) begin
  valid <= 1'b0;
  h_pix_output <= 8'd0; // 输出指针
  pf_status <= PF_EMPTY;
 end
 else if ((r_state == S_FTIDA) || (r_state == S_FTIDB) || (r_state == S_FRD0A) || (r_
state == S_FRD0B) ||
   (r_state == S_FRD1A) || (r_state == S_FRD1B) || (r_state == S_FWAITA) || (r_state == S_
FWAITB))
 begin
  // 如果当前处于渲染阶段
  if (r_state == S_FWAITB) begin
   if (pf_status == PF_EMPTY) pf_status <= PF_HALF;
   if (pf_status == PF_HALF) pf_status <= PF_FULL;
  end
  if (pf_status == PF_EMPTY) begin
   // 刚开始还没有数据可用
   valid <= 1'b0;
  end
  else if (pf_status == PF_HALF) begin
   valid <= 1'b0;
   if (r_state == S_FTIDA) begin
    // 完成8个像素渲染，写入PixelFIFO，但是还不能输出
    pf_data[63:32] <= current_fetch_result[31:0];
   end
  end
  else if (pf_status == PF_FULL) begin
   if (r_state == S_FTIDA) begin // 写入数据并串出
    pf_data[63:0] <= {pf_data[59:32], current_fetch_result[31:0], 4'b0};
   end
   else begin // 只是串出数据
    pf_data <= {pf_data[59:0], 4'b0};
   end

   if (h_pix_output >= 8)
    valid <= 1;
   else
    valid <= 0;
```

```
      pixel <= pf_output_pixel;
      h_pix_output <= h_pix_output + 1'b1;
    end
  end
  else begin
    valid <= 1'b0;
  end
end
```

这里只给了一个valid信号，用来表示当前时钟输出的像素是否有效。但是实际的像素呢？当前时钟输出的像素就是像素FIFO的第一个像素。只要简单应用调色板就是最终输出的像素了。

```
reg [63:0] pf_data; // Pixel FIFO Data
wire [1:0] pf_output_pixel;
wire [7:0] pf_output_palette;
wire [1:0] pf_output_pixel_id;
wire [1:0] pf_output_palette_id;
assign {pf_output_pixel_id, pf_output_palette_id} = pf_data[63:60];
assign pf_output_palette = (pf_output_palette_id == PPU_PAL_BG)  ? (reg_bgp)  :
  (pf_output_palette_id == PPU_PAL_OB0) ? (reg_obp0) :
  (pf_output_palette_id == PPU_PAL_OB1) ? (reg_obp1) : (8'hFF);
assign pf_output_pixel = (pf_output_pixel_id == 2'b11) ? (pf_output_palette[7:6]) :
  (pf_output_pixel_id == 2'b10) ? (pf_output_palette[5:4]) :
  (pf_output_pixel_id == 2'b01) ? (pf_output_palette[3:2]) :
  (pf_output_pixel_id == 2'b00) ? (pf_output_palette[1:0]) : (2'b00);
```

上面的代码中，pf_output_pixel就是当前时钟需要输出的像素。

6. 状态转换

前面的这些逻辑，都只是在根据当前状态渲染像素。作为状态机还需要另外一部分：状态转换，即如何让状态机进入不同的状态（如像素传输和消隐之间的转换）。这里的状态转换，决定下一个状态的不单单是状态机的状态，还有当前的横、纵坐标（虽然这些也应该被视为状态的一部分，但是从代码上来说，这些是独立的计数器）。

我们先来实现这些横、纵坐标的计数器，实现起来和之前VGA的计数器基本是一致的。

```
// 水平和垂直计时
localparam PPU_H_FRONT  = 9'd76;
localparam PPU_H_SYNC   = 9'd4;
localparam PPU_H_TOTAL  = 9'd456;
localparam PPU_V_ACTIVE = 8'd144;
```

```
localparam PPU_V_BACK   = 8'd9;
localparam PPU_V_SYNC   = 8'd1;
localparam PPU_V_BLANK  = 8'd10;
localparam PPU_V_TOTAL  = 8'd154;
// 计时计数器
reg [8:0] h_count;
reg [7:0] v_count;
// 水平和垂直计数器
always @(posedge clk, posedge rst)
begin
 if (rst) begin
  h_count <= 0;
  hs <= 0;
  v_count <= 0;
  vs <= 0;
 end
 else begin
  if(h_count < PPU_H_TOTAL - 1)
   h_count <= h_count + 1'b1;
  else begin
   h_count <= 0;
   if(v_count < PPU_V_TOTAL - 1)
    v_count <= v_count + 1'b1;
   else
    v_count <= 0;
   if(v_count == PPU_V_ACTIVE + PPU_V_BACK - 1)
    vs <= 1;
   if(v_count == PPU_V_ACTIVE + PPU_V_BACK + PPU_V_SYNC - 1)
    vs <= 0;
  end
  if(h_count == PPU_H_FRONT - 1)
   hs <= 1;
  if(h_count == PPU_H_FRONT + PPU_H_SYNC - 1)
   hs <= 0;
 end
end
```

最后一步就是状态机的状态转换了。这里主要影响状态的是行场计数和寄存器中的总开关。

```
// 进入下一个状态
always @(posedge clk, posedge rst)
```

```
begin
 if (rst) begin
  r_state <= 0;
 end
 else begin
  r_state <= r_next_state;
 end
end
//产生下一状态逻辑
// 状态机总是在时钟上开沿进入下一个状态
always @(*)
begin
 case (r_state)
  S_IDLE: r_next_state = ((reg_lcd_en)&(is_in_v_blank)) ? (S_BLANK) : (S_IDLE);
  S_BLANK: r_next_state =
   (reg_lcd_en) ? (
    (is_in_v_blank) ?
     (((v_count == (PPU_V_TOTAL - 1))&&(h_count == (PPU_H_TOTAL - 1))) ?
      (S_FTIDA) : (S_BLANK)
     ) :
     ((h_count == (PPU_H_TOTAL - 1)) ?
      ((v_count == (PPU_V_ACTIVE - 1)) ?
       (S_BLANK) : (S_FTIDA)):
      (S_BLANK)
     )
    ) : (S_IDLE);
   S_FTIDA: r_next_state = (reg_lcd_en) ? ((h_pix_output == (PPU_H_OUTPUT - 1'b1)) ? (S_
BLANK) : (S_FTIDB)) : (S_IDLE);
   S_FTIDB: r_next_state = (reg_lcd_en) ? ((h_pix_output == (PPU_H_OUTPUT - 1'b1)) ? (S_
BLANK) : (S_FRD0A)) : (S_IDLE);
   S_FRD0A: r_next_state = (reg_lcd_en) ? ((h_pix_output == (PPU_H_OUTPUT - 1'b1)) ? (S_
BLANK) : (S_FRD0B)) : (S_IDLE);
   S_FRD0B: r_next_state = (reg_lcd_en) ? ((h_pix_output == (PPU_H_OUTPUT - 1'b1)) ? (S_
BLANK) : (S_FRD1A)) : (S_IDLE);
   S_FRD1A: r_next_state = (reg_lcd_en) ? ((h_pix_output == (PPU_H_OUTPUT - 1'b1)) ? (S_
BLANK) : (S_FRD1B)) : (S_IDLE);
   S_FRD1B: r_next_state = (reg_lcd_en) ? ((h_pix_output == (PPU_H_OUTPUT - 1'b1)) ? (S_
BLANK) : ((pf_empty != PF_FULL) ? (S_FTIDA) : (S_FWAITA))) : (S_IDLE); // If fifo not full,
no wait state is needed
```

```
    S_FWAITA: r_next_state = (reg_lcd_en) ? ((h_pix_output == (PPU_H_OUTPUT - 1'b1)) ? (S_
BLANK) : (S_FWAITB)) : (S_IDLE);
    S_FWAITB: r_next_state = (reg_lcd_en) ? ((h_pix_output == (PPU_H_OUTPUT - 1'b1)) ? (S_
BLANK) : (S_FTIDA)) : (S_IDLE);
    default: r_next_state = S_IDLE;
  endcase
end
```

到此，一个简易的可以渲染背景图层的PPU就完成了。同时在设计上我们预留了增加精灵和窗口渲染功能的可能性。如果需要增加，则是在状态转移中增加额外的条件，进入精灵渲染状态，完成后将精灵像素叠加进像素FIFO，随后再离开精灵渲染状态。

4.3.3 总结

在连续讲了这么几节后，希望大家对常见的视频信号、如何用FPGA产生视频信号、传统游戏机上图形系统的功能与使用方法，以及最终如何在FPGA上实现一些这样的图形显示功能等能有一些基础了解。感兴趣的朋友可以自己在FPGA开发板上尝试一下产生这样的信号，或是在仿真中测试是否可以正确读写内存。下一节我们将换一个主题，讲一讲GAME BOY上的音频系统。

4.4 音频信号

前几节内容介绍了基本的视频输出和GAME BOY的视频输出系统。从本节开始，我们来讲讲与音频相关的内容。还是和之前介绍的视频一样，首先介绍基本的音频输出相关概念、相关硬件总线和协议，之后再讨论GAME BOY是如何产生音频的，最后用Verilog来实现音频输出。

4.4.1 声波的数字表示

游戏机中音频系统的最终目的是产生人耳可以听到的音乐和声音，也就是声波。一般流程是数字信号通过DAC转换成模拟信号，经过功放放大驱动扬声器，扬声器振动带动空气振动，最终带动耳膜振动被人感知到。我们这里只谈FPGA上的设计，也就是到DAC为止之前的部分。通常而言，发送给DAC的信号有两种，一种是基于PCM（用于CD）的，另一种是基于DSD（用于SACD）的。考虑到目前应用最广泛的依然是前者，我们这里就先只讨论前者。

PCM的思路非常简单，就是对模拟音频信号以相等的时间间隔进行采样（见图4.15），每个采样使用有限精度的数字来表示其电压（通常为16 ~ 24位定点数，也可以为浮点数，以浮点表示在信号处理时有一定优势）。使用DAC还原PCM信号的过程，无非是以相等的时间间隔输出所记录的电压。根据采样时间间隔，每秒能够采样的速度就被称为采样率。常见的采样率有44.1kHz和48kHz两种，当然向下也有22.05kHz、32kHz这类更低的采样率，还有176.4kHz、192kHz这类的高采样率。人耳能听见的频率范围是20Hz ~ 20kHz，按照采样定律，至少需要40kHz的采样率才能记录所有可以听见的声音。实际考虑到滤波器的性能等其他原因，合适的采样率则需要比这个值再高一些。而在对音质不敏感的场合，则可能为了减少空间或者带宽占用等而降低采样率。但无论如何，最终的PCM采样得到的是一连串的数字。

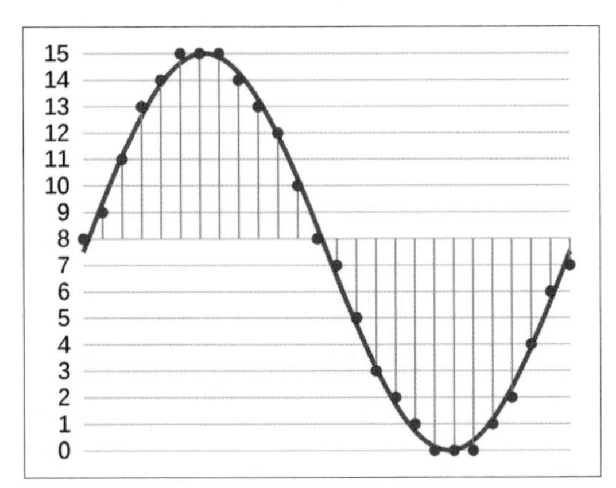

图4.15 PCM采样

4.4.2 PCM的传输

假设现在在FPGA或者是CPU内已经准备好了需要播放的PCM采样数据，那下一步就是发送给DAC播放。就如之前图像输出有如同VGA、FlatLink等一类的接口或者总线协议，音频同样也有这样的协议。最常用的协议有I²S、DSP、TDM、AC Link和HD Audio。当然也有其他更复杂的协议如SPDIF、A2B，甚至是USB Audio Class，但是这些通常并不会直接连接DAC使用，而是通过收发芯片转换成I²S/DSP/TDM后，再连接到DAC。我们的目标是将DAC直接连接到FPGA上，为此就只讨论I²S、DSP、TDM和AC Link。

这4种接口都有3个信号：数据、时钟和同步。数据和时钟很容易理解，就如同SPI的时钟和数据一样，每一个时钟周期发送1bit的数据。同样和SPI一样，这些接口可以只有一条数据线（单向传输），也可以有两条数据线（双向传输）。和SPI不同的是，SPI具有片选信号，而这些音频接口没有，但是它们有一个独立的同步信号。这个同步信号在I²S中被称为LRCK，即Left Right Clock。顾名思义，这是一个用于指示左、右的时钟，这个信号有时也被称为WS（Word Select）。通常而言，LRCK为低时传输左声道的采样，LRCK为高时传输右声道的采样。左、右声道永远交替发送。所以，LRCK的波形看起来像是个频率等于采样率、占空比为50%的信号。I²S中数据会延迟LRCK一位，即LRCK翻转后的第二位才是新的声道的第一位。具体波形如图4.16所示。

DSP接口中则没有这1位延迟，LRCK发生翻转后的下一位就是新的声道的最高位。然而不难看出，无论是I²S还是DSP，因为这个LRCK的设定，一条总线最多只能传输两个声道的音频。如果只是一般的立体声，那两个声道确实足够了，但如果需要5.1声道或者是7.1声道这类的环绕声，I²S和DSP接口就无法满足需求了。TDM也就是为了解决这个问题而诞生的接口。TDM中时钟和数据的定义依然与I²S和DSP一致，但是LRCK成了帧同步。LRCK不再是电平有效，而是成了脉冲信号，下降沿表示一帧的开始，占空比并不重要。对于同一个时间点，所有通道的采样数据合起来就是一帧。比如说立体声的音频，左声道和右声道两个采样合起来就是一帧，即一帧传输两个采样。所以，TDM中LRCK的频率依然是等于采样率的，只是占空比并不重要了（I²S和DSP中上升沿和下降沿分别指示右声道和左声道的开始，因此占空比为50%）。随后，在一帧中，数据被划分为了槽位

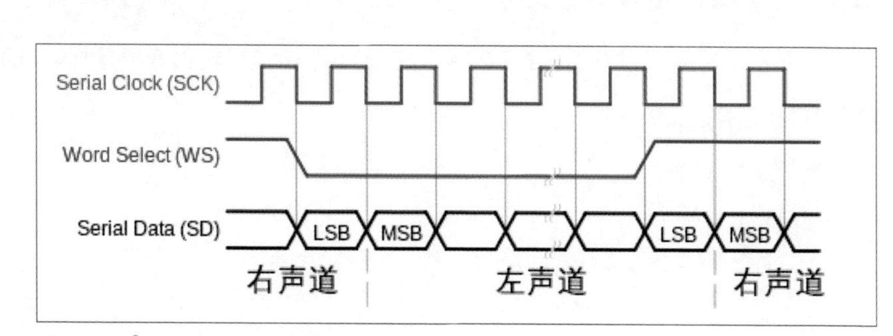

图4.16 I²S中的LRCK波形

（slot），每个通道的采样数据占据一个槽位。比如说4声道，每声道16位的情况下，单个槽位就是16位，一帧一共4个槽位，合计64位的数据。每帧开始就是4个声道依次传输数据。槽位的尺寸可以大于实际数据长度，比如每声道24位，但单个槽位可以是32位，这样合计共128位数据，第零声道是0 ~ 23位，第一声道是32 ~ 55位，第二声道是64 ~ 87位，第三声道是96 ~ 119位。同时，TDM也允许多个设备共享一个总线，比如两个立体声ADC，直接并联所有的信号线，使用TDM时可以使用4槽位的TDM模式（TDM4），配置第一个DAC只在槽位0 ~ 1输出，第二个DAC只在槽位2 ~ 3输出，这样对于主机而言接收到的就是4个通道的音频。

接下来再来讲讲AC Link。AC Link是在AC'97声卡上使用的接口，也被称为AC'97 Digital Serial Interface。AC Link接口和TDM类似，同样是有数据、时钟和同步3个信号，同步用于指示一帧的开始。但与TDM不同的是，TDM的槽位数量是可以配置的，AC Link永远为固定的12个20bit槽位，加上16bit的TAG，所以一帧永远为256位。AC Link发送时先发送16位的TAG，随后依次是12个槽位的数据。16位的TAG，开头第一位永远为1，随后是12bit的有效指示信号，1表示这个槽位有效，0表示槽位无效，最后3位固定为0。AC Link除了可以传输音频信号，还可以用来传输控制信号，比如许多常见的DAC可以通过寄存器来配置一些功能，比如数字滤波、音量、信号通路等。通常寄存器配置是通过额外的一路I²C或者SPI来完成的，但是AC Link允许直接通过同一组TDM信号来进行寄存器配置。方法就是把其中某一个或者几个槽位用作寄存器配置传输的槽位，一个或多个时钟周期传输一个寄存器设置。

总结一下，最常用的4种总线I²S、DSP、TDM和AC Link都是3线或4线协议，与SPI相比，是把CS换成了LRCK，不同的总线下LRCK有着不同的含义。I²S是DSP偏移了一个时钟，而DSP也可以看作TDM的一种特殊情况（只是用双通道，LRCK的占空比为50%）。常见的SoC中的音频接口控制器会通过寄存器配置来同时支持前3种模式，AC Link可以进一步通过软件配合来实现，方便和不同DAC/ADC连接。

4.4.3 I²S/DSP的实现

接下来就来演示一下如何在FPGA上实现I²S/DSP接口输出音频采样。下面是一段以输入时钟四分频输出的代码。

```
// DSP mode B
reg [31:0] a_sr;
reg a_lrck;
wire a_dat;
reg a_bclk;
```

```
reg [1:0] a_state;
reg [5:0] a_bitcounter;
always @(posedge clk_12, posedge rst) begin
  if (rst) begin
    a_state <= 2'b0;
    a_bitcounter <= 5'd0;
  end
  else begin
    a_state <= a_state + 1;
    case (a_state)
    2'b00: begin
      a_bclk <= 1'b0;
      if (a_bitcounter == 5'd0) begin
        a_bitcounter <= 5'd31;
        a_lrck <= 1'b1;
        a_sr <= {a_left, a_right};
      end
      else begin
        a_bitcounter <= a_bitcounter - 1'd1;
        a_lrck <= 1'b0;
        a_sr <= {a_sr[30:0], 1'b0};
      end
    end
    2'b01: begin end
    2'b10: begin
      a_bclk <= 1'b1;
    end
    2'b11: begin end
    endcase
  end
end
assign a_dat = a_sr[31];
assign AUDIO_MCLK = clk_12;
assign AUDIO_BCLK = a_bclk;
assign AUDIO_DACDATA = a_dat;
assign AUDIO_DACLRCK = a_lrck;
```

以上代码使用了clk_12作为主计时时钟，同时也给DAC的主时钟（MCLK）、位时钟（BCLK）频率赋值为主时钟的1/4，采样来自a_left和a_right，各自为16位有符号整数（DAC使用的数字格式，通常为有符号整数）。上面的代码同样可以简化为使用BCLK计时的代码。整体的输出只是一个移位寄存器（类似SPI），不过移位寄存器的宽度为32位，正好可以装下一帧的数据。

4.4.4 AC Link的实现

AC Link的实现复杂一些。除了具体的链路层实现，也就是和上面I²S类似的移位寄存器，还需要单独实现通过AC Link初始化DAC的状态机。对于I²C初始化的DAC通常是一个单独的模块，直接连接到I²C引脚；而AC'97的DAC则需要通过AC Link来传输初始化数据。虽然这并不是AC Link的一部分，但对系统来说也是必要的一个单元。

首先来看AC Link的实现，这里设计一个模块，接收12个通道的采样输入和有效信号输入，产生需要的AC Link信号。

```
module ac97_link(
  input rst,
  input ac97_bitclk,
  input ac97_sdata_in,
  output wire ac97_sdata_out,
  output wire ac97_sync,
  output wire ac97_reset_b,
  output wire ac97_strobe,
  input [19:0] ac97_out_slot1,
  input ac97_out_slot1_valid,
  input [19:0] ac97_out_slot2,
  input ac97_out_slot2_valid,
  *中间省略3~11槽位的定义*
  input [19:0] ac97_out_slot12,
  input ac97_out_slot12_valid
);
assign ac97_reset_b = ~rst;
reg [7:0] curbit; // 当前传输的位数
reg [255:0] inbits;
reg [255:0] latched_inbits;
// 同步上升沿应该在最后槽位最后一位的中间，下降沿应该在TAG的最后一位中间
assign ac97_sync = (curbit == 255) || (curbit < 15);
assign ac97_strobe = (curbit == 8'h00);
always @(posedge ac97_bitclk) begin
  if (rst) begin
    curbit <= 8'h0;
```

```
  end
  else begin
   if (curbit == 8'hFF) begin
    latched_inbits <= inbits;
   end
   curbit <= curbit + 1;
  end
end
always @(negedge ac97_bitclk) begin
  if (rst) begin
   inbits <= 256'h0;
  end
  else begin
   inbits[curbit] <= ac97_sdata_in;
  end
end
// MSB First
wire [0:255] outbits = {
  1'b1,
  ac97_out_slot1_valid,
  ac97_out_slot2_valid,
  *3~11槽位省略*
  ac97_out_slot12_valid,
  3'b000,
  ac97_out_slot1_valid ? ac97_out_slot1 : 20'h0,
  ac97_out_slot2_valid ? ac97_out_slot2 : 20'h0,
  *3~11槽位省略*
  ac97_out_slot12_valid ? ac97_out_slot12 : 20'h0
};
reg [0:255] outbits_latched;
always @(posedge ac97_strobe)
 outbits_latched <= outbits;
assign ac97_sdata_out = outbits_latched[curbit];
endmodule
```

以上就是AC Link物理层传输的实现，接收所有12个槽位的采样，通过一个移位寄存器发送出去。这里除了根据规范产生一个给DAC的同步信号外，还额外产生了一个供内部逻辑使用的strobe信号来表示每一帧的开始。在不需要对DAC进行任何寄存器配置的情况下，这就已经可以像一般的TDM接口一样，发送音频采样。然而通常情况下使用AC Link的DAC也需要对AC Link进行配置才能使用，这里就演示一下实现一个通过AC Link初始化AD1981的状态机（在Xilinx ML50x系列开发板上使用的就是AD1981，以下的代码也是为ML50x开发的，但是修改后也可以用于其他AC97 Codec）。

```
module ac97_conf(
 input rst,
 input ac97_bitclk,
 input ac97_strobe,
 output wire [19:0] ac97_out_slot1,
 output wire ac97_out_slot1_valid,
 output wire [19:0] ac97_out_slot2,
 output wire ac97_out_slot2_valid
);
reg ac97_out_slot1_valid_r;
reg [19:0] ac97_out_slot1_r;
reg ac97_out_slot2_valid_r;
reg [19:0] ac97_out_slot2_r;
assign ac97_out_slot1 = ac97_out_slot1_r;
assign ac97_out_slot1_valid = ac97_out_slot1_valid_r;
assign ac97_out_slot2 = ac97_out_slot2_r;
assign ac97_out_slot2_valid = ac97_out_slot2_valid_r;
reg [3:0] state = 4'h0;
reg [3:0] nextstate = 4'h0;
always @(*) begin
 ac97_out_slot1_valid_r = 0;
 ac97_out_slot1_r = 20'hxxxxx;
 ac97_out_slot2_valid_r = 0;
 ac97_out_slot2_r = 20'hxxxxx;
 nextstate = state;
 case (state)
 4'h0: begin
  ac97_out_slot1_valid_r = 1;
  ac97_out_slot1_r = {1'b0 /* write */, 7'h00 /* reset */, 12'b0 /* reserved */};
  ac97_out_slot2_valid_r = 1;
  ac97_out_slot2_r = {16'h0, 4'h0};
  nextstate = 4'h1;
 end
 4'h1: begin
  ac97_out_slot1_valid_r = 1;
```

```
    ac97_out_slot1_r = {1'b0 /* write */, 7'h02 /* master volume */, 12'b0 /* reserved */};
    ac97_out_slot2_valid_r = 1;
    ac97_out_slot2_r = {16'h0000, 4'h0};
    nextstate = 4'h2;
   end
   4'h2: begin
    ac97_out_slot1_valid_r = 1;
    ac97_out_slot1_r = {1'b0 /* write */, 7'h04 /* hp volume */, 12'b0 /* reserved */};
    ac97_out_slot2_valid_r = 1;
    ac97_out_slot2_r = {16'h1717, 4'h0};
    nextstate = 4'h3;
   end
   4'h3: begin
    ac97_out_slot1_valid_r = 1;
    ac97_out_slot1_r = {1'b0 /* write */, 7'h18 /* pcm volume */, 12'b0 /* reserved */};
    ac97_out_slot2_valid_r = 1;
    ac97_out_slot2_r = {16'h0808 /* unmuted, 0dB */, 4'h0};
    nextstate = 4'h4;
   end
   endcase
 end
 always @(posedge ac97_bitclk) begin
   if (rst) begin
    state <= 4'h0;
   end
   else begin
    if (ac97_strobe)
     state <= nextstate;
    end
 end
 endmodule
```

上面只是一个简单的状态机的例子，实际使用中可以给状态机添加更多的状态增加需要初始化的项目。需要注意的是，由于当前只有单向传输，所以读命令虽然可以发送，但是并没有办法接收到返回值。好在对于DAC的初始化而言，只要能写入就足够了。下面是一个典型的立体声播放应用例子。

```
 module ac97(
   input rst,
```

```
  input ac97_bitclk,
  input ac97_sdata_in,
  output wire ac97_sdata_out,
  output wire ac97_sync,
  output wire ac97_reset_b,
  input [19:0] left_level,
  input [19:0] right_level
);
wire [19:0] ac97_out_slot1;
wire ac97_out_slot1_valid;
wire [19:0] ac97_out_slot2;
wire ac97_out_slot2_valid;
wire ac97_strobe;
wire [19:0] ac97_out_slot3 = left_level[19:0];
wire ac97_out_slot3_valid = 1;
wire [19:0] ac97_out_slot4 = right_level[19:0];
wire ac97_out_slot4_valid = 1;
wire ac97_out_slot5_valid = 0;
wire [19:0] ac97_out_slot5 = 'h0;
*省略6~11槽位*
wire ac97_out_slot12_valid = 0;
wire [19:0] ac97_out_slot12 = 'h0;
ac97_link ac97_link(
  // 输出
  .ac97_sdata_out(ac97_sdata_out),
  .ac97_sync(ac97_sync),
  .ac97_reset_b(ac97_reset_b),
  .ac97_strobe(ac97_strobe),
  // 输入
  .rst(rst),
  .ac97_bitclk(ac97_bitclk),
  .ac97_sdata_in(ac97_sdata_in),
  .ac97_out_slot1(ac97_out_slot1[19:0]),
  .ac97_out_slot1_valid(ac97_out_slot1_valid),
  *省略2~11槽位*
  .ac97_out_slot12(ac97_out_slot12[19:0]),
  .ac97_out_slot12_valid(ac97_out_slot12_valid));
ac97_conf ac97_conf(
  // 输出
```

```
    .ac97_out_slot1(ac97_out_slot1[19:0]),
    .ac97_out_slot1_valid(ac97_out_slot1_valid),
    .ac97_out_slot2(ac97_out_slot2[19:0]),
    .ac97_out_slot2_valid(ac97_out_slot2_valid),
    // 输入
    .rst(rst),
    .ac97_bitclk(ac97_bitclk),
    .ac97_strobe(ac97_strobe));
endmodule
```

上面的代码只是简单地把ac97_link（ac link链路层）和ac97_conf（DAC寄存器配置）两个模块连接在一起，封装成了一个称为ac97的总模块，这样在使用的时候只需要实例化一个ac97模块，提供左、右声道的采样就可以了。

4.4.5 总结

本节作为音频部分的开始，简单介绍了PCM音频采样的大致思路，然后介绍了几种常见的DAC接口协议和对应的FPGA实现，有兴趣的读者可以在FPGA上写一写，连接好时钟和输出，提供一些基础的方波，看是否能播放出声音。后面将介绍GAME BOY的音频系统，也会简单对比一下8bit ~ 32bit游戏机产生音频的异同。

4.5 音频发生器介绍

上节简单介绍了几种常见的音频总线协议。之前讲过，底层视频协议传输的是像素，而底层音频协议传输的是采样。对于视频，GAME BOY（简称GB）中有专门的PPU（像素处理单元）来产生实际需要显示的像素，程序只是给PPU提供原始的“素材”（图块）和“指示”（寄存器设定），有点类似现在PC上的GPU的概念。而音频方面呢？现在的PC大部分已经没有独立的音频处理硬件了，软件交给硬件的直接就是最终输出的采样。而在20世纪八九十年代，那时的CPU性能还不够强，音频处理通常交给专门的硬件来完成，就像之前视频处理的思路一样，CPU只给硬件提供谱子和指示，由硬件来产生实际的采样，在PC上这样的硬件常见的有AdLib、Sound Blaster 16和MT-32等。GB平台的CPU性能更加低下，自然也由这样的硬件来产生音频，这也是本节要讨论的内容。然而不像PPU有自己的名字，任天堂并没有给这个音频处理器起单独的名字，本节中就先以PSG（Programmable Sound Generator，可编程音频发生器）来称呼它。

4.5.1 GB PSG的基本介绍

GB的PSG可以实现4个声部或者4个通道。这是什么意思呢？不知道大家还记不记得，早些年手机铃声有和弦的说法，比如4和弦、16和弦、40和弦等。这里的和弦的说法并不准确，应该称为复音。多少和弦就是表示有多少复音，也就是手机铃声可以同时发出多少个音符。比如16和弦就是可以同时演奏16个音符。而GB每个通道同时只能发出一个音符，4个通道的意思就是可以同时发出4个音符。是不是听起来有点少呢？这也是GB的音乐听起来不如SFC、AdLib等饱满的原因。

然而这4个通道并不是完全等效的。GB的PSG中，前两个通道为方波通道，第三个为采样通道，最后一个为杂波通道。下面就来依次介绍各个通道。

方波通道不难猜到，就是可以产生方波的通道。方波想必大家都很熟悉，通常用GPIO翻转高低电平产生的波形就是方波。通常方波听起来并不好听，毕竟方波是正弦波和大量高频率谐波的叠加，听起来略微刺耳，但方波实现起来最简单，也最便宜。为此早期的游戏机中大部分配备了方波发生器。大家常说的8bit音乐或者8bit风格音乐中也少不了这种典型的“滴滴嘟嘟”的方波声。

第三个通道是采样通道。听起来有些像是直接播放PCM采样的通道，它也确实是，但又不完全是这样。第三个通道可以用来播放PCM采样，但其原本设计的用途并不是用来直接播放采样音乐或者采样音效的。采样通道内部有一个采样内存，可以容纳32个4位的音频采样。即使是在8000Hz的采样率下，32个采样也只能播放0.004s，这显然太短了。硬件设计上采样通道从采样内存中播放采样，一旦播放完32个采样就会从头来过。采样通道通常被用于实现任意波形。比如，要产生正弦波，那就可以在这个内存中存入正弦波一个周期的波形，随后重复播放即可产生连续的正弦波，而通过调整播放速度则可以调整产生的频率。同理，它也可以用来产生方波、锯齿波等波形，或者是其他任意波形的叠加（如在波形里叠加谐波）。当然，如果需要的话，这个通道也可以用来播放PCM采样音效，比如游戏《精灵宝可梦：黄》开头的“皮卡”叫声就是用这个通道来播放的。CPU可以在32个采样播放完成后立即重新载入之后的32个采样，以实现连续的PCM播放，但这样很消耗CPU资源，所以游戏中很少使用。

最后一个通道是杂波通道。杂波通道可以用于产生噪声。这个听上去比较奇怪，为什么会需要产生噪声呢？噪声通道一般是用来产生鼓点、节拍的。这类效果用简单的方波通常比较难以表现，如果用采样效果音频则又需要大量的空间（几秒的采样），在早期游戏中不太可行（虽然对于GAME BOY的时代而言已经可以做到了）。采用短促的噪声来代替，效果还不错，所以早期游戏机的音频发生器中大多会配有杂波通道。

4.5.2 GB PSG的功能和使用方法

这里具体介绍一下GB-PSG的使用方法，同样分3种不同的通道来介绍，最后，我还补充介绍了全局控制寄存器。

1. 方波通道

和PPU一样，对于PSG的控制也是通过写入寄存器来实现的。虽然说PSG和PPU一样也拥有自己的内存和寄存器，但它不像PPU的内存和寄存器那样各自有独立的地址区域，PSG的内存（采样内存）地址和寄存器地址一样被放在了最高页，所以也可以认为这是PSG寄存器的一部分。具体的内容在之后讲采样通道的时候会提到。

对于方波通道，一共有5个寄存器控制它的行为，按照地址顺序分别为扫频控制、长度和占空比控制、音量包络控制、频率低位和频率高位寄存器。这里也按照这个顺序来讲解。

首先是扫频控制寄存器（FF10）。之前提到每个通道只能发出一个音符，也就是只能产生单一频率的波形。不过这并不表示单一频率的声音，因为有谐波的存在，采样通道提供的采样也可以是多种不同频率声音的叠加。这里说的单一频率是硬件上只有一个频率控制，通常也就是一个音符。扫频的功能则允许硬件在波形产生时自动对频率进行调整，这个功能通常被用于产生效果音。以下是该寄存器的定义。

第6~4位	扫频持续时间
第3位	扫频方向（0：提高频率,1：降低频率）
第2~0位	扫频位数（0~7）

扫频时间的定义如下。

000	禁用扫频，频率不发生变化
001	7.8ms (1/128Hz)
010	15.6ms (2/128Hz)
011	23.4ms (3/128Hz)
100	31.3ms (4/128Hz)
101	39.1ms (5/128Hz)
110	46.9ms (6/128Hz)
111	54.7ms (7/128Hz)

扫频会以选定的频率（比如每7.8Hz）调整播放的频率设定，每次调整都是在上一次的基础上加上或者减去上一次的频率右移选定的位数。举个例子，比如这个寄存器被设置成了0x32，那么按照定义，扫频时间为011，即23.4ms；方向为0，也就是频率升高；最后位数为2，即每次右移两位。假设起始频率为256Hz，那么，在23.4ms之后，频率会变成256+256>>2=320Hz；再过23.4ms，频率则会变成320+320>>2=400Hz，依此类推。

接下来是长度和占空比设定寄存器（FF11）。长度很好理解，每个音符可以有自己的长度，在音符被打开一段时间（设定的长度）后可以自动关闭。而占空比也一样，描述的就是产生的方波的占空比。以下是这个寄存器的定义。

第7~6位	占空比
第5~0位	音频长度设置（时间=(64~设定)/256秒）

其中占空比的定义如下。

00	87.5%高 12.5%低
01	75%高 25%低
10	50%高 50%低
11	25%高 75%低

接下来是音量包络设定寄存器（FF12）。扫频是频率由硬件自动变化，而音量包络是音量由硬件自动变化。虽然概念类似，但使用方法并不相同。以下是寄存器的定义。

第7~4位	初始音量（0~F,0为最低）
第3位	调整方向（0：减少,1：增加）
第2~0位	调整速度（0~7）

和扫频一样，音量包络有调整速度/时间的设定，由2 ~ 0位决定。每一步的时长为速度的设定值乘以1/64秒。注意这里只有起始条件的设定而没有终止条件的设定，终止条件只能是到达最大值。比如设置了初始音量为3，方向为增加，速度为5，则每5/64秒音量值就会增大1，直到达到最大值（15）。

最后是两个频率设定寄存器。FF13为频率低位设定寄存器，保存了频率的低8位，而FF14保存了频率的高3位和两个其他的设定。

第7位	启动声音（1：启用）
第6位	使用长度限制（0：不使用；1：使用）
第2~0位	频率高3位

两个寄存器中的频率合并起来得到一个11位的频率设定值x，最终输出的频率为131072/(2048−x) Hz。长度限制指的就是之前提到的那个长度设置寄存器（FF11），只有这里设置为1，FF11的设定才会起效，否则音频将始终播放而不会自动停止。最后一个是启动声音，向这个位写入1就可以让这个音符开始或者重新开始发出声音（而写入0则不会有任何效果）。

对于第二个方波通道，寄存器方面基本和第一个通道一样，只是少了扫频功能。对于第二个通道，长度和占空比寄存器为FF16，音量包络寄存器为FF17，频率低位寄存器为FF18，而频率高位和控制寄存器则为FF19。

2. 采样通道

采样通道同样是通过5个寄存器来控制，不过功能不太一样，分别是通道开关、音频长度、输出级别、频率低位和频率高位寄存器。

通道开关（FF1A）这个寄存器非常简单，只有第7位是有效的，用来控制是否播放波形，写入0停止，写入1启用。

音频长度寄存器（FF1B）和方波通道里面的音频长度寄存器很接近，不同的是这里所有7位都是用于控制长度的，为此最大长度就要长于方波通道的长度。实际播放长度为(256−设定值)/256秒（即从1/256s到1s可设定）。

输出级别寄存器（FF1C）用于调整音量寄存器。需要注意的是这里的音量调整是直接对采样进行调整，通过右移来减小幅度，为此会损失原本就已经很有限的分辨率。第6 ~ 5位用来选择要输出的级别。

00	静音
01	原始音量
10	右移一位（50%音量）
11	右移两位（25%音量）

频率低位寄存器（FF1D）和频率高位寄存器（FF1E）的定义和之前方波相同，只是频率这里并不用来表示音符的频率，而是表示采样的播放速度（采样率）。由于采样通常是一个周期的波形，为此当连续播放时采样率便决定了输出波形的频率。实际采样率为65536/(2048–设定值) Hz。

此外，用于存放波形数据的内存地址范围为FF30 ~ FF3F，即一共16字节，每个字节存储两个4位采样，高4位的采样数据先播放。

3. 杂波通道

最后一个通道由4个寄存器来控制，分别是音频长度、音量包络、移位寄存器设定和控制寄存器。

音频长度寄存器（FF20）和音量包络寄存器（FF21）的功能和方波通道中的音频长度寄存器（FF11）及音量包络寄存器（FF12）是完全一致的。只是在音频长度寄存器中没有了占空比设计。控制寄存器（FF23）就是之前的频率高位寄存器（FF14、FF19和FF1E）去掉了频率高位，只留下了重启音频（第7位）和启用长度控制（第6位）两个功能。

移位寄存器设定（FF22）则是一个杂波通道独有的寄存器，用于控制产生噪声的LFSR。定义如下。

第7~4位	移位时钟频率（*s*）
第3位	寄存器位宽（0：15位；1：7位）
第2~0位	频率预分频系数（*r*）

杂波通道内部使用了一种叫LFSR的计数器来产生随机的位序列。LFSR就是一个移位寄存器，而新移入的位的值取决于一些原本已有的位，图4.17所示就是个典型的LFSR原理图。

这样每次新移入的一个位相对而言就是较为随机的数字，直接输出也就得到了噪声。这个寄存器可以对内部LFSR的工作方式进行一些调整。首先是频率，移位寄存器按照一定频率移位，调整频率就能得到不同效果的噪声。而寄存器位宽则是调整移位寄存器的位宽，短的位宽会使随机结果循环周期变短，相对而言声音更有规律，听起来也更尖锐一些；而长的位宽则会使周期变长，声音听起来会更加柔和。当*r*不为0时，实际移位的频率为(524288/*r*)>>(*s*+1) Hz；当*r*为0时，实际移位的频率为524288>>*s* Hz。

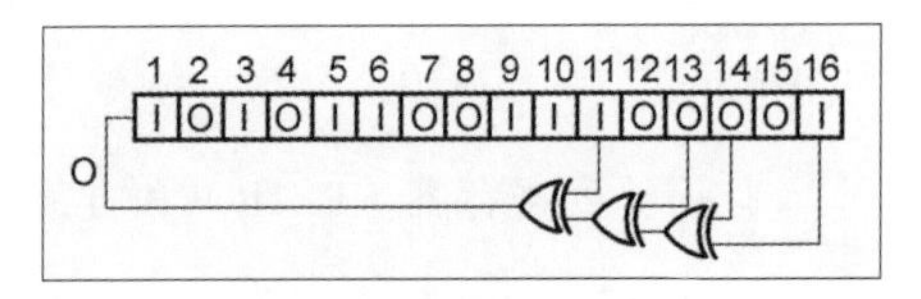

图4.17 LFSR原理图

4. 全局控制寄存器

最后还有一些额外的寄存器用来控制PSG整体的工作。

第一个是音量和外部音频输入控制寄存器（FF24），定义如下。

第7位	将Vin输出到左声道
第6~4位	左声道输出级别（0~7）
第3位	将Vin输出到右声道
第2~0位	右声道输出级别（0~7）

Vin指的是卡带槽上的一个模拟音频输入通道。原本的设计是卡带上可以有额外的音频芯片用来合成音频，随后通过Vin输入机器和机器自己的PSG音频叠加输出，但最终并没有任何游戏使用过这一功能。

第二个是音频输出选择寄存器（FF25），定义是8个输出开关，1为输出，0为不输出，没有什么需要特别说明的，大家看下面的定义就可以了。

第7位	将杂波通道输出到左声道
第6位	将采样通道输出到左声道
第5位	将方波通道2输出到左声道
第4位	将方波通道1输出到左声道
第3位	将杂波通道输出到右声道
第2位	将采样通道输出到右声道
第1位	将方波通道2输出到右声道
第0位	将方波通道1输出到右声道

最后一个是音频开关寄存器（FF26）。第0 ~ 3位是指示通道是否启用的只读位，写入不会产生任何效果。如果关闭总开关，会直接给芯片内的音频部分断电，可以节约16%左右的电量。在断电后所有寄存器的内容都不会保存，也将无法访问除FF26之外的寄存器。其寄存器定义如下。

第7位	音频总开关
第3位	杂波通道开关状态
第2位	采样通道开关状态
第1位	方波通道2开关状态
第0位	方波通道1开关状态

4.5.3 总结

以上就是本节对GB PSG的介绍。不知道大家看过这节的介绍是不是已经大致想到了PSG的内部实现了呢？PSG的功能并不复杂，大致就是几个计数器和一些复用器罢了。下节我们会介绍其具体在Verilog中的实现。虽然PSG的功能并不复杂，实现也很容易，但是可以产生许多极具特色的音乐，时至今日仍然可以看见许多爱好者使用GB配合LSDj一类的软件进行音乐创作，这也是PSG独有的魅力吧。

4.6 音频发生器实现

上节介绍了GAME BOY（简称GB）中可编程音频发生器（PSG）的结构和功能，以及其中所有寄存器的定义。应用程序（游戏）就是通过这些寄存器来控制PSG产生不同音频的。而对于实现一个PSG而言，主要是实现一套功能相同、寄存器定义相同的硬件。需要注意的是，对于原始的GB，PSG是个模拟和数字混合的设计，内部一部分采用数字混合，一部分采用模拟混合，最终输出的是模拟信号；而这里则是纯数字的设计，最终输出一个16位的整数采样。

4.6.1 CPU接口和寄存器

既然CPU可以操作的部分是PSG的寄存器，那么总体的设计也就从寄存器开始。这部分其实和PPU很类似，出于篇幅考虑就不给出重复内容了，大家可以翻阅《无线电》2019年7月刊的内容作为参考。不同的地方在于，PSG可以通过寄存器触发一些通道，这需要独立的逻辑。PSG还可以通过寄存器切断整个PSG的电源，导致所有寄存器内容丢失。在FPGA上这显然是做不到的，只能在这个寄存器中写入复位寄存器的内容来模拟行为。需要注意的是，这些都是需要额外的逻辑来实现的，整合到整个系统中时，可能会变成关键路径影响整体性能。其代码如下。

```
// 音频寄存器
reg [7:0] regs [0:31];
// 寄存器别名
wire [7:0] reg_nr10 = regs[00]; // $FF10 通道1扫频控制
wire [7:0] reg_nr11 = regs[01]; // $FF11 通道1长度及占空比
wire [7:0] reg_nr12 = regs[02]; // $FF12 通道1音量包络
wire [7:0] reg_nr13 = regs[03]; // $FF13 通道1频率低位
wire [7:0] reg_nr14 = regs[04]; // $FF14 通道1频率高位
// 位别名
wire [2:0]  ch1_sweep_time = reg_nr10[6:4];
wire ch1_sweep_decreasing = reg_nr10[3];
wire [2:0]  ch1_num_sweep_shifts = reg_nr10[2:0];
wire [1:0]  ch1_wave_duty = reg_nr11[7:6];
wire [5:0]  ch1_length = reg_nr11[5:0];
```

```
// 波形表
reg [7:0] wave [0:15];
wire [3:0] wave_addr_ext = a[3:0];
wire [3:0] wave_addr_int;
wire [3:0] wave_addr = (ch3_on) ? (wave_addr_int) : (wave_addr_ext);
wire [7:0] wave_data = wave[wave_addr];
wire addr_in_regs = (a >= 16'hFF10 && a <= 16'hFF2F);
wire addr_in_wave = (a >= 16'hFF30 && a <= 16'hFF3F);
// 总线读取
always @(*)
begin
 dout = 8'hFF;
 if (addr_in_regs) begin
  if (a == 16'hFF26)
   dout = {sound_enable, 3'b0, ch4_on_flag, ch3_on_flag, ch2_on_flag, ch1_on_flag};
  else
   dout = regs[reg_addr];
 end
 else
 if (addr_in_wave) begin
   dout = wave[wave_addr];
 end
end
// 总线写入
integer i;
always @(posedge clk, posedge rst)
begin
 if (rst) begin
  for (i = 0; i < 32; i = i+1) begin
   regs[i] <= 8'b0;
  end
 end
 else begin
  if (wr) begin
   if (addr_in_regs) begin
    if (a == 16'hFF26) begin
     if (din[7] == 0) begin // 模拟真机掉电情况，清空寄存器
      for (i = 0; i < 32; i = i+1)  begin
       regs[i] <= 8'b0;
```

```
          end
        end
        else
          regs[reg_addr] <= din;
      end
      else if (sound_enable) begin
        regs[reg_addr] <= din;
      end
    end
    else if (addr_in_wave)
      wave[wave_addr] <= din; // 如果波表正在被使用则会写入错误地址
  end
  // 写入1时产生起始信号
  if ((wr)&&(a == 16'hFF14)) ch1_start <= din[7];
    else ch1_start <= 0;
  if ((wr)&&(a == 16'hFF19)) ch2_start <= din[7];
    else ch2_start <= 0;
  if ((wr)&&(a == 16'hFF1E)) ch3_start <= din[7];
    else ch3_start <= 0;
  if ((wr)&&(a == 16'hFF23)) ch4_start <= din[7];
    else ch4_start <= 0;
 end
end
```

4.6.2 方波通道

如上节所说，GAME BOY中的PSG一共有4个通道，其中有2个是方波通道。这里就选择从最基本的方波通道开始。方波其实很简单，FPGA内部使用的时钟信号就可以看作一个方波。而如果需要产生不同频率的方波，也只需要增加一个可以调节计数长度（如初始值）的计数器即可。下面就是一个简单的实现。

```
reg [10:0] divider = 11'b0;
reg [10:0] target_freq;
reg out = 0;
always @(posedge clk, posedge start)
begin
  if (start) begin
    divider <= target_freq;
  end
  else begin
```

```
        if (divider == 11'd2047) begin
          out <= ~out;
          divider <= target_freq;
        end
        else begin
          divider <= divider + 1'b1;
        end
      end
    end
```

以上就是一个基本的timer了，设置不同的target_freq可以产生不同的频率，当然，产生的频率都是对于主clk而言的。

然而GAME BOY的PSG中的方波通道并不只是产生单纯的方波，它还可以用扫频控制调整频率，可以控制输出波形的占空比，调整输出波形的音量。下面就来一步一步实现这些功能。

首先是占空比，保存在NR11的第0 ~ 5位中。这个粗看起来比较为难，因为计数器只能产生50%占空比的方波，并不能做到任意占空比。然而这里可以产生的占空比只能是87.5%、75%、50%和25%，为此可以直接让计数器产生8倍于目标输出频率的方波，随后通过一个简单的状态机来产生正确频率和占空比的波形。

```
reg [2:0] duty_counter = 3'b0;
always @(posedge octo_freq_out)
begin
  duty_counter <= duty_counter + 1'b1;
end
assign target_freq_out =
(wave_duty == 2'b00) ? ((duty_counter != 3'b111) ? 1'b1 : 1'b0) : ( // 87.5% HIGH
(wave_duty == 2'b01) ? ((duty_counter[2:1] != 2'b11) ? 1'b1 : 1'b0) : ( // 75% HIGH
(wave_duty == 2'b10) ? ((duty_counter[2]) ? 1'b1 : 1'b0) : ( // 50% HIGH
((duty_counter[2:1] == 2'b00) ? 1'b1 : 1'b0)))); // 25% HIGH
```

以上代码中定义了一个3位的计数器，以0 ~ 7循环计数，可以看作状态机的状态（8个状态）；随后根据wave_duty和当前的状态来决定输出，可以看作状态机的输出。这样就能实现需要的4种占空比的输出了。下一步需要实现的功能则是扫频。

实现扫频需要知道3个条件，分别是速度（多长时间更新一次频率）、频率（每次频率发生多少变化）和长度（扫频过程持续的时间）。GB的PSG中，速度为每秒更新128次（128Hz），频率是由NR10寄存器中0 ~ 2位的扫频位数决定，最后的长度则是由NR11寄存器中0 ~ 5位的扫频长度决定。具体实现也很简单，计数器每次重载的时候会载入target_freq的数值，只要让扫频逻辑每

1/128s改变一次target_freq即可。这里可以先产生一个128Hz的时钟，随后便可以编写基于这个时钟的扫频逻辑。

```
reg overflow;
always @(posedge clk_sweep, posedge start)
begin
 if (start) begin
  target_freq <= frequency;
  sweep_left <= sweep_time;
  overflow <= 0;
 end
 else begin
  if (sweep_left != 3'b0) begin
   sweep_left <= sweep_left - 1'b1;
   if (sweep_decreasing)
    target_freq <= target_freq - (target_freq << num_sweep_shifts);
   else
    {overflow, target_freq} <= {1'b0, target_freq} + ({1'b0, target_freq} << num_sweep_
shifts);
  end
  else begin
   target_freq <= frequency;
  end
 end
end
```

注意这里有一个overflow信号，用来指示频率过高的情况，虽然这里没有用到这个信号，但在之后会和长度控制的信号组合用来关闭通道。

这里先来看和扫频类似的一个功能——音量包络。说类似，是因为音量包络同样是每隔一段时间对一个数值进行单方向的调整。不同的是扫频过程中频率每次的步进是频率移位，也就是每次的变化量和当前的频率有关；而在音量包络中，音量是线性变化的，每次的步进为1。另外，扫频的速度永远是128次/秒，而音量包络的速度可调，也需要额外实现。因为别的通道也需要使用同样的音量包络功能，为此这里应该把整个音量包络实现在独立的模块中，方便之后重复使用。当然扫频也可以实现在独立的模块当中，只是这里只有第一个通道会用到扫频而已。于是这里定义一个新的模块，放在新的文件中用于进行音量包络。

```
module sound_vol_env(
 input clk_vol_env,
```

```
    input start,
    input [3:0] initial_volume,
    input envelope_increasing,
    input [2:0] num_envelope_sweeps,
    output reg [3:0] target_vol
    );
    reg [2:0] enve_left; // 下次扫描前的循环次数
    wire enve_enabled = (num_envelope_sweeps == 3'd0) ? 0 : 1;
    // Volume Envelope
    always @(posedge clk_vol_env, posedge start)
    begin
     if (start) begin
      target_vol <= initial_volume;
      enve_left <= num_envelope_sweeps;
     end
     else begin
      if (enve_left != 3'b0) begin
       enve_left <= enve_left - 1'b1;
      end
      else begin
       if (enve_enabled) begin
        if (envelope_increasing) begin
         if (target_vol != 4'b1111)
          target_vol <= target_vol + 1;
        end
        else begin
         if (target_vol != 4'b0000)
          target_vol <= target_vol - 1;
        end
        enve_left <= num_envelope_sweeps;
       end
      end
     end
    end
  endmodule
```

到目前为止，上面的代码只是输出需要的音量级别，而没有具体的音量控制代码，这部分会在之后混合的地方完成。考虑方波通道的功能，现在只剩下一个功能还没有被实现——播放长度。每个音符（每次通道被触发后）可以限制播放的长度，达到指定的长度后可以自动停止。因为每个声部都有长度控制的功能，所以同样选择在一个独立的模块中实现这些功能。这个模块需要的输入是时钟、起始信号、长度，输出只是一个使能信号，用来表示通道是否启用。不难发现这些模块都是很相似的。由于通道3的计数长度可以为8位，而其他通道为6位，这里使用一个parameter把宽度定义成一个参数，可以在实例化时进行修改。

```
module sound_length_ctr(rst, clk_length_ctr, start, single, length, enable);
  parameter WIDTH = 6; // 6bit Ch124, 8bit Ch3
  input rst;
  input clk_length_ctr;
  input start;
  input single;
  input [WIDTH-1:0] length;
  output reg enable = 0;
  reg [WIDTH-1:0] length_left = {WIDTH{1'b1}}; // 从length到255的向上计数器
  always @(posedge clk_length_ctr, posedge start, posedge rst)
  begin
    if (rst) begin
      enable <= 1'b0;
      length_left <= 0;
    end
    else if (start) begin
      enable <= 1'b1;
      length_left <= (length == 0) ? ({WIDTH{1'b1}}) : (length);
    end
    else begin
      if (single) begin
        if (length_left != {WIDTH{1'b1}})
          length_left <= length_left + 1'b1;
        else
          enable <= 1'b0;
      end
    end
  end
endmodule
```

以上就完成了整个第一通道的功能实现，剩下的只是把所有的东西（产生的频率、使能信号和音量包络）组合成一个最终的通道，然后采样输出。由于GAME BOY内部使用的DAC为4位的，这里也使用4位的信号。前面提到但是没有用到的overflow信号，这里和长度控制给出的使能信号使用AND组合在一起，作为最终的使能信号。对于真实的芯片，使能信号最好是用来阻断时钟（clock gating），但在FPGA中则不推荐这么做，建议只是用来控制最终输出。

```
assign enable = enable_length & ~overflow;
assign level = (enable) ? ((target_freq_out) ? (target_vol) : (4'b0000)) : (4'b0000);
```

至此，第一通道的设计就全部完成了。第二通道只是第一通道的删减，这里就不再赘述。来看看采样通道和杂波通道的产生吧。

4.6.3 采样通道和杂波通道

对于采样通道，主要的区别就在于波形并非通过频率发生器来产生，而是直接从波形内存中读取。这里需要实现的有：根据设置频率的不同需要产生不同的时钟来读取波形，以及同样需要控制长度。产生频率的部分和方波是相同的，这里就跳过。长度控制部分则完全可以使用和之前一样的模块，只是进行实例化一下，并且指定宽度为8（记得之前设定的参数吗？）即可。

```
wire [3:0] current_sample;
reg [4:0] current_pointer = 5'b0;
assign wave_a[3:0] = current_pointer[4:1];
assign current_sample[3:0] = (current_pointer[0]) ?(wave_d[3:0]) : (wave_d[7:4]);
always @(posedge clk_pointer_inc, posedge start)
begin
  if (start) begin
    current_pointer <= 5'b0;
  end
  else begin
    if (on)
      current_pointer <= current_pointer + 1'b1;
  end
end
sound_length_ctr #(8) sound_length_ctr(
  .rst(rst),
  .clk_length_ctr(clk_length_ctr),
  .start(start),
  .single(single),
  .length(length),
  .enable(enable)
);
assign level = (on) ? (
  (volume == 2'b00) ? (4'b0000) : (
```

```
  (volume == 2'b01) ? (current_sample[3:0]) : (
  (volume == 2'b10) ? ({1'b0, current_sample[3:1]}) : (
  ({2'b0, current_sample[3:2]}))))) : 4'b0000;
```

杂波通道也采用类似的思路，频率控制和长度控制保持不变，只是调整波形的来源。这里只给出LFSR的实现，剩下的都大同小异。

```
reg [14:0] lfsr = {15{1'b1}};
wire target_freq_out = ~lfsr[0];
wire [14:0] lfsr_next =
  (counter_width == 0) ? ({(lfsr[0] ^ lfsr[1]), lfsr[14:1]}) :
  ({8'b0, (lfsr[0] ^ lfsr[1]), lfsr[6:1]});
always@(posedge clk_shift, posedge start)
begin
  if (start) begin
    lfsr <= {15{1'b1}};
  end
  else begin
    lfsr <= lfsr_next;
  end
end
```

4.6.4 总结

本节介绍了PSG具体的实现过程，也给出了不同功能具体的实现代码。不难看出，PSG的结构还是相当简单的，核心就是定时器和寄存器。然而仅凭这些简单的电路就能产生许多动听的音乐，还是得佩服当年那些开发者的开发能力和音乐功底。大家有兴趣的话，也可以在网上搜索GB游戏的OST聆听一下，或者是搜索现在的音乐家用LSDj给GB编写的乐曲的效果。

4.7 定时器

这节讲一个比较简单的外设——定时器。对于现在的系统而言，要进行任何精确的定时，都需要用到定时器。然而在GAME BOY上，许多游戏并不需要定时器就能运行，主要原因是GAME BOY上的游戏大多根据屏幕行场同步进行计时，短时间的延迟用忙等待即可。如果是很长时间的计时，则可以使用MBC3卡带提供的实时时钟功能。所以GAME BOY的定时器也没有太多复杂的功能。接下来就介绍一下GB定时器的功能和使用方法。

4.7.1 定时器的功能和使用方法

GB的定时器功能非常简单，或者说非常简陋，它只能实现基本的向上计数、自动重载和溢出中断。不过这也合理，如同前面所说，GB的定时器在游戏里一般不会用到，而GB一般也没有GPIO控制外部设备或者输出PWM的需求，所以GB不需要过于强大的定时器，能够满足游戏的中等时长计时需求即可。

GB的定时器一共有4个寄存器：DIV、TIMA、TMA和TAC。这4个寄存器分别占据了0xFF04、0xFF05、0xFF06和0xFF07四个地址。

DIV寄存器会持续以16kHz的频率自加且不会停止。CPU可以通过读取DIV寄存器来得到当前的计数值。不过CPU并不能写入这个寄存器，只能清零。任何对于这个寄存器的写入都会造成DIV被清零。

TIMA寄存器会持续以TAC中选定的频率自加且不会停止。当发生溢出（超过FF）时，TIMA会被重置为TMA的数值，并且触发中断。CPU可以通过读取TIMA寄存器来得到当前的计数值，也可以通过写入TIMA设置新的计数值。

TMA寄存器是一个可读写的寄存器，只在TIMA溢出时使用，可作为初始值载入TIMA。

TAC寄存器是控制寄存器，其中位1~0用于选择定时器的频率，而位2用于启用或者关闭定时器。定时器的频率可以在以下4种中选择。

```
00: 4 kHz
01: 256 kHz
```

```
10: 64 kHz
11: 16 kHz
```

定时器频率选择只会影响TIMA寄存器的计数频率，不会影响DIV寄存器的计数频率。

定时器可以触发定时器中断。和其他中断一样，定时器可以使用0xFF0F寄存器来控制中断的开关。定时器的中断地址为0x50，也就是中断发生后，CPU会在执行完当前指令后跳转到0x50开始执行定时器中断服务代码。通常，0x50位置会放一个跳转指令，CPU会跳转到真正的中断服务函数中执行代码，这是因为0x50附近的代码空间很有限。

考虑到定时器的定时寄存器只有8位，也就是中断最低频率只能是4kHz/256=16Hz，如果我们需要更长时间的定时则需要额外设置定时变量，不过对于这么慢的定时也没有太大关系了。而最大终端频率约为256kHz，考虑到单纯是退出中断的RETI指令执行就需要16时钟周期（也就是说，按一条指令16周期算，最大执行频率为4MHz/16=256 kHz，已经非常高了。

4.7.2 定时器模块接口

首先还是从模块头开始。定时器不像音频和视频有额外的输出，定时器只是连接在总线上，提供寄存器读写接口，并产生中断请求罢了。需要注意的是，为了实现精确的模拟，这里还使用了当前CPU在4时钟周期中的周期数（GB中 CPU工作是以4时钟为单位进行的，这里只是需要让定时器和CPU同步）。

```
module timer(
  input wire clk,
  input wire [1:0] ct, // 当前在4时钟周期中的周期数
  input wire rst,
  input wire [15:0] a,
  output reg [7:0] dout,
  input wire [7:0] din,
  input wire rd,
  input wire wr,
  output reg int_tim_req,
  input wire int_tim_ack
  );
```

以上的信号应该非常直白了，首先是时钟和复位信号输入，随后是GB使用的8位异步总线接口，最后两行是中断请求和中断应答信号。这里虽然定义了16位地址总线，但是这个模块只会应答4个地址（4个寄存器所在的地址），随后需要通过外部的复用器把不同的模块连接到总线上。

4.7.3 总线读写

还是从总线读写开始，相信大家对这部分已经比较熟悉了。首先定义寄存器，随后实现读取部分，最后实现写入部分。不同的是，这里的DIV寄存器并非一般的reg类型，而是使用了wire类型。为什么会这样？你可能已经注意到GB的定时器最大可以实现的定时频率为256kHz，而DIV寄存器只会以16kHz的频率计时，输入频率却又是系统的4MHz。为了处理这些不同的频率，这里选择直接实现一个16位的内部DIV寄存器，使用4MHz计时，CPU可访问的DIV寄存器为实际寄存器的高8位。如果最低位的计时频率为4MHz，那么高8位的计时频率也就是4MHz/256=16kHz。同理分别使用这个寄存器的第10位、第4位、第6位和第8位就可以得到4kHz、256kHz、64kHz和16kHz这4个可选的计时频率。当然这只是我的设计，并不确定GB原本的设计是如何的。随后，我们就可以定义如下的寄存器以及相关的信号。

```
wire [7:0] reg_div; // 分配寄存器
reg [7:0] reg_tima; // 计时器
reg [7:0] reg_tma; // 定时器
reg [7:0] reg_tac; // 计时器控制
reg [15:0] div;
assign reg_div[7:0] = div[15:8];
wire addr_in_timer=((a==16'hFF04)||
  (a==16'hFF05)||
  (a==16'hFF06)||
  (a==16'hFF07))? 1'b1 : 1'b0;
```

接着处理实际的读取。

```
always @(*)
begin
dout = 8'hFF;
 if (a == 16'hFF04) dout = reg_div; else
 if (a == 16'hFF05) dout = reg_tima; else
 if (a == 16'hFF06) dout = reg_tma; else
 if (a == 16'hFF07) dout = reg_tac;
end
```

写入也并不复杂，就是一般的写入流程，根据地址写入不同的寄存器即可。

```
always @(posedge clk, posedge rst) begin
 if (rst) begin
  reg_tima <= 0;
  reg_tma <= 0;
```

```
    reg_tac <= 0;
    div <= 0;
  end
  else begin
    div <= div + 1'b1;
    if ((wr) && (a == 16'hFF04)) div <= 0;
    else if ((wr) && (a == 16'hFF06)) reg_tma <= din;
    else if ((wr) && (a == 16'hFF07)) reg_tac <= din;
    else if ((wr) && (a == 16'hFF05)) reg_tima <= din;
  end
end
```

需要说明的是，这个代码的行为和真实GB的行为并不符合：GB使用锁存器来保存寄存器的数值，而上面的代码使用了触发器。锁存器和触发器的一大区别在于，锁存器是电平触发，而触发器是边缘触发。通常而言，只是从数据总线保存到锁存器或触发器中的话，并没有什么问题。但我们需要考虑一个情况，如果在寄存器写入TMA的同时，定时器寄存器TIMA溢出了，TIMA会从TMA重载数值，而TMA会从数据总线写入新的数据。如果是触发器，两个写入都在时钟边沿发生，TIMA会写入原先TMA的数值，而TMA会写入数据总线的数值。而如果是锁存器，则在时钟有效时，TMA会写入数据总线的数值，而TIMA也会写入新的TMA数值，即同样得到新的数值，因为TMA在此时是透明的。如果有必要的话，这里可以使用额外的逻辑来模拟这类行为。

4.7.4 定时功能实现

前面已经提到过，我们可以通过使用内部DIV寄存器的不同位来选择不同的时钟，这里就来实现这个功能。

```
wire reg_timer_enable = reg_tac[2];
wire [1:0] reg_clock_sel = reg_tac[1:0];
wire clk_4khz = div[9];
wire clk_256khz = div[3];
wire clk_64khz = div[5];
wire clk_16khz = div[7];
wire clk_tim;
assign clk_tim = (reg_timer_enable) ?(
  (reg_clock_sel == 2'b00) ? (clk_4khz) : (
  (reg_clock_sel == 2'b01) ? (clk_256khz) : (
  (reg_clock_sel == 2'b10) ? (clk_64khz) : (clk_16khz)))) : (1'b0);
```

上面的代码，就根据reg_clock_sel的值选择了4种不同频率的时钟。如果是一般的计数器，就可以直接用上面的clk_tim来驱动定时器（使用always @(posedge clk_tim)），然而这里的计数器计数值可以通过总线写入，也可以通过总线读取。寄存器只能有一个写入来源，而跨时钟域也会带来额外的问题。所以这里我们选择在总线写入的always语句中加入边沿检测，在检测到边沿时就更新寄存器的值。

```
reg last_clk_tim;
always @(posedge clk) begin
  last_clk_tim <= clk_tim;
end
always @(posedge clk, posedge rst) begin
  if (rst) begin
    // 和之前相同，省略
  end
  else begin
    // 和之前相同，省略
    else begin
      if ((last_clk_tim == 1'b1)&&(clk_tim == 1'b0)) begin
        reg_tima <= reg_tima + 1'b1;
        if (reg_tima == 8'hFF) begin
          int_tim_req <= 1'b1; // 中断在到达0xFF时发出
        end
      end
      else begin
        if ((int_tim_req)&&(int_tim_ack)) begin
          int_tim_req <= 1'b0; // 得到中断响应后清除请求
        end
        if ((ct == 2'b00)&&(reg_timer_enable)) begin
          if (reg_tima == 8'd0) begin
            reg_tima <= reg_tma;
          end
        end
      end
    end
  end
end
```

注意上面的写法略微有些不同，通常，溢出后定时器就应该直接重载新的值，而GB的定时器会先溢出到0，随后再重载为TMA的数值。

4.7.5 总结

以上就是关于定时器的全部内容。定时器相对比较简单，可以在一节内把编程和设计都讲完。到目前为止，我们已经介绍了很多外设的设计，不过它们还都是分散的一堆模块。下一节，我会讲一讲关于总线和DMA的内容，把这些模块连接起来。

4.8 总线互联

之前的内容介绍了一些不同的外设设计（如视频控制器、音频控制器等），这些设备作为外设，需要由CPU控制才能发挥作用，本节就来讲讲把这些设备和CPU连接到一起的总线。我们还会讲讲总线数据传输的一个例子——DMA的设计。

4.8.1 8080总线

前面已经提到过，GAME BOY（GB）所使用的CPU核心叫作SM83，而SM83本身是参考Intel 8080和Zilog Z80做的混合设计。所以，GB采用了和8080同样的总线设计。总线的信号很简单，有16位地址线、8位数据线、一条写入使能WR、一条读取使能RD。或许你注意到了，所有的信号都是从主机（发送方）发送到从机（接收方），而没有从从机到主机的反馈信号（如ACK、BUSY等）。这也就意味着，从硬件层面上而言，总线主机认为从机永远可以接收数据，并且只需要一个总线周期就能完成读写。在GB中，一个总线周期指按1MHz时钟计算的一个周期。为此，对于速度比较慢的设备，主机需要预先确定从机是否可以接收数据，如果从机速度较慢则需要通过软件进行等待。GB中，串口就是一个低速设备，并不能直接连续写入。这样的设计简化了CPU硬件设计，不需要为了总线读写额外插入等待周期。Intel在后续的处理器中，为了满足连接到更多不同速度的设备（如DRAM内存）的需求，加入了确认信号。这里我们只考虑最简单的GB的情况。

下面是一个典型的读取周期的例子，读取即总线主机（通常为CPU或DMA）从总线从机（可以是外设，也可以是内存）读取数据。总线主机给出地址和读取使能信号，随后等待总线从机输出数据。在没有反馈的情况下，主机永远在固定的时间后读取总线上的数据。在这种情况下，总线最快需要2个时钟周期才能完成一次传输，然而在这2个时钟周期里，从主机提供地址到从机返回数据只有一个周期的时间。试想对于一个相对比较慢的设备，如果这个设备需要2个周期才能准备好数据，尽管总线传输本身就要2个周期，但是最后一个周期对于设备而言是被浪费的，一共需要3个周期才能完成传输。所以，后期也就出现了地址流水化的设计，即在读取到数据后就给出下一个要传输的地址，以避免这一周期的浪费。图4.18所示即为一个读取周期。

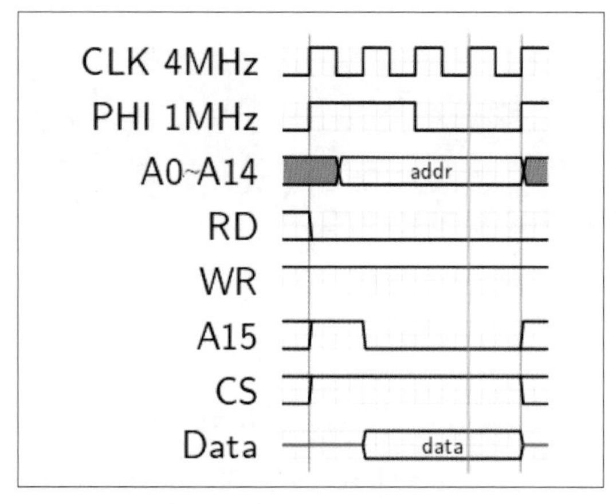

图 4.18 一个读取周期

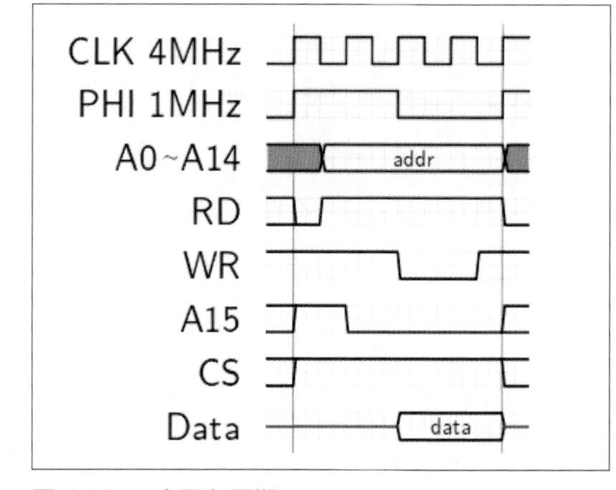

图 4.19 一个写入周期

图4.19所示是一个写入周期的例子，和读取周期类似，只是这次主机在一开始就给出了地址和数据，等待从机完成写入。

这里有一个小细节：在读取和写入时，CS引脚都为高（无效）。熟悉单片机的读者可能会觉得奇怪，CS是片选信号，一般在总线读写的时候应该会处于有效（低）状态才对吧？需要说明的是，GB里的片选信号是RAM的片选信号，只有在访问的地址在0xA000~0xFDFF时才是有效的，在访问ROM或者外设时都是无效的。

4.8.2 Verilog 8080总线互联

对于实际的分立设备，想要把设备连接到一个总线上，把所有相同名称的线接在一起就可以了。而在Verilog中，则稍微复杂一些：Verilog中同一个信号只能有一个驱动器。比如，对于数据线，总线主机和每一个总线从机都可以输出数据，这些设备都具有驱动数据线的能力。在Verilog中需要确定唯一的驱动方，不能直接把所有设备的数据线连接在一起。

当然，这个问题也不难解决，毕竟不同的设备占据了不同的地址，只需要按照地址译码，根据不同的地址将不同的设备连接到总线上即可。对于数据线可以为输入或输出的问题，可以参考下面的连接一个主机和两个从机的例子，地址线共16位（64KB寻地空间），两个从机各占据高低32KB的空间。

```
wire [15:0] master_a;
reg  [7:0]  master_din;
wire [7:0]  master_dout;
wire        master_wr;
wire        master_rd;
```

```
reg  [15:0] slave_a_a;
reg  [7:0]  slave_a_din;
wire [7:0]  slave_a_dout;
reg         slave_a_wr;
reg         slave_a_rd;
reg  [15:0] slave_b_a;
reg  [7:0]  slave_b_din;
wire [7:0]  slave_b_dout;
reg         slave_b_wr;
reg         slave_b_rd;
always @(*) begin
    slave_a_a = 16'bx;
    slave_a_din = 8'bx;
    slave_a_wr = 1'b0;
    slave_a_rd = 1'b0;
    slave_b_a = 16'bx;
    slave_b_din = 8'bx;
    slave_b_wr = 1'b0;
    slave_b_rd = 1'b0;
    if (master_a < 16'h8000) begin
        slave_a_a = master_a;
        slave_a_din = master_dout;
        master_din = slave_a_dout;
        slave_a_wr = master_wr;
        slave_a_rd = master_rd;
    end
    else begin
        slave_a_a = master_a;
        slave_a_din = master_dout;
        master_din = slave_a_dout;
        slave_a_wr = master_wr;
        slave_a_rd = master_rd;
    end
end
```

以上代码实际上只是实现了一个多路复用器，用来选择不同的信号。

4.9 DMA

4.9.1 GB的DMA

前面的例子中只有一条总线，总线中只有一个主机（CPU）。然而在GB中，不止有一条总线，也不止有一个主机。GB中有4条不同的总线：1条内存总线、1条显存总线、1条OAM总线和1条高位总线，具体的分工和设计会在后面单独解释。GB中一共有3个总线主机，分别是CPU、PPU和DMA。其中DMA也可以认为是PPU的一部分。

DMA的全称为Direct Memory Access，含义为直接内存访问，其作用是进行内存到内存的复制。通常而言，DMA为总线主机，这样DMA可以直接读写数据，而不需要CPU介入。在更为现代的系统上，DMA通常可以和CPU同时工作，为此在DMA进行复制的时候，CPU可以做其他的工作。而在GB上，虽然DMA工作时CPU也可以工作，但由于DMA在复制时会占用对应的总线，如果CPU需要继续工作，则需要把代码放在别的总线上，所以大部分游戏选择了直接让CPU忙等待，直到DMA完成。在这种情况下，依然使用DMA的原因是DMA速度快。DMA可以达到1MB/s的速度，而CPU执行一个读取指令加上一个写入指令，最快也需要16个时钟周期，不考虑循环之类的额外开销，也只有256KB/s的最高速度。GB中的DMA并不完全是一个通用的DMA，而是可以做到从任意地址到OAM的复制，为此也称为OAM DMA。

做一个简单的总结，DMA的工作很简单，从源地址读取一个字节，向目标地址写入一个字节，循环此工作。接下来就开始DMA的设计，首先是接口定义，DMA的接口是一个用于读写数据的总线接口，加上一个用于访问DMA寄存器的总线接口。

```
input wire clk,
input wire phi,
input wire rst,
output reg dma_rd,
output reg dma_wr,
output reg [15:0] dma_a,
input wire [7:0] dma_din,
output reg [7:0] dma_dout,
```

```
input wire mmio_wr,
input wire [7:0] mmio_din,
output wire [7:0] mmio_dout,
```

复制速度的主要制约是外部总线1MB/s访问速度的限制。考虑到系统时钟为4MHz，这里也就按4MHz设计，状态机一共有4个状态用于读写，4个状态加起来实现一个字节的读写，以达成1MB/s的读写速度。加上空闲状态，DMA一共有5个状态。

```
localparam DMA_IDLE = 'd0;
localparam DMA_TRANSFER_READ_ADDR = 'd1;
localparam DMA_TRANSFER_READ_WAIT = 'd2;
localparam DMA_TRANSFER_WRITE_DATA = 'd3;
localparam DMA_TRANSFER_WRITE_WAIT = 'd4;
```

如同惯例，最先是寄存器接口的读写处理。DMA只有一个寄存器——源地址寄存器，一旦发生写入就会开始DMA传输。

```
always @(posedge clk, posedge rst) begin
  if (rst) begin
    dma_start_addr <= 8'h00;
  end
  else begin
    if (mmio_wr) begin
      // 无论状态如何都是可以接受写入的
      dma_start_addr <= mmio_din;
    end
  end
end
```

你可能注意到上面的代码里并没有处理开始传输的触发，这是在主状态机中完成的。如前面所说，DMA一共分为5个状态。第一个状态为空闲状态，一旦触发就进入第二个状态，开始读取。其中第一周期建立源地址，第三周期读取源数据，并建立目标地址和数据。

```
case (state)
  DMA_IDLE: begin
    dma_wr <= 1'b0;
    dma_rd <= 1'b0;
    cpu_mem_disable <= 1'b0;
    if (mmio_wr) begin
      state <= DMA_TRANSFER_READ_ADDR;
      count <= 8'd0;
```

```
    end
  end
  DMA_TRANSFER_READ_ADDR: begin
    dma_wr <= 1'b0;
    cpu_mem_disable <= 1'b1;
    dma_a <= {dma_start_addr, count};
    dma_rd <= 1'b1;
    state <= DMA_TRANSFER_READ_WAIT;
  end
  DMA_TRANSFER_READ_WAIT: begin
    state <= DMA_TRANSFER_WRITE_DATA;
  end
  DMA_TRANSFER_WRITE_DATA: begin
    dma_dout <= dma_din;
    dma_rd <= 1'b0;
    dma_a <= {8'hfe, count}; // Output write address
    dma_wr <= 1'b1;
    state <= DMA_TRANSFER_WRITE_WAIT;
  end
  DMA_TRANSFER_WRITE_WAIT: begin
    if (count == 8'h9f) begin
      state <= DMA_IDLE;
      count <= 8'd0;
    end
    else begin
      state <= DMA_TRANSFER_READ_ADDR;
      count <= count + 8'd1;
    end
  end
```

以上就完成了DMA的设计。实际GB中的实现和这个还是不太一样，GB中的DMA是允许重新触发的，即在传输过程中写入寄存器会导致状态机复位，重新开始传输，在触发后会有一段时间的延迟才会开始工作。这些细节不难实现，但是影响整体代码的可读性，在上面的例子里就没有给出，感兴趣的朋友可以自己尝试实现。

4.9.2 GB的总线

前面提到了个GB有4条总线，分别连接不同的设备，详见表4.3。

这个区别不是很重要，如果实现成一个总线也不会出现什么太大的问题。从编程角度看，区别只是DMA需要占用其中两条总线，那么DMA工作时被占用的总线CPU就不能访问。比如DMA的目标永远是OAM，那么取决于使用的总线，CPU将不能使用内存或者显存；或者因为CPU是高位总线唯一的主机，DMA就不能从高位内存复制数据到OAM。用Verilog实现的话，只是在之前的总线实现那里多加一些复用器罢了。

表4.3　GB中的4条总线

总线	主机	从机
内存总线	CPU/DMA	片外8KB WRAM，卡带
显存总线	CPU/PPU/DMA	片外8KB VRAM
OAM总线	CPU/PPU/DMA	片内160字节OAM
高位总线	CPU	所有MMIO寄存器，高位内存

前面简单介绍了GB中的总线和DMA设计，并且介绍了Verilog中最基本的8080总线的设计。这类基本的总线在FPGA设计中依然有使用，比如出名的Wishbone总线就是类似这样的设计。但出于性能的考虑，高性能的设计中会使用设计更为复杂的总线，如AMBA AXI。而那样的总线，通常也都是采用现成的IP核，不会自己去设计具体的总线实现。相信大家在本节之后应该能把之前设计的模块都连接在一起了。

随着设计复杂度的增加，相信大家多多少少遇到了这样的问题：完整综合一次设计需要的时间越来越长，调试设计的效率越来越低；虽然仿真工具可以快速开始运行，但也会遇到每次仿真设置需要一定时间、单纯从波形中不容易看出故障所在等问题，而如果故障并非一开机就显现，那可能就需要等待很长时间让仿真达到那个时间点。后面要介绍的是一个工具，虽然这个工具不能解决上述所有的问题，但能在一定程度上减少对传统仿真和综合后验证的依赖，使用得当可大幅提升开发效率。

4.9.3 Verilator工具介绍

Verilator并不是传统的Verilog仿真工具，而是一个翻译器：它可以把Verilog代码翻译成可编译的C++代码。将合适的驱动代码和翻译后的C++代码一同使用C++编译器编译，即可得到可以在计算机上执行的Verilog设计，而这些代码将拥有和原始Verilog代码一致的行为。通过这种方式，我们便可以实现在计算机上仿真Verilog设计（因为编译后的程序拥有一致的行为）。

那为什么需要使用这种方式，而不是直接使用ISim、XSim、ModelSim这类仿真器呢？

第一是因为速度快。比如完成的VerilogBoy设计，使用ISim仿真，1s大约可以仿真0.1ms的行为；而使用Verilator翻译+GCC编译的仿真，1s大约可以仿真300ms的行为。在使用ISim仿真的时候，我们需要特地编写删减版的测试输入，只仿真我们认为可能出问题的部分；而在使用Verilator时，由于仿真速度极快，我们可以直接使用完整的测试输入（如直接运行完整的游戏）观察行为。

第二是因为使用C++更方便和其他设计进行整合。比如整个系统的测试，如果只是需要测试除CPU外的外围设计的工作情况，那完全可以和一个使用C++编写的软件模拟器进行集成，由软件模拟器来模拟CPU的行为。另外，如果系统可以输出视频信号（如VerilogBoy可以输出LCD信号），那么用户可以方便地使用C++配合GTK、Qt或者是SDL一类的库实现图形化输出（见图4.20）。而这种事情，即使是忽略掉仿真速度的问题，也是很难使用传统的Verilog仿真工具实现的。

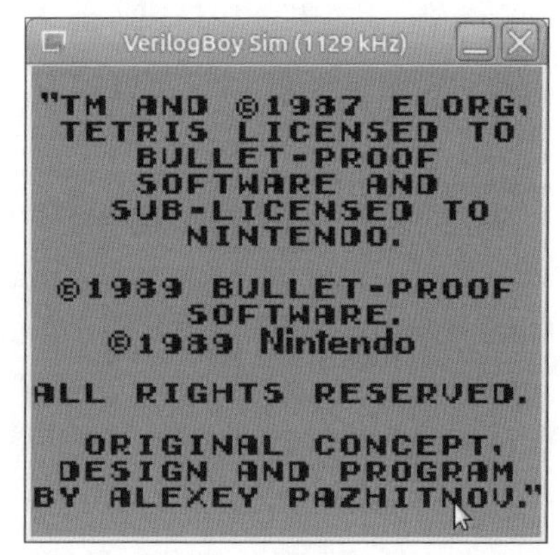

图4.20 一个写入周期

4.9.4 使用Verilator工具

通常，Verilator会配合Makefile使用，实现对Verilog代码的翻译和编译工作。下面的例子，同样也使用Makefile来完成。这里先假设所有的rtl相关文件存储在rtl文件夹内，而新建的一个sim文件夹用于存储额外的支持Verilator仿真的C++代码。需要说明的是，这里建议使用Linux系统进行相关开发，Windows下应该也是可行的，只是make、g++、Verilator一类的环境配置起来可能会较为烦琐。

以下是在VerilogBoy中使用的rtl Makefile。

```
all: boy
VOBJ := obj_dir
CXX   := g++
FBDIR := .
.PHONY: all
boy: $(VOBJ)/Vboy__ALL.a
SUBMAKE := $(MAKE) --no-print-directory --directory=$(VOBJ) -f
ifeq ($(VERILATOR_ROOT),)
VERILATOR := verilator
else
VERILATOR := $(VERILATOR_ROOT)/bin/verilator
endif
VFLAGS := -Wall -Wno-fatal -MMD --trace -cc
SRC := alu.v boy.v brom.v clk_div.v cpu.v control.v dma.v ppu.v regfile.v serial.v \
```

```
  singlereg.v singleport_ram.v sound.v sound_channel_mix.v sound_length_ctr.v\
  sound_noise.v sound_square.v sound_vol_env.v sound_wave.v timer.v
$(VOBJ)/Vboy__ALL.a: $(VOBJ)/Vboy.cpp $(VOBJ)/Vboy.h
$(VOBJ)/Vboy__ALL.a: $(VOBJ)/Vboy.mk
$(VOBJ)/Vboy.h $(VOBJ)/Vboy.cpp $(VOBJ)/Vboy.mk: $(SRC)
$(VOBJ)/V%.cpp $(VOBJ)/V%.h $(VOBJ)/V%.mk: $(FBDIR)/%.v
 $(VERILATOR) $(VFLAGS) $*.v
$(VOBJ)/V%.cpp: $(VOBJ)/V%.h
$(VOBJ)/V%.mk:  $(VOBJ)/V%.h
$(VOBJ)/V%.h: $(FBDIR)/%.v
$(VOBJ)/V%__ALL.a: $(VOBJ)/V%.mk
 $(SUBMAKE) V$*.mk
.PHONY: clean
clean:
 rm -rf $(VOBJ)/*.mk
 rm -rf $(VOBJ)/*.cpp
 rm -rf $(VOBJ)/*.h
 rm -rf $(VOBJ)/
```

我们在SRC中定义了所有要翻译的文件，而最终生成的文件为Vboy__ALL.a和Vboy.h。在rtl文件夹内建好Makefile文件后，在rtl文件夹内运行make即可调用Verilator进行翻译。这两个文件可以进一步和其他C++文件一同编译得到最终的仿真程序。

而在sim文件夹下，我们也可以建立一个Makefile文件，用于将生成的.a和其他C++源代码编译到一起。

```
CXX   := g++
OBJDIR  := obj_pc
RTLD  := ../rtl
ifeq ($(VERILATOR_ROOT),)
VERILATOR_ROOT ?= $(shell bash -c 'verilator -V|grep VERILATOR_ROOT | head -1 | sed -e "
s/^.*=\s*//"')
endif
VROOT   := $(VERILATOR_ROOT)
FLAGS := -Wall -Og -g -faligned-new
VINCD := $(VROOT)/include
INCS := -I$(RTLD)/obj_dir/ -I$(RTLD) -I$(VINCD) -I$(VINCD)/vltstd
OBJS := $(OBJDIR)/memsim.o $(OBJDIR)/dispsim.o $(OBJDIR)/mmrprobe.o
VOBJDR:= $(RTLD)/obj_dir
VOBJS   := $(OBJDIR)/verilated.o $(OBJDIR)/verilated_vcd_c.o
```

```
PROGRAMS := vb_sim
all: $(PROGRAMS)
%.o: $(OBJDIR)/%.o
$(OBJDIR)/%.o: %.cpp
	$(mk-objdir)
	$(CXX) $(FLAGS) $(INCS) -c $< -o $@
	$(OBJDIR)/%.o: $(VINCD)/%.cpp
	$(mk-objdir)
	$(CXX) $(FLAGS) $(INCS) -c $< -o $@
vb_sim: $(OBJDIR)/vb_sim.o $(OBJS)
vb_sim: $(VOBJS) $(VOBJDR)/Vboy__ALL.a
	$(CXX) $(GFXLIBS) $(INCS) $^ $(VOBJDR)/Vboy__ALL.a -o $@
define mk-objdir
	@bash -c "if [ ! -e $(OBJDIR) ]; then mkdir -p $(OBJDIR); fi"
endef
.PHONY: clean
clean:
	rm -f *.vcd
	rm -rf $(OBJDIR)/
	rm -f $(PROGRAMS)
	rm -f *.o
```

这个Makefile会使用g++编译相关的文件，最终生成名为vb_sim的可执行程序。其中单独编译了memsim.cpp、dispsim.cpp等文件，包括主文件vb_sim.cpp，这里就来讲讲这些文件如何编写。

4.9.5 使用C++配合Verilator进行仿真

Verilator相比传统仿真工具的一个劣势是：如果只是进行基本的仿真，传统的仿真工具几乎是即点即用，很容易开始进行仿真。而Verilator则至少需要自己编写一些C++代码才能开始进行仿真。不过好在这些代码在不同设计中大多可以重复使用，并不需要太多修改。简单来说，就是在仿真主文件中有一个循环，不断调用eval函数根据输入计算新的输出。以下便是一个比较常用的仿真主文件模板。

```
#include <stdio.h>
#include <sys/types.h>
#include <sys/stat.h>
#include <fcntl.h>
#include <signal.h>
#include <time.h>
```

```
#include <unistd.h>
#include <stdint.h>
#include "verilated.h"
#include "verilated_vcd_c.h"
#include "Vboy.h"
#define VVAR(A) boy__DOT_ ## A
class TESTBENCH {
 Vboy *m_core;
 VerilatedVcdC* m_trace;
 unsigned long  m_tickcount;
 public:
 bool m_done;
 TESTBENCH() {
  m_core = new Vboy;
  Verilated::traceEverOn(true);
 }
 ~TESTBENCH() {
  if (m_trace) m_trace -> close();
  delete m_core;
  m_core = NULL;
 }
 void opentrace(const char *vcdname) {
  if (!m_trace) {
   m_trace = new VerilatedVcdC;
   m_core -> trace(m_trace, 99);
   m_trace -> open(vcdname);
  }
 }
 void closetrace(void) {
  if (m_trace) {
   m_trace -> close();
   m_trace = NULL;
  }
  }
 void eval(void) {
  m_core -> eval();
 }
 void close(void) {
  m_done = true;
```

```
  }
  bool done(void) {
   return m_done;
  }
  virtual void tick(void) {
   m_tickcount++;
   eval();
   if (m_trace && trace) m_trace->dump(10*m_tickcount-2);
   m_core -> clk = 1;
   eval();
   if (m_trace && trace) m_trace->dump(10*m_tickcount);
   m_core -> clk = 0;
   eval();
   if (m_trace && trace) m_trace->dump(10*m_tickcount+5);
   m_done = m_core -> done;
  }
  void reset(void) {
   m_core -> rst = 1;
   tick();
   m_core -> rst = 0;
  }
};
TESTBENCH *tb;
int main(int argc, char **argv) {
  const char *trace_file ="trace.vcd";
  Verilated::commandArgs(argc, argv);
  tb = new TESTBENCH();
  tb -> opentrace(trace_file);
  tb -> reset();
  while (!tb->done()) {
  //while (true) {
     tb -> tick();
    }
    tb -> closetrace();
    exit(EXIT_SUCCESS);
 }
```

以上便是主文件的代码。其中用到了Verilator自带的trace功能，输出所有波形至trace.vcd中。功能大多比较直白，仔细阅读代码便能理解含义。其中仿真使用一个名为done的变量来检查仿真是否完成。注意这个变量，是直接从m_done = m_core -> done;得到的，而m_core实际上是整个翻译后的设计实例，done则是原本Verilog顶部模块的一个输出信号。毕竟硬件原本应该是一直执行，不会停止的，这里则可以人为设计一些停止条件来终止仿真。

4.9.6 使用C++扩展Verilator仿真

以上只是最基本的做法，仿真完成后生成波形。因为我们用的是C++，所以这里可以实现更多不同的东西。比如，如果想要在仿真完成后输出寄存器的值，则可以在退出前加入一段简单的输出代码。

```
void print_regs(void) {
  printf("PC = %04x, F = %c%c%c%c, A = %02x, SP = %02x%02x\nB = %02x, C = %02x, D = %02x,
E = %02x, H = %02x, L = %02x\n",
    m_core -> boy__DOT__cpu__DOT__last_pc,
    ((m_core -> boy__DOT__cpu__DOT__flags) & 0x8) ? 'Z' : '-',
    ((m_core -> boy__DOT__cpu__DOT__flags) & 0x4) ? 'N' : '-',
    ((m_core -> boy__DOT__cpu__DOT__flags) & 0x2) ? 'H' : '-',
    ((m_core -> boy__DOT__cpu__DOT__flags) & 0x1) ? 'C' : '-',
    m_core -> boy__DOT__cpu__DOT__acc__DOT__data,
    m_core -> boy__DOT__cpu__DOT__regfile__DOT__regs[6],
    m_core -> boy__DOT__cpu__DOT__regfile__DOT__regs[7],
    m_core -> boy__DOT__cpu__DOT__regfile__DOT__regs[0],
    m_core -> boy__DOT__cpu__DOT__regfile__DOT__regs[1],
    m_core -> boy__DOT__cpu__DOT__regfile__DOT__regs[2],
    m_core -> boy__DOT__cpu__DOT__regfile__DOT__regs[3],
    m_core -> boy__DOT__cpu__DOT__regfile__DOT__regs[4],
    m_core -> boy__DOT__cpu__DOT__regfile__DOT__regs[5]
  );
}
```

注意这里使用了比较长的名字，如boy__DOT__cpu__DOT__last_pc，这里表示的是，Verilog模块boy中的子模块cpu中的变量（reg）last_pc。这种方法可方便地通过代码读取Verilog设计中的变量。

而Verilator中，除了可以读取reg的值，也可以使用赋值直接修改输入的值。这一特性在主文件中就使用过，时钟就是通过给clk赋值来提供的。除了时钟，这一功能也可以用于提供其他外部信号，比如外部连接的内存。以下便是一个简单的内存实现，首先是模拟内存的代码，在检测到写入信号上升沿时写入数组，在检测到读取信号上升沿时读取数组。

```
void MEMSIM::apply(const uint8_t wr_data, const uint16_t address,
const uchar wr_enable, const uchar rd_enable, uint16_t &rd_data) {
  if ((address >= m_base) && (address < (m_base + m_len))) {
    if (last_wr && !wr_enable)
    m_mem[address] = last_data;
    else if (!last_rd && rd_enable)
    rd_data = m_mem[address];
  }
  last_rd = rd_enable;
  last_wr = wr_enable;
  last_data = wr_data;
}
```

随后在主仿真程序中可以直接调用apply函数将模拟的内存和Verilog模型“连接”起来。

```
m_memory->apply(
  m_core -> dout,
  m_core -> a,
  m_core -> wr,
  m_core -> rd,
  m_core -> din);
```

可以注意到在这里并没有像Verilog那样的模块连接：并不能把变量作为参数传递给某个模块，也不能用assign让两个值建立联系，毕竟到这里已经是软件编程，而不是硬件编程了，这里并不能把两个变量关联到一起。所谓的连接，无非就是在一方的数值发生变化后，调用函数计算另一方新的值，如此往复，来仿真系统的行为。

4.9.7 配合Shell脚本实现基本的单元测试

测试是开发中的重要一步。通常来说，个人开发小项目时，测试通常比较随意：编写一些代码后，运行程序或者进行仿真，测试感兴趣的输入，看是否会给出预期的输出，如果正确则测试下一个，不然就进行调试。然而这样测试的一大弊端是，每次修改后只会进行少量的测试。代码修改也许修复了当前关心的bug，但可能会带来其他问题，导致先前测试通过的功能出现问题。编写测试脚本，并在每次运行所有的测试就有助于我们解决这类问题。同时，通过测试来明确设计目标也是一种可行的做法。以下便是一个简单的用于测试VerilogBoy CPU的单元测试例子。首先是用于测试在CPU上运行的代码，比如下面就是一个测试bit指令的测试。

```
main:
  ld A, $0f
  bit 3, A
```

```
    push AF
    pop BC
    ld D, $0f
    bit 6, D
    push AF
    pop DE
    ld H, $00
    bit 7, H
    halt
```

其实就是一段带有bit指令的代码罢了，所谓测试，就是分别在Verilog仿真和现成的模拟器中执行这段代码，对比结果是否一致。将测试汇编成二进制代码，并在两边运行的工作是在Makefile中完成的：

```
RGBASM:= rgbasm
RGBLINK:= rgblink
RGBFIX:= rgbfix
DMGEMU:= dmg_emu.exe
VBSIM:= ../../sim/verilator/vb_sim
SRCS = $(wildcard *.s)
ROMS = $(SRCS:.s=.gb)
EXPECTS = $(SRCS:.s=.expected)
ACTUALS = $(SRCS:.s=.actual)
all: $(ROMS) $(EXPECTS) $(ACTUALS) result
%.actual: %.gb
	$(VBSIM) $< --testmode
%.expected: %.gb
	wine $(DMGEMU)  $@ $<
%.gb: %.obj
	$(RGBLINK) -o$@ $<
	$(RGBFIX) -v -p 00 $@
%.obj: %.s
	$(RGBASM) -o$@ $<
result:
	./compare.sh
.PHONY: clean
clean:
	rm -f *.obj *.gb *.expected *.actual *.mif
```

具体来说，就是对于每个.s源文件，都会调用RGBDS汇编、链接成gb文件，随后分别在

dmg_emu和基于Verilator的仿真中运行，记录结果，最后调用compare.sh生成结果。compare.sh的内容很简单，遍历所有的结果，使用diff进行对比，如果不同则视为失败。

```
#!/bin/bash
PASS=0
FAIL=0
for test in *.actual; do
 if cmp"$test" "${test%.actual}.expected" > /dev/null; then
  echo "Passed $test"
  PASS=$((PASS+1))
 else
  echo "Failed $test"
  FAIL=$((FAIL+1))
 fi
done
echo"Passed $PASS tests, failed $FAIL tests."
exit $FAIL
```

4.9.8 总结

测试在个人项目开发中常常被忽略，认为搭建测试环境、编写测试较为烦琐。但不设置好合适的测试环境会给之后的调试阶段带来极大的困难。本节介绍的使用Verilator的仿真流程，固然有环境设置较为复杂的问题，而且也需要使用者拥有Makefile和C++的使用基础，然而如果能灵活使用，将大大提高使用者的开发效率。就我个人的体验而言，即使是在VerilogBoy这种规模不大的项目中，使用Verilator也为我节省了大量时间（我是在项目重构时才开始使用Verilator，为此体验到了前后巨大的区别）。有兴趣的读者也不妨尝试自己使用Verilator体验一番。当然，如果不愿意使用或者已经习惯了使用ModelSim也没有关系，毕竟这只是个辅助工具，并非必要，希望本节能够帮助大家提高开发效率。

第5章
现代计算机架构

5.1 RISC-V基础指令集

前面介绍CPU的时候曾讲过，现代处理器都是按照同样的存储程序思路设计的，GB的SM83处理器虽然已经是几十年前的设计，但是依然可以代表现代处理器的基本工作原理。不过，这并不表示处理器的架构设计在那之后就停滞不前了。在那之后，有许多不同的公司和学院进行了各种不同的处理器架构的研究和开发。而本章的主要内容就是向大家介绍在SM83之后与处理器架构相关的发展。

5.1.1 RISC处理器的历史

在8位时代，家用计算机和游戏机中最常用的处理器架构是8080（以及衍生的Z80）和6502。著名的任天堂红白机（FC）便使用了6502处理器，而在欧洲十分流行的家用计算机Sinclair ZX和商用的Osborne 1、Kaypro则使用了Z80处理器。本书一直在介绍的SM83也属于Z80的变体。随着晶体管制造工艺的提升，各大厂家开始逐渐把各自的处理器升级到16位，比如8080的后代8086、6502的后代65816。前者最出名的应用就是IBM PC，同时前者也是现今x86处理器的起始点。而65816则被应用在了红白机的后代超级任天堂（SFC）当中。很快，业界也步入了32位时代，8086被升级成了32位的80386，摩托罗拉也开发出了自家6800的后续产品68000（68k）和x86竞争。然而参与竞争的不单有这些老牌的工业界公司，还有学术界。这些公司在之前的产品基础上升级设计32位处理器的同时，加利福尼亚大学伯克利分校和斯坦福大学在研究一种更为精简的处理器设计，伯克利的设计被称为RISC（精简指令集计算机），而斯坦福的设计被称为MIPS（无内部互锁流水级的微处理器）。而这两个项目，拉开了RISC与CISC战争的帷幕。

简单而言，传统的处理器设计是站在编程者角度设计的处理器架构，程序员需要什么功能，就把这些功能加入处理器。各大厂家也照着这样的思路一路设计了6502、6800、68000、8086、80286、80386这些经典的处理器。然而这两个来自学术界的项目则换了另外一种思路，以处理器实现的角度出发，从容易实现、速度快等指标出发设计处理器架构。加利福尼亚大学伯克利分校和斯坦福大学虽然选取了两种不同的名字和出发点，但最终的结果是类似的，如修改内存模型、减少寻址类型、使用更为结构化和易于解码的指令编码等。最终伯克利项目的名称RISC（Reduced

Instruction Set Computer，精简指令集计算机）成为这类新处理器的代名词，而传统的处理器则被称为CISC（Complex Instruction Set Computer，复杂指令集计算机）。

在80386发布的同年，斯坦福MIPS项目的商业化产品R2000也进行了发布。一年后（1986年），伯克利RISC项目的商业化结果SPARC也进行了发布。1987年，CISC阵营这边，一台典型的386计算机的价格大约为4 000英镑，一台典型的68030计算机的价格也大约为4 000英镑。而在RISC阵营这边，使用SPARC架构的Sun 4/110的价格则大约为8 000英镑，使用MIPS R2000的Ardent工作站的价格更是超过了10 000英镑。原因很简单，RISC处理器速度更快。SPARC处理器和MIPS处理器的性能可以是386性能的3倍或4倍，或者是68030性能的2倍。与此同时，RISC处理器这个技术本身并不昂贵：因为设计之初就是为了容易实现而考虑的，处理器设计、验证都比CISC简单，最终需要的晶体管数量还少于CISC处理器。这种好事自然吸引了其他公司加入RISC阵营，比如HP、IBM这些大公司，同样也有ARM这样的小公司。ARM最初的目的就是制造廉价的RISC处理器，让大家都能买得起RISC计算机。1987年发布的A300系列ARM计算机售价仅为700英镑，而其性能却达到了386性能的2倍，或者是MIPS性能的1/2、SPARC性能的1/4。就连Intel自己也加入了RISC阵营，推出了i860和i960 RISC处理器。

不过这一切还是太晚了一些，最终市场还是更偏向拥有良好软件生态的x86处理器，这也不断推动Intel继续x86处理器的研发，并且从奔腾（Pentium）开始把RISC技术应用进x86处理器，使得后续x86处理器采用了内部RISC、对外接口CISC的设计，这也使x86处理器拥有了和RISC处理器一样的性能。架不住x86对于桌面计算机市场的冲击，RISC处理器在20世纪90年代不得不从桌面计算机市场撤退，Sun、HP、DEC、IBM这些厂家退守服务器和高性能计算（HPC）市场，而ARM和MIPS则转做嵌入式应用的处理器。在这两个市场中，RISC处理器依然有着x86处理器不具备的优势：RISC处理器架构大多采用64位设计，而64位带来的额外寻址能力对于服务器和HPC应用相当重要。而RISC先天的精简优势也使其更容易集成进别的芯片中，在嵌入式领域也有很强的竞争力。

以Intel为首的x86阵营虽然占据了桌面PC市场，但是Intel同样也希望能够进入利润更高的服务器和高性能计算市场。但Intel并不打算用x86架构，而是计划推出自己的下一代架构。就像RISC比CISC更先进一样，Intel想要设计一个比RISC更为先进的模型。Intel和HP联盟，设计了EPIC，具体的产品则被称为安腾（Itanium）。事实证明，安腾对于原本的RISC处理器具有相当强的竞争力。到了2004年，SPARC在性能方面已经无法和安腾竞争，而Alpha和PA-RISC则显然是因为HP和Intel的联盟而被HP抛弃。不过SPARC凭借自己的生态优势，在市场份额上相比安腾依然具有明显的领先。

然而x86架构似乎永远能够靠着市场赢下来。有足够大的市场就能有足够大的产量，就能有足够低的价格。这本是Intel在x86架构的取胜法则，但是这次使用这个法则的是Intel的对手AMD。Intel开发了安腾，自然是希望借着安腾壮大自己在服务器领域的地位。作为对手的AMD无缘使用安腾架构，于是决定继续依靠x86架构。AMD在x86架构的基础上设计了64位的AMD64指令集，作为x86的扩展存在。由于具有足够低廉的价格，基于AMD64的处理器迅速吸引了大量服务器厂家使用。为了保持竞争力，Intel宣布在自家的x86处理器上同样实现AMD64指令集。由于使用了前文所述的混合架构的设计，AMD64架构处理器的性能相比安腾并没有过大的劣势，而价格和生态的优势则帮助AMD64一举占领了服务器市场。最终，Intel在2019年宣布安腾全系列产品停产。Oracle则在2017年停止了所有SPARC处理器的开发。服务器市场只剩下了IBM继续开发自家的POWER ISA。

这并不是事情的全部。还记得当时退守嵌入式领域的ARM吗？后来ARM被用于各类嵌入式设备，自然也包括了手机。新世纪以来，智能手机的快速发展再次把ARM带回了主流消费市场。甚至ARM借着移动设备增长的势头重新回到了桌面计算机领域，比如微软的Surface Pro X便是采用了ARM处理器的笔记本电脑、平板电脑二合一设备。类似的第三方产品也慢慢开始出现在市场上，也许我们正在见证RISC重回桌面市场的开始。

5.1.2 RISC-V架构简介

说了这么多，似乎还没有提到这次的主角——RISC-V。确实，在上面的RISC历史中，并没有RISC-V的登场。然而RISC-V的重要优点，使它成了最值得我们学习的架构。

首先，RISC-V是一个非常年轻的架构。RISC-V是一个在最近10年内被设计的指令集，这就意味着它可以避开很多前人犯下的错误。既然我们要学习现代计算机架构，就应该学习最新、最好的，而不是去看那些几十年来修修改改的老架构。因为计算机架构的演进通常是一个做加法的过程：只能往架构中加入新的东西，而不能删去旧的东西。2015年的时候，x86指令集已经有超过3 600条指令，而ARMv8的指令集手册也超过了1 000页。这也是为什么本书从一开始没有使用这两个最流行的架构，而在这也没有选取它们的原因：过于复杂了。SM83作为早期的8位微处理器，设计并不复杂，只有几十条指令，即使是算上所有的变体也可以总结在两张表内。而RISC-V作为吸取了前人教训而设计的RISC处理器，基本的指令集只需要一张纸就可以写下，这样比较简洁的架构更适合个人学习。

其次，RISC-V是一个开放架构。为什么x86这么流行却没有多少公司做x86处理器？因为不能。x86是Intel的私有指令集，竞争者并不能合法设计、制造兼容x86的处理器。ARM是一个相对开放的指令集，别的公司可以从ARM公司购买授权制造兼容的处理器。而RISC-V属于一个开放的非盈利组织，任何人都可以自由地实现并销售兼容RISC-V的处理器。这无论是对于想要进军CPU设计的新进公司还是对于想要利用RISC-V改进自己现有产品的大公司而言都是一件好事。同样，这也使得RISC-V免于像以前那些RISC处理器死亡的命运：Alpha、PA-RISC、Am29k、88k等这类架构的死亡并非是因为架构无法跟上时代，而是因为拥有它们的公司决定结束它们的生命周期。

最后，RISC-V是一个模块化而非递增式的架构。再先进的设计也总有需要改进的一天，虽然RISC-V现在是一个非常精简的指令集，但是又怎么能保证RISC-V在今后也会同样保持精简而不会重蹈x86的覆辙呢？方法就是让RISC-V成为一个模块化的架构。任何处理器要保持RISC-V兼容性，只需要实现基本的RV-I模块就可以了，而不需要实现之前所有定义过的指令来实现兼容。这也使得RISC-V可以同时适用于小型的嵌入式单片机应用和大型的服务器、高性能计算应用。

综上所述，本节选择使用RISC-V架构，而非其他更流行的架构进行介绍。感兴趣的读者也可以阅读更多书籍去了解其他指令集对比它们的异同。

5.1.3 RISC-V指令集模块

如前文所讲，RISC-V的指令集架构是分为模块的，以下便是RISC-V目前具有的模块和在设计中或者计划中的模块。

RV32I：基础指令集。所有RISC-V兼容处理器都需要实现基础指令集。基础指令集包括了基本的整数运算、内存存取、跳转等功能。RV32I处理器可以通过软件模拟的形式实现对其他模块二进制的兼容，所以即使处理器没有实现对应模块，也不影响程序的正确执行，只是会有速度问题。

RV32M：乘除法指令。该指令集在RV32I的基础上加入了硬件乘除法支持。

RV32FD：单、双精度浮点指令。该指令集在RV32I的基础上加入了对硬件浮点计算单元的支持，同时加入了额外的浮点寄存器，用于加速浮点数计算速度。

RV32A：原子操作。用于实现多处理器同步。

RV32C：压缩指令。用于支持16位指令集，以缩小总体代码尺寸。

RV32Q：四精度浮点，用于支持128位浮点单元的计算。

以下是RV还在设计中的扩展。

RV32B：位操作指令，用于直接操作数据中的某个二进制位。

RV32E：嵌入式基础指令集。RISC-V兼容处理器可以选择只实现RV32E而不实现RV32I，以进一步缩小处理器尺寸。

RV32H： 监视器扩展。在RV权限架构上进一步加入监视器（Hypervisor）权限等级，用于加速虚拟化。

RV32J： 即时编译扩展。加入了一些可用于提升JIT编译器性能的指令，可用于加快Java、JavaScript、Python等基于JIT的语言的执行速度。

RV32L： 十进制浮点数扩展。二进制浮点数难以表示一些常见的十进制小数，如0.1。十进制浮点数在部分计算（金融）中有应用。

RV32N： 用户层级中断。中断默认只能由M模式和S模式执行，不能在用户模式中执行。该扩展可以加快用户程序中断的处理速度。

RV32V： 向量指令。用于实现一次对多个操作数进行相同操作。

RV32P： 寄存器内SIMD支持。用于支持位宽小于等于基础寄存器宽度的SIMD，更大的应使用RV32V扩展。

虽然以上扩展名称开头均为RV32，但是除RV32E之外同样适用于64位版本，也就是RV64I。处理器支持的扩展按照MAFDQCV的顺序标记在处理器基础指令集之后，比如带有乘除法、原子指令、单双精度浮点和压缩指令集的32位RISCV处理器被称为RV32IMAFDC，其中IMAFD可以被简写为G，即可以简写为RV32GC。通常而言，用于单片机的内核为RV32IMC，用于运行Linux的应用处理器为RV32GC或RV64GC。

5.1.4 RISC-V基础指令集：RV32I

RV32I所有的指令可以分为整数计算指令、内存存取指令、控制转移指令和杂项指令。以下是指令汇总。

1. 整数计算指令

add/ addi: 加法，把两个寄存器中的值，或者一个寄存器中的值和一个立即数相加，存入另一个寄存器。

sub: 减法，把两个寄存器中的值相减，存入另一个寄存器。减立即数等于加上负数，所以没有单独指令。

and/ andi/ or/ ori/ xor/ xori: 按位与、或、异或，把两个寄存器中的值，或者一个寄存器中的值和一个立即数按位计算，存入另一个寄存器。

sll/ slli/ sra/ srai/ srl/ srli: 将一个寄存器中的值或者立即数的值逻辑左移、算术右移、逻辑右移，存入另一个寄存器。

lui： 将立即数存入寄存器的高20位。

auipc： 将PC中的值与立即数相加存入寄存器。

slt/ slti/ sltu/ sltiu： 如果一个寄存器中的值小于另一个寄存器中的值或者立即数，将另一个寄存器的值设置为1。

2. 内存存取指令

lb/ lh/ lw： 从内存中读取1字节、2字节或4个字节至寄存器。

sb/ sh/ sw： 从寄存器向内存中写入1字节、2字节或4字节。

3. 控制转移指令

be/ bne： 当两个寄存器相等（be）或者不相等（bne）时跳转。

bge/ bgeu/ blt /bltu： 当第一个寄存器中的值大于等于（bge）或小于（blt）第二个寄存器中的值时跳转。

jal/ jalr： 跳转到立即地址或寄存器指向的地址，并且把下一条指令的目标存入链接寄存器。

4. 杂项指令

fence/ fence.i： 同步化数据或指令存储。

ebreak/ ecall： 调用仿真器或者其他外部执行环境。

csrrc/ csrrs/ csrrw： 读写控制寄存器。

下面简单介绍下这些指令的使用方式。其实这些指令和之前接触的SM83的指令没有太大的差别，还是基本的这些指令。比如，要将寄存器2和寄存器3中的值相加，保存到寄存器4中，就是“add x4, x2, x3”。注意目标操作数写在源操作数之前。和SM83不同的是，大多数指令可以分别指定两个参数来源，而不是像SM83一样强制把第一操作数作为A寄存器（累加器）。

RV中大量使用了伪指令的概念。注意到这些指令当中并没有寄存器到寄存器复制的功能。如此常用的功能为什么会没有呢？因为一个数加上0等于其本身，所以简单的“add x3, x2, zero”就可以把x2复制到x3之中。同理，“addi x3, zero, 15”就可以把立即数15存入x3寄存器中。所有立即数均为12位，而寄存器为32位，这样addi往寄存器中的最大写入只能是12位的数字，为此设计者单独加入了一个lui指令，用于将20位数字存入高20位，这样lui配合ori就可以往寄存器中载入32位的立即数了。

对于控制转移，也就是跳转一类的，注意RV32并没有CALL和RET，而是使用jal和jalr，效果大同小异。只是RV32没有硬件栈，并不能直接在栈中记录地址，所以返回地址保存在链接寄存器（Link Register）当中。当调用函数时，jal指令把返回地址保存至链接寄存器中，需要返回时使用jalr

跳转到链接寄存器中保存的返回地址。而软件需要将链接寄存器中的值保存到内存中防止丢失。

以上就是RV32I指令集的全部内容了。

5.1.5 ISA设计要点

这里总结一下RISC-V在设计的时候需要考虑的几个要点。这些要点不单适用于RISC-V，也适用于其他各类指令集的设计和评估。之后我们会再用这些要点简单衡量一下各个指令集。

（1）价格。这里讲的并不是指令集授权的价格，而是制造这个指令集处理器所需要的价格。处理器的单个晶片面积越小，单片晶圆上能得到的可用芯片数量也就越多，产量也就越高。整体而言，处理器价格和晶片面积的平方成正比。作为对比，ARMv7-A最小的Cortex-A5处理器在使用TSMC40GPLUS工艺下需要0.53mm^2，而RV32GC的Rocket处理器只需要0.27mm^2。也就是说Rocket的制造价格只需要A5的制造价格的一半。

（2）精简。考虑到晶片面积对价格的影响，ISA应该尽可能精简。精简的ISA同时可以减少芯片的设计时间和验证时间，从而降低芯片的开发成本。同时精简的ISA也可以帮助简化芯片之外配套的内容：文档、编译器，也使用户更容易学习这个指令集。ARM32虽然也是精简指令集设计，但是由于初代ARM设计时的定位原因，其设计在现在看来并不简洁。比如ARM当时希望让所有处理器状态都位于寄存器文件中而减少上下文切换的开销，使得PC也成为通用寄存器的一部分。ARM希望能够在没有cache的情况下充分利用DRAM所拥有的带宽，选择加入了一次性读取或者存储多个寄存器的指令（这样就可以利用内存猝发而一次读写超过32位的数据）。ARM还允许所有指令被条件执行。这3点加起来表示一条指令可以同时条件读取多个内存地址，并进行条件跳转。这些当时为了提升性能而加入的特性最终导致了指令集的臃肿，也给处理器的实现带来了额外的挑战。这3个特性最终在ARM64（AArch64）中被移除。

（3）性能。性能是通用处理器设计中大家都关注的一个方面。前面提到了RISC处理器性能优于CISC。明明CISC有着更复杂的指令，应该可以使用更少的指令完成同样的工作才对。然而指令集复杂也就意味着处理器设计复杂，复杂的设计通常会导致处理器频率下降，或者需要更长的时间完成一条指令，最终的性能未必高。性能最终依然是多个不同方面共同制约的结果。

（4）代码尺寸。前面讲精简和性能的时候提到了更精简的代码，此时实现同样的功能也许会需要更多条指令，但是总体也许可以带来更好的性能。然而这就表示指令越精简越好吗？并不是。这里是说用更多简单的指令去取代较少复杂的指令，然而指令条数的增长也不是免费的。更多的指令可能导致更大的代码尺寸，这里不单是占用更多内存的问题，还会降低指令缓存的命中率，降低总体性能。ARM、MIPS和RV-I都使用了定长指令的设计，较为简单的指令和较为复杂的指令都占用同样的内存空间去存储。而x86则使用了变长指令，最短一条指令只需要1字节。这是否代表x86的代码尺寸可以更小呢？并不是这样。虽然变长指令+复杂指令集的设计确实可以减小代码尺寸，但x86的历史包袱太重了，每次加入新的指令都需要维持之前的兼容性。现在x86的1字节和2字节指令空间大多被一些已经不太常用的指令占满，常用的指令未必比RISC对应的要短。RISC-V在设计时也考虑到了这个问题，加入了RV-C扩展，允许单条指令只占用2字节，从而缩小了代码尺寸。ARM和MIPS同样做过类似的事情，ARM设计了Thumb-2，MIPS设计了microMIPS，但这两者都只适用于对应的32位处理器，且与基本的32位模式指令并不一一对应。RV-C的指令与原本的正常指令为一一对应关系，简化了硬件指令解码器的设计，而且也同样适用于64位版本的RISC-V。

（5）指令集与实现分离。在前面提过的两个项目中，大家都知道RISC的全称且今天仍然在使用，而MIPS却早已脱离了其本意。MIPS的全称是Microprocessor without Interlocked Pipeline Stages，即处理器在工作时流水线不会因为冒险问题而被停止。其中使用了一些特殊的设计，比如延迟槽，帮助处理器在任何情况下都能保持每周期一条指令的执行速度。然而这个设计只对第一代的5级流水线MIPS有意义，随后MIPS修改了流水线设计，这便成了MIPS的一个负担。另外一个典型的失败例子就是SIMD，Intel为x86推出了很多SIMD指令集，MMX、SSE、SSE2、SSSE3（并非笔误，第一个S为Supplemental）、SSE4、AVX、AVX2，加起来有数千条指令。这些指令集只是为了增加处理器一次能处理的数据宽度而推出的。每次为了在处理器实现上支持一次处理更多位数据就需要修改ISA，加入几百条指令，同时修改编译器让编译器使用这些指令，让软件开发者重新编译软件利用这些新的指令，同时导致新程序和旧处理器不兼容，旧程序无法在新处理器上运行，这实在是违背了ISA和实现分离的初衷。RISC-V在设计时就考虑到了指令集与实现的分离，ISA可以实现为相当小的bit-serial处理器，也可以实现为多发射乱序执行的处理器，但不会有因为ISA对于实现的错误假设而带来的额外负担。为了解决SIMD的问题，RISC-V对于小规模的SIMD具有RV-P扩展；而对于大规模的，比如SSE、AVX一类的扩展，RISC-V设计的RV-V扩展并没有使用SIMD模型，而是使用了向量计算模型，这样硬件可以自由选择同时可以计算的项目数，而不需要修改程序或者ISA。

5.1.6 总结

本节对RISC-V的基本指令集做了一些简单的介绍。也许相比于指令集更重要的是指令集之下的思想。希望本节内容能帮助各位更多了解关于现代处理器指令集架构设计上的一些考虑。本章之后会继续讨论现代处理器和一直在讨论的SM83处理器各方面的不同。

5.2 缓存与内存层级

5.2.1 简介

大家现在已经知道，程序执行时，程序的指令本身来自于内存，程序操作的数据来自内存或者映射到内存的I/O设备（MMIO），而最终结果也是写入到内存或者MMIO中。由此可见内存对于整体处理器的执行有着相当重要的作用。这也意味着内存需要有两个优势，一方面，内存速度需要足够快，以保证可以跟上CPU的速度，在CPU需要读写的时候可以立即响应；另一方面，内存容量需要足够大，以保证可以保存下所有需要存储的东西。但显然，足够大、足够快同时又价格合理的内存是不存在的。

在之前介绍SM83处理器的时候，我们并没有具体讨论过这个问题，但是这并不代表这个问题在SM83上不存在。SM83每个机器周期只能进行一次内存读写。对于每条指令而言，由于指令最少需要1字节，为此至少需要1周期的时间。而如果指令需要读写内存，就需要额外的周期用于读写内存。由此可见读写内存的速度直接限制了处理器整体的执行速度。

为了避免内存速度带来的性能损失，应该尽可能选择使用低延迟的内存来存储代码和数据。常见的内存技术有两种：一种是SRAM；另一种是DRAM。SRAM速度快，其本身可以做到和CPU核心速度一样快。而DRAM的速度慢得多，但是作为交换，DRAM的容量密度远高于SRAM，也就是同样的硅片面积可以实现大得多的内存容量。SM83中的内存类型均为SRAM。然而对于更现代的计算机系统，内存容量同样十分重要。如果把DRAM作为主内存技术使用会出现什么问题呢？

常见的DRAM有着100ns以上的访问延迟。内存技术确实一直在发展，从以前的SDR到了现在的DDR4，内存带宽有了几十倍的提升，然而延迟却没有明显缩短。对于早期的16位处理器，主频通常在10MHz左右，也就是一个指令周期需要100ns，那么访问DRAM无非是1个周期的延迟，并没有什么大不了的。然而到了早期奔腾时代，处理器主频到了100MHz的水准，如果DRAM延迟按照100ns计算，访问就变成了10个周期的延迟。处理器必须要有指令才能执行，在没有其他加速手段的情况下，如果10周期才能拿到一条指令，那么最快也需要10周期才能执行完一条指令。而到了奔腾3时代，主频到了1GHz，延迟就从10周期变成了100周期，问题愈发严重。

那么SRAM除了容量小一些就完美了吗？那只要有足够多的资金，做出足够大的SRAM就可以提高性能了吗？也并不是。SRAM的容量不单受制造成本的制约，也和速度存在相互制约关系。SRAM矩阵在硅片上的面积增大也就意味着信号需要传输的距离变长。考虑到信号在硅片上的传输速度，单周期内信号能传输的距离是十分有限的，换言之，单周期内可以访问到的SRAM矩阵面积是有限的，也就限制了高速SRAM所能达到的容量。如果允许更长的延迟，如放宽到5个周期，就能允许容量大得多的SRAM。再把之前的DRAM技术一并考虑的话，最终其实就是一个延迟和容量的权衡问题，延迟越低，容量越小。

在这种需要权衡的时候，一个常见的设计思路就是选取一个平衡点。对于早期的16位机器，DRAM本身的延迟还不算严重，可以直接选用DRAM作为主内存。而对于嵌入式场合（如单片机），通常则是选择小容量或者中等容量的SRAM作为主内存。但对于更常见的通用计算应用而言，这两者都不太合适。好在还有另外一种方法：把不同的内存组合在一起，形成内存层级，实现又快又大的内存。

5.2.2 内存层级

所谓内存层级，也就是把内存分为不同的层级，按照延迟排序。在最简易的模型中，只有CPU和主内存，所有的访问都直接进入主内存，主内存的延迟也就是最终的延迟。为了改善延迟，还可以在CPU和主内存中插入其他的层级，称为缓存。其中离CPU最近或者说延迟最低的称为一级缓存，其次便是二级缓存，依此类推。常见的系统中通常有2~3级缓存，部分系统具有4级或只有1级缓存，其他的搭配则较为少见。通常而言1~3级缓存都使用SRAM技术，但是一级缓存容量通常在8~128KB，而二级缓存则在128KB~2MB，三级缓存则会在2~16MB。在加入了缓存之后，系统内存的总容量不会发生变化，但是延迟则视情况最低可以降低到一级缓存的延迟，这是怎么做到的呢？

其实也很简单，缓存会存储一部分可能会被处理器访问的数据。当处理器访问数据的时候，如果数据在缓存中存在副本，那么处理器就可以直接使用缓存中的副本，而不需要去主内存寻找。那缓存是怎么存储处理器可能用到的东西呢？基于两个观察，如果处理器读取了某个位置的数据，那么处理器很可能也会读取这个数据周围的数据；如果处理器最近读取过某个位置的数据，那么处理器很可能将来会需要重新读取这个位置的数据。前者的例子有顺序执行的代码或数组；后者的例子有循环的代码或链表。

5.2.3 缓存的设计

虽然内存本身延迟和容量的约束没有办法突破，但是在具体的缓存设计上，处理器设计者还是有很大的设计空间的。缓存有3个主要的设计指标：缓存总容量、块容量和组相关路数。设计者可以根据实际需要和具体的性能表现权衡这三者的搭配。

缓存总容量很容易理解。缓存越大，也就越有可能包含处理器需要访问的内容，也就越有效。但容量大了就受到之前提过的价格和性能的制约。这也导致了不同层级的缓存，虽然都是SRAM，但是速度和容量还是存在区别。但总体而言，缓存总容量还是越大越好。

块容量就不太一样了。整缓存中，整个缓存被分成了很多相同容量的块。缓存一次存储一整块的数据，这一整块的数据对应主内存中连续的块。比如说，一个缓存，其块容量为2KB，CPU访问了主内存中位于第三KB的某字节，缓存之前没有这个数据的记录，于是现在需要存储这个字节到缓存中。虽然CPU一次只请求1字节，但是缓存一次都是存储一整块的数据，所以缓存依然会缓存2KB的数据。这里缓存就会从内存请求2~4KB的这2KB数据并将其保存下来。缓存块容量大于处理器一次请求的数据量的原因有两点：（1）如前面所说，如果处理器访问了某个位置的数据，那么很可能也会需要这个位置周围的数据，所以缓存应该存储这附近的数据；（2）DRAM内存是高延迟、高带宽的内存技术，单次存取延迟长，但是一次可以存取大量的数据，提升单次存取的数据量就能提高带宽利用率。但块容量也不是越大越好，缓存总容量毕竟有限，单块容量越大则块数越少，也就无法同时容纳多个不同位置的数据。

组相关路数稍微复杂一些。通常而言，出于存取性能考虑，缓存的构造都是组相关缓存或者直接映射缓存。意思就是说，给定内存地址，就可以直接确定数据具体在缓存中的位置，而不需要查找其他的数据。比如说，一个缓存只有2个块，每块的容量为2KB。那么，如果要访问0~2KB的内存，它就必须被存储在第一个块中，而2~4KB的内存则必须被存储在第二个块中。内存和缓存之间按顺序进行映射不能进行调整。而4~6KB的内存，由于缓存一共只有两个块，为此不能存储在第三个块中，而是只能存储在第一个块中。注意这里就出现了混叠的问题：如果处理器同时需要0~2KB和4~6KB的数据，但是不需要2~4KB的数据，虽然总数据量小于4KB，但是由于映射问题，第二个块永远被空闲，而只能使用第一个块存储2KB的数据。为了缓解这一问题，缓存通常允许有多路（way）的组。对于一个两路（2 way）的缓存，每个地址可以对应两个不同的块：比如0~2KB可以存入第一路，也可以存入第二路。那么在这个例子中，0~2KB就可以存入一路，而4~6KB可以存入另一路，尽管它们被映射到了同一组。常见的处理器缓存路数为2~20路。路数越多，缓存的相关逻辑就会越复杂，这会降低缓存的速度。这也和缓存总容量类似，越大越好，但是实际实现会受到限制，不能做得太多。

5.2.4 总结

随着内存和CPU速度差距的不断拉大，缓存已经成了处理器中一个至关重要的组成部分。即使是在现在的高性能单片机中，也常常可以见到缓存的存在。本节简单介绍了一下缓存的基本原理，以及一些基本的设计指标。感兴趣的读者可以进一步了解相关设计。

5.3 虚拟内存与权限层级

5.3.1 简介

在现代计算机上的硬件和应用程序软件之间，通常还有一层操作系统，操作系统负责抽象具体的硬件功能，以及提供资源管理服务。通常而言，CPU需要额外提供一些功能支持现代操作系统。本节就来讲讲这些用于支持操作系统的功能。

5.3.2 虚拟内存

如前文所述，我们已经知道了内存在整个计算机系统中的重要性。如果一个应用程序有了对内存的完全访问权，那么这个应用程序也就拥有了对整台计算机的控制权。这个应用程序可以任意改写自己或者是其他程序的内存，包括操作系统的内存；这个应用程序可以通过MMIO直接控制硬件，甚至包括调节CPU电压这类可能存在破坏性的操作。显然，我们不应该让所有的应用程序都有如此高的权限（当然，必要时可以由用户允许给予特定程序更高的权限，如调试器可以访问被调试程序的内存、BIOS升级程序可以直接访问SMBus总线刷写Flash芯片等）。为此，我们需要一种手断来限制应用程序对于内存的访问。

与此同时，应用程序可能还期望自己永远被分配到固定地址的内存（即代码区域、变量区域等的起始地址是固定的，这样程序可以直接用绝对地址跳转，或者使用绝对地址存取变量）。由于需要在同一台机器上运行不同的程序，自然不可能把多个程序放在同一个内存地址中，所以就需要有内存地址的重映射，对于不同的程序而言，虽然实际存储的内存位置不同，但是在程序看来都是被重映射到了同一块内存当中。

一种常用的实现机制是虚拟内存，它通过处理器中的内存管理单元（MMU）实现。常见的Windows、Linux和macOS操作系统都使用了这种机制进行内存保护。而在单片机上则通常有更简易的内存保护方案，如ARM的MPU和RISC-V的PMP等，我们可以将其理解为虚拟内存机制的简化，这里就不做具体介绍了。虚拟内存的基本思想是把内存分成一个个小的页，对应用程序可见的页为虚拟页，而实际硬件上的页为物理页。两者通过翻译表进行对应。一个虚拟页可以对应一个物理页，多个虚拟页也可以对应一个物理页，但是一个虚拟页不能对应多个物理页。因为程序永远是从虚拟地址出发访问内存，所以这个虚拟内存地址需要对应一个特定的物理地址。常见的页面大小为4KB，但是硬件通常也可以支持1MB或者更大的页。虚拟页面除了可以设置对应的地址外，也可以设置访问权限，如只允许读取、允许读写、不允许执行等。

5.3.3 RISC-V虚拟内存

在RISC-V中，虚拟内存同样使用基于页的方式实现。在RV32中使用的分页方式被称为Sv32，支持4GB的虚拟内存空间。4GB的空间被细分成了2^{10}个4MB的大页（megapage），而每个4MB的大页又被分成了2^{10}个4KB的基本页（basepage）。每个页的基本信息（映射到的目标地址、允许的权限等）存储在页表项（PTE）中。每个PTE需要4字节，为此每一层级的映射表（页表，Page Table）需要4KB尺寸，正好是一个基本页的尺寸，简化了操作系统的设计。

在Sv32中，每个PTE中存储着如下信息。

V：有效位。如果该PTE无效，则该PTE对应的页为无效页，访问该页将造成页错误（page fault）。

R、W、X：读取、写入、执行位，表示该页是否允许被读取、写入或执行。

U：用户模式位。U=0时，U模式下不能访问页，而S模式下可以。U=1时，U模式下可以访问页而S模式下不能。关于模式之后会细讲。

G：该映射在所有虚拟地址空间中都存在。该信息用于改善硬件地址翻译的性能，通常只用于操作系统的页。

A：表示上次A位被清除后该页是否被访问过。

D：表示上次D位被清除后该页是否被写入过。

RSW：供操作系统保存数据，硬件忽略。

PPN：物理页序号。如果该PTE描述的是基本页，那么PPN就是该页映射的物理页的序号，否则PPN是指向下一层级页表的物理地址。

在RV32中，控制寄存器（CSR）satp（Supervisor Address Translation and Protection）用来控制地址翻译的开关：其中包括了MODE、ASID和PPN三个部分。MODE可以用于开关地址翻译；ASID（Address Space Identifier）可选用于表示当前的地址空间，可以用来加快上下文切换的速度；PPN指向根页表的地址。

下面用一个例子来演示一下在Sv32下的地址翻译。假设需要翻译的地址为0x12345678，这个地址可以分为两个部分：一个是虚拟页编号（VPN），另一个是页偏移（offset）。因为内存映射的最小单位是页，页之内的地址不做翻译，也就是一个页内的偏移是不需要翻译的。一个页的尺寸为4KB，即一个页内的地址需要有12位。这里把地址按照高20位和低12位分为0x12345和0x678，前者为虚拟页编号，后者为偏移。虚拟页编号需要被翻译为物理页编号。由于每一层级页表有2^{10}个页，也就是每一层级使用10位的编号。这里进一步把0x12345分为高10位和低10位，即0x48和0x345。在翻译时，使用satp中的PPN找到根页表，在根页表中找到第0x48个页面，根据其PPN找到二级页表，在二级页表中找到第0x345个页面，其PPN即为目标物理页编号。这里假设PPN为0x200000，那么翻译后的地址为PPN和偏移拼接在一起，为0x200000678。注意PPN的长度为22位，加上偏移的12位，最终的地址一共为34位，即32位的RISC-V处理器一共可寻址2^{34}=16GB的内存。

对于64位的RISC-V处理器，在Sv39翻译模式下，可以支持39位（即512GB）的虚拟地址和56位（即64PB）的物理地址。如果需要更大的虚拟地址，则可以使用Sv48翻译模式，支持48位（即256TB）的物理地址。

5.3.4 权限层级

前面的内存保护机制存在一个很严重的问题：页表也是放在内存里的，显然应用程序不应该能访问页表，而操作系统则应该能访问页表。那怎么区分应用程序和操作系统呢？这就需要处理器有单独的权限层级区分了。我们给处理器设计两个模式，一个模式用于执行操作系统的代码，一个模式用于执行应用程序的代码。在RISC-V中，这两个模式分别被称为S模式和U模式，S代表Supervisor，而U代表User。不过在RISC-V中，还有比S/U更高的权限，为M（Machine）。M模式下，代码拥有对硬件的完全控制权，通常用于实现系统固件（BIOS/UEFI Firmware）。在不同的架构中，这些模式有着不同的名字，表5.1是一个简易的对应表。

在ARM中，权限层级分PL0–3，其中0最低、3最高，非常好理解。需要注意的是ARM的PL3中执行的代码为可信代码，用于实现加密一类的安全性功能，一般的非安全固件运行于PL2或者PL1中。而在x86中，最早定义的权限级别为Ring0 ~ Ring3，0最高，3最低。虽然Ring0和Ring3

表5.1　不同架构中模式的不同名字

用途	RISC-V	ARM	x86
固件	M	PL3(可选)	Ring -2
虚拟化	H(可选)	PL2(可选)	Ring -1(可选)
操作系统	S	PL1	Ring 0
用户程序	U	PL0	Ring 3

之间还有Ring1和Ring2，但是现代操作系统通常不使用这两个权限层级。在Ring0~Ring3的定义后，开发者又单独加入了用于运行固件的SMM（系统管理模式），被称为Ring-1，以表示比Ring0更高的权限。随后为了支持虚拟化技术，需要在固件和操作系统中加入额外的权限层级，为此新的用于虚拟化的层级被称为Ring-1，原本的用于固件的Ring-1改名为Ring-2。

系统启动后默认处理器处于M模式，如果需要进入用户模式，代码可以设置mstatus控制寄存器，启用用户模式，并使用mret指令退出M模式。同理也可以使用sret指令退出S模式。一旦中断发生，则处理器自动会到M模式执行中断处理函数，故中断处理函数必须是固件的一部分，由固件完成中断处理。固件可以选择在降低权限后跳转到S模式或者U模式代码处理中断以支持操作系统或用户程序的中断。

5.3.5 总结

本节简单介绍了在现代处理器上的一些额外的用于支持操作系统的特性。由于这些特性和处理器本身架构设计有着不小的关系，为此在设计处理器时，如果需要支持现代操作系统，就需要预先考虑到如何实现这些功能。更现代的游戏机系统同样依赖于这些特性来实现系统加密和版权保护。感兴趣的读者可以进一步了解这些特性在现代处理器中的实现方式，以及操作系统是如何利用这些功能进行权限划分的。

5.4 超标量与乱序执行

5.4.1 CPU架构与CPU微架构

之前在提到用Verilog实现GB（GameBoy）的SM83 CPU时，我们讲过是要用Verilog实现一个和SM83 ISA兼容的CPU。ISA全称Instruction Set Architecture，即指令集架构，通常也被简称为架构。平时所讲的x86架构、ARM架构或者是教科书常用的MIPS架构和最近开始流行RISC-V架构，这些其实都是ISA。ISA兼容是实现软件兼容的第一步，同样的二进制序列在ISA兼容的机器上会表示同样的指令，也就是会表示同样的行为。

从前面的文章中，大家应该知道，指令集兼容并不表示软件兼容。比如iPhone和Android手机使用的都是ARM ISA兼容的处理器，但是软件互不兼容。外围设备、运行的系统软件都会影响兼容性。在GB实现这里，问题主要是如PPU、PSG、DMA一类的外围设备的兼容性。

大家在真正购买计算机的时候，其实很少去考虑兼容性的问题：你会默认所有销售的计算机都能运行Windows系统，所有销售的Android手机都能运行商店里的App。一般我们会关注的问题是运行速度：计算机运行大型软件时会不会卡顿、运行游戏够不够流畅。这个速度问题，并不是ISA的一部分。x86基本的ISA在几十年前就已经确定了，一直没有改变过（当然一直有新的扩展指令集加入），然而速度有了巨大提升，因为影响处理器运行速度的很大一部分，在于CPU的微架构（Microarchitecture）。只要保证同样的程序在外部看来有着一样的效果，内部具体的实现可以由设计者自行发挥。

为什么这个项目中也需要关心速度问题？简单来说，游戏的运行速度不应该过快或者过慢，而是应该与原机保持一致。而且越是古老的设计，软件开发者越喜欢依赖周期盘点（cycle counting），即依赖于CPU对于特定指令的固定执行速度，来编写代码。如果实际执行速度和程序员的预期不符，程序很可能就无法正常工作。

5.4.2 常见的CPU微架构设计

我们可以大致把ISA分为CISC、RISC和VLIW，微架构也可以根据总体设计进行一些简单的分类。常见微处理器的设计通常可以分为六大类。

- 单周期处理器
- 多周期处理器
- 流水线处理器
- 超标量处理器
- 乱序执行处理器
- 超线程处理器

需要说明的是，虽然单周期和多周期是两个几乎对立的概念（即处理器不是单周期的就是多周期的，不能同时两者都是），但其他的概念并不是互相独立的。比如大多数超标量处理器是流水线处理器，大多数现代乱序执行处理器同时是超标量处理器，但是历史上确实有过非超标量（即标量）的乱序执行处理器。下面便对这些不同的处理器依次进行介绍。

1. 单周期处理器

单周期处理器是这里面最简单的一种，也是之前介绍CPU设计的时候使用的架构。其特点是，所有的指令都会在一个周期内完成。这种设计的问题是当设计变得复杂时，单个周期内CPU需要做的事情会变得很多，会严重影响最终CPU的最高主频。通常而言，衡量CPU微架构效率的一个指标是IPC（Instruction Per Cycle），即每周期能执行的指令数量。对于单周期的CPU，理想IPC是1，即每周期一条指令。

2. 多周期处理器

多周期处理器是在单周期处理器基础上的改进。大致思路就是把原本一周期做完的事情分为多个周期来做，比如第一个周期只用来读取内存，第二个周期才开始进行计算。如果需要进行较为复杂的计算则可以进一步分为多个周期进行。这样减少了每个周期需要做的事情，也就减少了最长的门延迟，提高了设计的最高主频。如果考虑IPC的话，IPC就是1除以周期数，比如双周期的CPU，IPC就是0.5。

3. 流水线处理器

流水线则是在多周期基础上的进一步改进。多周期的一个核心思路是通过减少每个周期的工作以提高频率，进而提高性能。然而相比于单周期，将任务分为多个周期不可避免地会带来一些额外的开销，在简单的设计中，最终整体性能可能还不如单周期设计。然而如果观察多周期CPU的设计，就会意识到一个重要的事实：大量电路被闲置。比如说上面举例的一个双周期CPU，第一周期读取内存，第二周期计算。这样的设计当中，读取内存周期，所有用于计算的电路是闲置的；而计算周期，读取内存的电路是闲置的。如果能让它们同时工作，那就能提高性能。流水线CPU就是基于这样的思路设计的，每个周期每个单元都在执行任务，并把结果在下个周期传递给下一级流水线阶段。这样就能把峰值IPC恢复到1.0。

4. 超标量处理器

那有没有什么办法让IPC超过1.0呢？有的，那就是超标量设计。超标量的核心想法就是让处理器同时执行多条指令。这就涉及前面提到的一点："只要保证同样的程序，在外部看来有着一样的效果，内部具体的实现可以由设计者自行发挥"。虽然说，ISA规定了指令应该是一条接一条从上往下执行，但是CPU没有必要必须这么做。考虑下面两行代码：

```
int a = b + c;
int d = e + f;
```

按照规定，这两条代码应该一条接一条执行，但是因为它们没有依赖关系，所以处理器可以选择在同一周期一块执行这两条指令。这样设计的处理器就是超标量处理器。衡量超标量处理器的一个指标是发射宽度，比如，双发射就表示一周期可以同时执行两条指令。不过这个定义在现代处理器里也变得模糊了，因为不同的单元可以有不同的宽度。对于双发射CPU，理想IPC最高为2.0。

5. 乱序执行处理器

看到了上面的例子，不难进一步想到，指令不一定要按照具体的顺序来执行，这也就是乱序执行的基本思路。比如说内存操作很慢，那么在内存操作完成前可以先执行下面可以执行的指令；或者是一些指令存在依赖关系，在前一条执行完之前，可以先执行没有依赖的指令。基于这种思路设计的处理器便是乱序执行（OoO，Out of Order）处理器。不难想象这里的处理器逻辑设计已经变得复杂了起来。乱序执行并不会提高峰值IPC，但是通常能让平均IPC更接近峰值IPC。

6. 超线程处理器

最后是超线程处理器。前面提到的IPC都是峰值IPC，但是内存读取延迟、指令依赖、分支预测错误等问题通常会导致处理器等待，或是无法达到最大发射宽度。前面的乱序执行虽然能帮助缓解问题，但不能解决全部的问题。另一个思路就是使用超线程，引入另一个线程（即在同一个CPU上同时执行两个程序），两个程序通常而言是没有互相依赖的，当一个程序导致等待时可以切换到另外一个程序执行。实现允许的话，还可以在一个周期内发射来自不同程序的指令。常见的实现有CGMT、FGMT和SMT 3种，这里就不具体讨论它们的异同了。

这里纠正几个常见错误。树莓派4发布的时候，我看见很多新闻讲，树莓派4的处理器使用了更长的流水线，可以有更多的在执行指令，所以相比树莓派3即使频率相同，性能也有巨大提升。这个说法是错误的。树莓派4的CPU确实有了比树莓派3更深的流水线，但是如果单纯讨论同频率性能，更深的流水线只会导致性能下降。更深的流水线确实会增加“在执行指令”，换句话说就是同一时间会有更多还没完成执行的指令，但是这并不会增加“平均每周期能够完成执行的指令”（IPC），也就不会有性能的提升原因。如果遇到分支误判等情况，还没有完成执行的指令就要被废弃（误判惩罚），这取决于哪个周期可以发现误判，更深的流水线可能会带来更高的误判惩罚。而真正带来提升的原因，是树莓派3所使用的Cortex-A53内核采用顺序双发射超标量设计，而树莓派4所使用的Cortex-A72内核采用乱序三发射超标量预测执行设计。

5.5 现代CPU设计制约

整本书我们都在讨论初代GB SoC（GB指GAME BOY）的设计。而GB SoC毕竟是20世纪七八十年代的处理器设计，虽然基本概念在现代处理器中并没有什么变化，一样都是将机器代码存储在内存中，由CPU来执行机器代码。然而不同的是，GB的内核主频只有4MHz，需要几至几十周期才能执行一条指令；现在的CPU主频通常都在2 ~ 5GHz，一个周期可以执行数条指令。性能上的差距是巨大的。然而，是什么带来了如此巨大的差异？前面我们已经提过了CPU微架构的设计，只要对外表现行为一致，CPU就可以选择在一个周期执行多个指令，甚至可以乱序执行指令。那为什么几十年前的CPU没有这么做呢？因为做不到。本节要谈的就是摩尔定律和缩放定律（Dennard Scaling），为什么数字集成电路的性能能在过去几十年内呈指数级增长，又是什么在阻止CPU性能继续增长。

5.5.1 摩尔定律

摩尔定律大家应该都听说过。摩尔定律是一个基于观察得到的预测，每过两年，同样面积的集成电路上可以集成的晶体管数量将会翻倍。换言之，每过两年，每个晶体管的尺寸应该要缩小到原来的0.7倍，这样面积就会是原来的一半。而这个尺寸，就和平时所讲的制程有关。制程，或者称为工艺节点，原本指的是CMOS芯片上最小的栅极长度（gate length）。比如45nm工艺就指最小可以加工的栅极长度为45nm。虽然现在这个数字更多是营销名称，然而数字减小依然是表示晶体管可以做得更小了。工厂（fab）一直在尝试改进制造工艺，工艺节点也大致按照2 ~ 3年0.7倍的速度进步。有了更多晶体管，CPU架构师才能去实现超标量、乱序执行这些先进的CPU微架构，为性能带来提升。然而任何指数增长的东西都不可能永远持续，现在制造工艺的提升已经遇到了瓶颈。MOSFET中过薄的介质已经越来越难以阻止电子直接隧穿（tunneling），影响电气性能。为此很多人都在讲摩尔定律即将停摆，也认为CPU近年来性能增速放缓是摩尔定律放缓的原因。图5.1所示为现实中芯片晶体管数量随时间呈指数级增长。

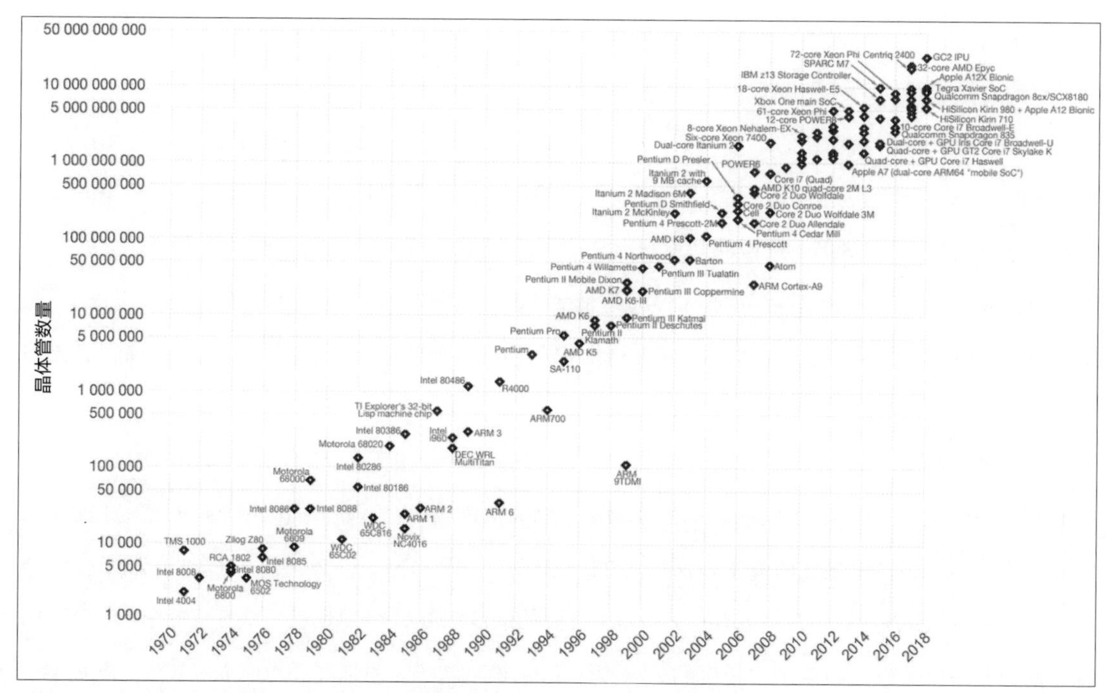

图 5.1 现实中芯片晶体管数量随时间呈指数级增长

5.5.2 缩放定律

摩尔定律虽然预测了晶体管数量的增长，但并没有讲速度或者功耗的问题。那CPU的主频又是怎么变化的呢？首先来看看现实中CPU主频随时间的增长数据（见图5.2）。

不难发现，CPU的主频确实在大约2004年前实现了指数级的增长，然而这个增长后来停止了。是什么影响着主频的增长呢？这就要说一说缩放定律（Dennard Scailing）。首先我们假设工艺的增长系数S=1.4（即0.7的倒数）。前面我们已经知道了单位面积下可以容纳的晶体管数量为S^2=2倍。与此同时，同样的晶体管还可以变得更快，由于尺寸的缩

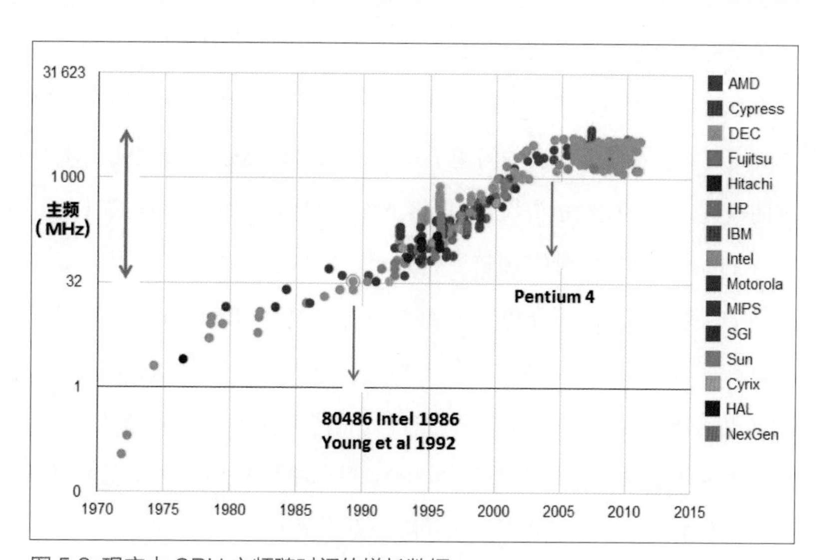

图 5.2 现实中 CPU 主频随时间的增长数据

小，每个晶体管最大开关频率也可以达到之前的S倍，即频率达到之前的1.4倍。这样晶体管总体的计算能力就达到了S^3=2.8倍。

然而这里并没有谈功耗的问题。如果需要以1.4倍的速度翻转2倍数量的晶体管，功耗也会达到原来的2.8倍。显然这是不能接受的。好在按照缩放定律，事实并非如此：首先，由于晶体管的电容会缩小到原来的1/S倍，这样功耗就只有S^2=2倍。同时，因为功耗随电压是平方倍变化的，所以只要按照1.4倍去降低电压（比如从1.4V降低到1V），这样就能完全抵消功耗的增长。也就是，按照缩放定律，每代制程提升，都可以在保持面积和功耗不变的情况下，将计算能力提高到原先的2.8倍。

这是个好事，所以人们也照着这个做了，增加晶体管数量的同时不断提高CPU的主频。在2002年的ISCA上，IBM发布了论文《*The Optimal Pipeline Depth for a Microprocessor*（微处理器最佳流水线深度）》，指出最佳的流水线深度为22 ～ 36级；HP发布了论文《*The Optimal Logic Depth Per Pipeline Stage is 6 to 8 FO4 Inverter Delays*（最佳的流水线每级逻辑长度为6 ～ 8个4扇出反相器延迟）》，指出了最佳的流水线长度约为40级；Intel最为激进，发布了论文《*Increasing Processor Performance by Implementing Deeper Pipelines*（通过实现更深的流水线来提升处理器性能）》，指出最佳流水线长度应该为50 ～ 60级。无论具体的数字是多少，这些大公司达成的共识是，未来提升处理器性能的方式会是提升频率。

然而2004年，问题显现：长流水线效率并不高，进行同样的操作需要更高的功耗。100W大约就是芯片功耗的上限了。 很多人把这个问题归罪于微架构的设计，Intel的奔腾4处理器使用了32级流水线设计，被人指责高频低能。确实，奔腾4的设计相比于前代的奔腾3效率低了，然而这并不是最大的问题。因为缩放定律应该会保持功率不变对吧？

如同前面所说，没有什么指数增长（或者下降）是可以永远持续的。每次按照0.7倍降低电压并不可以一直持续。这次的问题是漏电流。理想情况下，MOSFET是一个开关，打开时可以导通一定的电流，而关闭时电流应该为0。然而事实并非如此，MOSFET的电流只是指数增长：理想情况下每59mV电流为之前的10倍。在处理器电压还在3.3V的时代，显然0.059V是可以忽略的数字。然而如果电压已经到了1.0V以下呢？考虑到MOSFET数百毫伏的阈值电压，打开电流和关闭电流不再有那么大的差距。所有关闭的晶体管仍然导通电流，漏电流成了总功耗的重要部分。进一步降低电压势必会影响开关频率，也会导致漏电流占比继续提高，一定程度后不单是性能的降低，也会造成能效的降低。可以说，2005年，或者大约从65nm工艺节点开始，缩放定律失效了。每一代制程的提升，将会带来S^2的功耗缺口无法填上。

5.5.3 黑暗之硅

缩放定律失效意味着，整个芯片在最高频率下的功耗将随着工艺提升呈指数级增长。显然我们都知道了，2005年之后到现在，功耗并没有呈指数级增长，而是维持在了最高大约100W的水平。所以这句话可以换一句说法，整个芯片中可以同时翻转的晶体管比例随着制程提升呈指数级下降。按照Venkatesh在ASPLOS'10上公开的实验结果，90nm TSMC工艺下，能同时利用的晶体管只有5%，而45nm下则降低到了1.8%，到了32nm则只有0.9%。利用率的限制改变了人们设计芯片的方式。而这个现象被称为黑暗之硅（Dark Silicon）。下面是Michael B. Taylor教授在演讲中介绍的几种应对这个情况的办法。

1. 第一种应对策略

第一种应对策略是，既然没有办法利用就不要了。芯片设计者可以不断设计更小的芯片。然而黑暗之硅并不表示无用之硅，这些晶体管只是没有办法一直被使用或者只能运行在较低的频率下。现代芯片里有很多部分确实并不是一直被利用到的，比如较大的三级缓存、特殊的向量指令集等。另外一方面，缩小芯片只能降低成本，并不能有效提高性能。如果芯片厂之间存在竞争，那么只是进行缩小的话就没有太大竞争力。其次，缩小带来的收益也是有限的，而且随着工艺提升呈指数级减少：如果芯片成本原来是10元，第一次缩小后是5元，第二次缩小后是2.5元，第三次缩小是1.25元，每次带来的减少越来越少。然而与之配套的封装、测试、销售成本却并不会变化，以至于最终可能并不值得。

2. 第二种应对策略

第二种策略，在有限的空间下塞下更多同样的处理器，让它们运行在更低的频率下，或者只允许它们全速工作一小段时间。如同前面所讲，如果一味地降低电压，性能损失会超出省下来的功耗。如果可以有大量这类的核心共同工作，就可以补回性能上的损失。而只允许全速工作一小段时间的做法，早已在商用处理器中使用，比如Intel的Turbo Boost技术，或是ARM的big.LITTLE技术（大核心的功耗通常是远超手机能够接受的范围的，因此不能一直全速运行大核心）。

3. 第三种应对策略

第三种策略则是在同样的芯片面积内放上很多用于不同计算的电路，对于不同场景使用不同的电路。这种策略主要的考量是功耗比面积更加重要，而对于特定的任务，硬件实现可以比软件实现提升10 ~ 1000倍的能效。常见的做法是，在处理器里集成特定应用加速的指令集（MMX、SSE、AVX），或者是直接集成不同的核心（CPU+GPU+DSP+NPU）。同时，学术界也在试图研究进一步让这种设计自动化，使用软件自动产生不同类型的加速器，在需要的时候启用对应的加速器。这种做法可以认为是特殊指令集的延伸。

4. 第四种应对策略

第四种策略，则是等着奇迹出现。所有这些观察，MOSFET是最基本的问题。人们用了各种方法来改善MOSFET的性能，FinFET、Trigate、HighK、微管、3D，这些都是一次性的提升，没有哪种改进是可持续的。然而无论如何，59mV的基本限制永远存在，漏电流的问题也就永远存在。而所谓的奇迹就是等着代替CMOS的新技术出现。比如说MEMS继电器、TFET，甚至是量子计算、生物学计算等。需要说明的是，虽然现在MEMS和TFET取得了不少进展，但是距离替代MOSFET还有相当长的距离。

5.5.4 总结

时间到了2020年，虽然CPU还是CPU，甚至大多数用于台式机和笔记本电脑的CPU还是执行着和几十年前一样的x86代码，但其内部构造已经发生了巨大变化。芯片设计也面临着和之前不同的挑战，这次讲的利用率上限只是一部分，现代工作负载也和几十年前完全不同，同时也在不停地演化。缩放定律的停摆和摩尔定律的暂停并不表示计算机架构和计算机微架构的发展到此停滞不前，相反，继续提升计算机系统性能的重任完全摆到了计算机架构师的肩上。加工成本的降低也给了开源计算架构更多关注和可能性。这个行业，如同几十年前一样，仍然充满了机遇和挑战。

第6章
最后的话

6.1 总结

本节，我们就简单回顾一下整本书介绍过的内容，同时，我会给出一些之后的学习建议。

6.1.1 回顾

本书最开始是从数字电路基础，也就是组合逻辑和时序逻辑讲起。确实，在后面的设计中，几乎没有需要直接手绘门级电路的场合，也没有需要人工考虑真值表的场合。但最开始选择从逻辑电路讲起，而不是从Verilog语言讲起，是因为Verilog终究是一个描述硬件的工具，如果设计时脑海中没有具体的硬件模型，就很难写出工作符合预期的Verilog代码。这里省略了一个知识点——逻辑表达式计算法则和逻辑化简。在数字电路课程中，逻辑表达式的计算和化简（比如使用卡诺图）也算是一个重点，然而考虑到本书的目的是帮助大家入门FPGA，化简工作可以由软件完成，不进行化简并不影响对基本概念的理解，所以就没有把这部分内容写入书中。如果各位对学习这些理论基础有兴趣，不妨买本书学习一下。

随后的内容便是关于Verilog的。Verilog并不是一种软件编程语言，而是一种硬件编程语言。不少试图学习FPGA的玩家都在这里栽了跟头，原因是没能理解Verilog代码的含义，而是试图像学习软件编程语言一样去理解语言的语法，随后用语法表达自己想要实现的功能。由于Verilog是硬件描述语言，而非HLS（高级综合）语言，所以Verilog应该用于描述硬件结构而非直接描述硬件功能。Verilog的语法并不匮乏，玩家可以用Verilog编写出很多合乎语法却无法很好对应到具体硬件的设计，这也是初学者常常遇到的问题之一：从代码语义看，这些代码实现了自己需要的功能，然而最终的实际效果却和自己的预期差了很多，甚至无法完成综合。本书也试图从两方面解决这个问题，一方面是鼓励大家在写代码的时候思考这些代码能对应什么硬件，如果无法想象出来，那么代码很有可能是有问题的；另一方面是介绍一些常见的模板、范式（如状态机），让所有的代码都按照这些既定的范式编写，这就不容易写出无法用硬件实现的错误代码。

在熟悉了Verilog并能够用Verilog描述一些基本的硬件之后，便可以开始考虑使用Verilog设计一些GAME BOY（GB）的硬件了。本书选择从CPU开始。想要设计一个CPU，首先需要了解什么是CPU。数字计算机发明至今近百年，在运行速度上已经有了翻天覆地的变化，设计理念也有了不小的改变，但基本的思路却几乎没有变化。书中首先从一个完全假想的CPU开始，介绍了一个CPU需要有哪些部分，而程序又是如何具体控制CPU的执行的，以及编程语言和程序又是什么关系。有了这个假想CPU的基础，便可以接着讨论具体的GB的CPU了。GAME BOY的CPU虽然和前面提到的假想CPU不同，但也能看到很多相似的概念。如果能够理解假想CPU的基本工作原理，那理解GB的CPU乃至其他更先进的CPU的工作原理也不会是太难的事情。

了解了GB的CPU架构之后就可以开始具体设计GB兼容的CPU了，书中也分了几节介绍GB兼容 CPU的设计。虽然是十分古老也相当简单的CPU，但也不可能一次完成。文中也是从简单的部分开始，先实现基本的计算功能，再实现更为复杂的程序控制。而完整的CPU设计涉及很多重复的部分，所以文中并没有具体介绍每一条指令的实现。照着已有的指令去实现没有实现的指令也是个很不错的练习。因为这里是介绍GB CPU的实现，所以没有更多介绍经典的RISC流水线处理器的设计。现行的CPU大都是RISC设计（外部使用CISC的x86内部也是RISC设计），至少也都是流水线设计。如果你有兴趣继续研究CPU，推荐你去买些关于计算机架构的书籍学习一下，实现一个自己的流水线CPU。

不过GB是个完整的系统，单有CPU还不能玩游戏。于是书中继续介绍了GB中视频系统和音频系统的使用和实现。这些是一般数字电路设计或者计算机架构通常不太会覆盖到的内容，毕竟这些具体的应用和关键的理论有些远了。然而这毕竟是个完整的系统，系统中需要这些部分才能工作。本书从使用开始，首先介绍如何在GB上使用这些外设，随后着手设计兼容的硬件。无论是设计硬件，还是设计其他的东西，首先学怎么用，其次才是怎么做，这也是基本的流程。书中同样涉及了具体到板级对外信号输出的方法，介绍了常见的VGA信号和I^2S信号的产生方法，这样设计好的东西才能连接到实际的硬件上输出信号。

有了这些模块后，书中介绍了如何利用总线把各个单元连接到一起。到此，GB本身的设计也就告一段落了。然而，能设计并不表示可以有效设计。在这之后，书中又简单介绍了一些比较有效的仿真和调试工具，用于辅助加速相关硬件的设计。最后额外单独介绍了一些关于现代CPU技术的发展和限制，读者可以作为扩展了解。

6.1.2 成果

如果设计都能正常运行，那么到这里，我们应该就可以在FPGA上运行GB的游戏了。即使设计有些问题，没有办法完全兼容原本的设计，也应该可以运行自制的简单小程序。图6.1所示是我的设计在Pano Logic FPGA主机上运行的效果。

如果有兴趣的话，你也可以设计一个掌机大小的FPGA板，配上小液晶屏幕和按键，做成一个

图 6.1 我的设计在 Pano Logic FPGA 主机上运行的效果

真正的掌机（见图6.2）。

图 6.2 掌机大小的 FPGA 板

6.1.3 在这之后

做完了这些，下一步应该做什么呢？以下是我个人的一些建议。

先从接近GB的讲起吧。虽然这次做出的GB兼容机已经可以运行大多数游戏，然而并不表示它的行为和GB就完全一致了。如果追求的是对怀旧游戏机的复刻，那么在硬件上应当做到精确到时钟边沿的行为模拟，比如当中断发生后，CPU应该在第几个周期往栈上保存返回地址，又应该在第几个周期开始读取新的指令。部分游戏会依赖一些具体的指令计时来实现一些特别的效果。就目前而言，完全兼容GB设计的复刻还不存在。虽然确实有晶体管级别的逆向设计，而且已经初步有了可以进行仿真的网表，但GB时代的技术和现在的技术并不一样，比如GB内部使用了极大量的三态门用于实现逻辑，存储器件也是锁存器而非触发器，在一些具体的行为上可以看见区别（比如定时器超时的同时写入寄存器，因为锁存器透明的特性，写入值会直接在同一周期被重载进寄存器）。研究如何在准确性上更进一步是一个可行的方向。

如果觉得GB做到这个程度已经可以接受了，那么研究用FPGA实现别的东西也是个可行的方案。比如实现NES、SFC等这类更复杂的机器，在稍微新一些的28nm FPGA上实现PS级别的机器也是比较有可行性的想法。

当然，如果对复刻游戏机或者其他老机器没有兴趣，而是想要自己设计计算机器的话也完全没有问题。现在RISC-V十分流行，不少爱好者都自己实现过基本的RISC-V处理器。IBM的OpenPOWER也是一个不错的开源指令集选择。你可以先从多周期或者是流水线做起，随后如果有兴趣则可以进一步探索更复杂的超标量、乱序、多线程一类的设计。选择自己设计指令集，随后实现配套的汇编器、编译器也是比较常见的玩法。

在语言方面，本书使用Verilog HDL进行编程。然而Verilog并不是唯一的选择，工业界主流的语言选择还有VHDL和SystemVerilog。与此同时还有更加高级的设计语言，比如Chisel、SpinalHDL、nMigen和Bluespec HDL等，这些语言和Verilog、VHDL一类同样是HDL而非HLS，但是达到了更高的抽象等级，可以简化不少设计。在完全掌握了如何使用Verilog之后，也可以考虑学习这些语言，或许能够大大提升编码效率。

到此，本书的内容就结束了，本书为大家附上了整个过程的设计代码，需要的读者可从本书目录页的下载平台进行下载，真心祝愿大家在之后的旅程上一切顺利！